Technikhermeneutik

Dresden Philosophy of Technology Studies
Dresdner Studien zur Philosophie der Technologie

Edited by/Herausgegeben von Bernhard Irrgang

Vol./Bd. 3

PETER LANG

Frankfurt am Main · Berlin · Bern · Bruxelles · New York · Oxford · Wien

Lars Leidl / David Pinzer (Hrsg.)

Technikhermeneutik

Technik zwischen Verstehen und Gestalten

PETER LANG
Internationaler Verlag der Wissenschaften

Bibliografische Information der Deutschen Nationalbibliothek
Die Deutsche Nationalbibliothek verzeichnet diese Publikation
in der Deutschen Nationalbibliografie; detaillierte bibliografische
Daten sind im Internet über http://dnb.d-nb.de abrufbar.

Umschlaggestaltung:
Olaf Glöckler, Atelier Platen, Friedberg

Abbildung auf dem Umschlag:
Rutsche / Getreidemühle Dresden
Foto: David Pinzer

Gedruckt auf alterungsbeständigem,
säurefreiem Papier.

ISSN 1861-423X
ISBN 978-3-631-59691-3

© Peter Lang GmbH
Internationaler Verlag der Wissenschaften
Frankfurt am Main 2010
Alle Rechte vorbehalten.

www.peterlang.de

Vorwort

Der vorliegende Band versammelt Beiträge aus dem Graduierten- und Doktorandenkreis der Professur für Technikphilosophie der Technischen Universität Dresden unter Prof. Dr. Dr. Bernhard Irrgang. Er versteht sich als Forum für die thematisch zwar verschiedenen, in ihrer Grundausrichtung aber konvergierenden wissenschaftlichen Nachwuchsarbeiten. Allen Beiträgen ist eine philosophische Auseinandersetzung mit Themen moderner Technik und Wissenschaft gemein, wenn auch die Blickrichtungen entsprechend der Arbeitsfelder variieren. Somit spiegeln die verschiedenen versammelten Beiträge ihrerseits die in der Technikhermeneutik zentrale Forderung nach Multiperspektivität wider.

Die Herausgeber danken Bernhard Irrgang für seine wohlwollende Unterstützung sowie allen Beitragenden für die produktive Zusammenarbeit. Außerdem möchten wir Martina Polster vom Peter Lang Verlag danken für ihre Bereitschaft, alle Fragen hinsichtlich Form und Organisation unkompliziert und schnell zu beantworten. Ein besonderer Dank gilt Stefan Klingner für die vielen Anmerkungen und Hinweise, die zum Gelingen des Bandes beigetragen haben. Und nicht zuletzt danken wir Karin Schwabe und Barbara Leidl für ihre moralische Unterstützung und unendliche Geduld.

Lars Leidl und David Pinzer

Dresden, im April 2010

Inhaltsverzeichnis

Gestalten

Einleitung: Technik und Hermeneutik

Lars Leidl/David Pinzer

„Der Bürger dagegen in einer schlecht gebauten Stadt [...], lebt unbewusst in der
Wüste eines düsteren Zustandes." J.W. Goethe

Technik ist allgegenwärtig. Sowohl einzelne technische Artefakte als auch komplexe technologische Netzwerke umgeben uns tagtäglich und nahezu überall in
den hochindustrialisierten Gesellschaften des 21. Jahrhunderts. Diese mögen
kulturell verschieden sein und die Qualität des jeweiligen technischen Entwick-
lungsstandes beeinflussen. Zwar scheint der Umfang der immer weiter anstei-
genden Technisierung kulturell verschiedenen Pfaden zu folgen, dabei jedoch
kaum prinzipiellen Grenzen zu unterliegen, wie gerade der aktuelle Aufstieg der
neuen Technologiemächte in Fernost sowie der Querschnitt durch die Jahrhun-
derte mit ihren verschiedenen Zivilisationen zeigt.

Gleichzeitig bleibt die Frage nach Sinn und Zweck technischen Handelns
immer noch offen, beziehungsweise stellt sich mit der Weiterentwicklung der
verschiedenen Technologiezweige und der damit verbundenen Veränderung der
Produktlandschaft immer wieder neu. Dabei scheint es nicht (mehr) darum zu
gehen, wie einer „Technisierung der Lebenswelt" (Habermas) entgegengewirkt
werden kann. Wir scheinen uns vielmehr bereits immer schon in einer durch und
durch technisierten Alltagswelt wiederzufinden, der man sich kaum zu entziehen
weiß. Ob diese Durchdringung zwingend zu einer Entfremdungserfahrung – und
damit einer Dichotomie – führen muss, bleibt dahingestellt. Technik ist jedoch
nicht nur Schicksal des Menschen, sondern ihm wesentlich zugehörig, das heisst
auch: veränderbar.

In diesem Sinne muss das spezifische So-Sein der heutigen Technikentwicklung nicht ohne weiteres hingenommen werden. Die Frage nach der Gestaltbarkeit technischer Entwicklung, nach der konkreten Nutzung und Nutzbarkeit spezifischer Technologien sowie Fragen nach Zweck und Notwendigkeit einzelner
technischer Artefakte oder ganzer Technologiezweige kann und muss mit jedem
weiteren Entwicklungsschritt neu gestellt werden.

Nun läßt sich fragen, warum dazu ausgerechnet ein hermeneutischer Ansatz
gewählt werden sollte. Ist die hermeneutische Tradition nicht schon seit langem
an ihre Grenzen gestoßen? Kann eine Methode, die historisch der Tradition der
Textauslegung entstammt und somit klassischerweise den Geisteswissenschaften
zugerechnet werden muss, überhaupt etwas zu den vielgestaltigen Fragen bezüglich der Technik beitragen? Ja überschreitet die Hermeneutik dabei nicht ihren
eigenen Gegenstandsbereich?

Der Vorwurf der unzulässigen Übertragung der Textmetapher auf andere
Gegestandsbereiche ist nun nicht neu, in Erinnerung mag etwa Hans Alberts

Kritik einer „inflationären Verwendung" der Hermeneutik in seiner Auseinandersetzung mit den Ansätzen Gadamers und Heideggers bleiben, die seines Erachtens aus einer unzulässigen Universalisierung heraus „gewisse Disziplinen zu überfluten" scheine.[1] Im Zentrum stand für ihn dabei eine Kritik an einer unzureichenden epistemischen Grundlage der Hermeneutik, die Erkenntnis auf Auslegung reduziere[2] und somit im Grunde einem philosophischen, respektive deutschen Idealismus verhaftet bleibe.[3] Dieser erkenntnistheoretische Relativismus führe letztendlich dazu, dass hermeneutische Erklärungen den Rang von vollwertigen (naturwissenschaftlichen bzw. natürlich erfassten) Wahrheiten herabmindere.[4] Andere Autoren verweisen dem entsprechend darauf, dass hermeneutische Erklärungen somit nur als subjektiver Blick historischer und geisteswissenschaftlicher Disziplinen – gewissermaßen als „arbeitsteilige Untersuchung"[5] – gerechtfertigt seien und das wiederum selbstverständlich nur unter Abstrichen.[6]

Was bedeutet dies nun für eine hermeneutisch arbeitende Technikphilosophie? Lassen sich diese Probleme mit Technik als Gegenstand einer Hermeneutik relativieren? Was beinhaltet eigentlich eine „hermeneutische Technikphilosophie"?

Was heißt „hermeneutische Technikphilosophie"?

Betrachtet man unsere hoch technisierte Lebenswelt, so lassen sich zwei grundlegende Aspekte für eine philosophisch-hermeneutisch verfahrende Auseinandersetzung mit Technik unterscheiden: Zum einen sind wir als erlebende, erken-

---

1   Albert, H.: *Kritik der reinen Hermeneutik. Der Antirealismus und das Problem des Verstehens*, 1994, S. VII; diese Kritik wurde jüngst durch Bernulf Kanitscheider erneuert, der allerdings die Textmetapher als Platzhalter einer universalen Ontologie zu erkennen glaubt, vgl. Kanitscheider, B.: *Eine naturalistische Ethik*, in: Wetz, J. (Hrsg.): *Ethik zwischen Kultur- und Naturwissenschaft*, 2008, S. 152-189, hier S. 159f.

2   Vgl. Albert 1994, S. VII.

3   Vgl. ebd. sowie Kanitscheider 2008, S. 159.

4   Vgl. Albert 1994, S. 1.

5   Vgl. Kanitscheider 2008, 160; siehe auch Krämer, H.: *Kritik der Hermeneutik. Interpretationsphilosophie und Realismus*, 2007, S. 57.

6   Dabei wird nicht nur am programmatischen und nach wie vor einflussreichen Ansatz Gadamers, sondern auch an den neueren Varianten und Weiterentwicklungen einer „klassischen" Hermeneutik, etwa den interpretationsphilosophischen Ansätzen von Hans Lenk und Günter Abel, grundlegende Kritik geübt. So werden neben dem erwähnten erkenntnistheoretischen Antirealismus unter anderem ein Beweisdilemma sowie ein Pluralismusdilemma als theoretische Grundlagenprobleme einer philosophischen Hermeneutik angemahnt; vgl. Krämer 2007; zu den Ansätzen und Problemen der neueren Interpretationsphilosophie vgl. auch Graeser, A.: *Interpretation, Interpretativität und Interpretationismus*, in: Zs. f. philosophische Forschung 62/2008, S. 253-260; Löhrer, G.: *Einige Bemerkungen zur Theorieebene der Interpretationsphilosophie*, in: Zs. f. philosophische Forschung 62/2008, 261-270.

nende und handelnde Subjekte nicht nur unweigerlich den weitverzweigten Fakta der Technik ausgesetzt, mit welchen wir uns arrangieren müssen. Bei genauerem Hinsehen lässt sich zusätzlich auch noch erkennen, dass der Zustand unserer vorfindlichen Umwelt ein gewordener ist und zwar maßgeblich durch das jahrhundertelange Wirken des Menschen selbst.[7] Wir befinden uns somit als unfreiwillige gewissermaßen „geworfene" Wesen in einer geradezu paradoxen Situation: Einerseits finden wir als alltäglich Handelnde eine (zumindest teilweise) unverständliche Umwelt vor, die andererseits von uns Menschen selbst geschaffen wurde. Diese zunächst fremde Umwelt ist uns dabei nicht gänzlich fremd, sondern gerade durch ihre menschliche Gestaltung eigentlich prinzipiell und systematisch zugänglich. Diesem Paradox schließt sich ein weiteres an: Trotz der Tatsache, dass wir unsere Umwelt zunehmend gestaltet haben und immer weitreichender gestalten werden – man denke an die Potentiale der Biowissenschaften – scheint uns die Übersicht abhanden zu kommen. Das Verschwinden der natürlichen Natur und ihre Ersetzung durch eine gemachte Natur führt anscheinend nicht zu einer größeren Kontrollierbarkeit unserer Umwelt, sondern zur Notwendigkeit immer neuer Eingriffe. Wir scheinen also trotz einer fortschreitenden Verwissenschaftlichung der Welt zu keinem letzten und absoluten Zustand in und zu dieser Welt zu kommen, sondern müssen unseren Umgang mit und an dieser Welt immer neu ausrichten. Dies ist jedoch nicht nur als auferlegte Pflicht zu verstehen, sondern als dem Menschen – im Sinne eines „Ich gestalte, also bin ich" – wesentlich inhärent.

Technik ist somit zunächst also beides, sowohl eine Ansammlung von, als auch ein Umgang mit vorangegangenen mehr oder minder erfolgreichen Interaktionen des Menschen mit seinem Umfeld, welche einen verstehenden Umgang wiederum beeinflussen bzw. im eigentlichen Wortsinn sogar 'bedingen'. Schon hier zeigt sich also ein gegenseitiges Bedingungsverhältnis mit zirkulärer Struktur. Die Legitimität eines hermeneutischen Ansatzes ergibt sich somit vor einer nach wie vor notwendig zu erbringenden – und darüber hinaus immer schon stattfindenden – Verstehensleistung sowohl von bestehender Technik, als auch hinsichtlich ihrer Weiterentwicklung. Dabei sollte dies keineswegs auf einer rein abstrakten, verwissenschaftlichten Ebene geschehen, sondern berücksichtigen, dass sich Verstehen (etwa im Sinne eines tacit knowledge)[8] im praktischen Umgang erst erweist. Dies betrifft insbesondere 3 Aspekte:

1. lässt sich die historische Entwicklung von technischen Anordnungen im weitesten Sinne (technische Artefakte, Technologien, technische Systeme) nur unzureichend durch eine rein wissenschaftlich-technische Genese beschreiben. Vielmehr wird eine spezifische technische Anordnung auch maßgeblich durch eine Vielzahl von kulturellen, gesellschaftlichen, politischen und ökonomischen Faktoren mit beeinflusst (Sozio-historische Aspekte);

---

7 Vgl. Irrgang, B.: *Philosophie der Technik*, 2008.
8 Vgl. Polanyi, M.: *Implizites Wissen*, 1985.

2. verdichten sich in technischen Anordnungen auch nicht-technische Normen/ Werte, die sie vermitteln. Sie sind in diesem Sinne also Sinngebilde spezifischer Zusammenhänge und somit deren Ver-Mittler (Medialiät);
3. ist das Verstehen und Bewerten von technischen Anordnungen handlungs- und damit auch perspektivenabhängig – sowohl bei deren Gebrauch als auch bei deren Entwurf (Perspektivität).

1. Der sozio-historische Hintergrund von Technikentwicklung

Die historische Entwicklung technischer Anordnungen als alleiniges Ergebnis einer rein wissenschaftlich-technischen Rationalität instrumentellen Charakters zu begreifen, ignoriert eine vielseitige Technikforschung, die in den letzten 30 Jahren aus teilweise sehr unterschiedlichen Blickwinkeln die kulturellen[9] religiösen[10], politischen[11], ökonomischen[12] oder auch sozialen[13] Aspekte technischer Entwicklungen betonen. In diesem Zusammenhang verwies etwa Don Ihde auf die Möglichkeit, dass Technik nicht erst als Produkt der modernen Wissenschaften zu betrachten sei, sondern dass technisch-praktisches Handeln den Wissenschaften sowohl historisch als auch ontologisch vorausliege.[14] Ein solcher Ansatz biete nicht nur die Möglichkeit, die technischen Errungenschaften bisher vernachlässigter Epochen zu berücksichtigen, sondern überhaupt eine durchgehende und stringente Entwicklung technischen Fortschritts mit grundlegenden anthropologischen Gesichtspunkten in Einklang zu bringen.[15] Technik ist in diesem Sinne also mehr als nur rein zweckrationales Handeln, sondern entspringt vielmehr speziellen Konstellationen der Lebenswelt und läßt sich somit als – vielleicht sogar die dem Mensch ureigenste – Methode der Weltbetrachtung[16] und natürlich des Welt-Umgangs begreifen.

Ein hermeneutischer Ansatz bietet hier die Möglichkeit, solche historisch gewordenen Weltbezüge zu rekonstruieren und somit Einsichten in die verschiedenen Etappen der Technikentwicklung zu erarbeiten. Dies geschieht dabei ausdrücklich vor dem Hintergrund heutiger Problemkonstellationen und mit dem Blick auf zukünftige Gestaltungsmöglichkeiten.

---

9   Vgl. etwa Irrgang, B.: *Technologietransfer transkulturell. Komparative Hermeneutik von Technik in Europa, Indien und China*; Dresden Philosophy of Technology Studies 1, 2006.

10 Vgl. etwa Mitcham, C.: *Religiöse und politische Ursprünge der modernen Technik*; in: Rapp, F./Durbin, P.T. (Hrsg.): *Technikphilosophie in der Diskussion*, 1982, S. 219-222.

11 Vgl. etwa Winner, L.: *Do Artifacts Have Politics?* in: *Daedalus*, Vol. 109, No. 1, 1980.

12 Vgl. Feenberg, A.: *Questioning Technology*, 1999.

13 Vgl. Bijker, W./P. Hughes/T. Pinch: *The Social Construction of Technological Systems*, 1987.

14 Ihde, D.: *Die historisch-ontologische Priorität der Technik*; in: Rapp/Durbin 1982, S. 205-217.

15 Ebd. S. 212f.; vgl. auch Irrgang 2008 als neuerer Versuch einer stringenten Darstellung.

16 Vgl. Borgmann, A.: *Technology and the Character of Contemporary Life*; 1984, S. 10ff.

2. Technische Konstrukte als Sinngebilde

Jedoch muss eine technikhermeneutische Untersuchung nicht bei der Erhellung sozio-historischer Zusammenhänge stehen bleiben. Geht man davon aus, dass technische Artefakte durch vielerlei lebensweltliche Konstellationen charakterisiert sind, so lassen sich die materiellen technischen Konstrukte umgekehrt als Verdinglichungen der jeweiligen technischen Weltbezüge verstehen. Eine jeweilige technische Konstruktion erscheint gewissermaßen als Kristallisationspunkt oder auch Manifestation der sie bedingenden Weltauffassungen, Werte und Normen, welche in den Konstruktionen aufgehoben bleiben und die weitere technische Entwicklung eben mit bedingen. Eine solche Konzentration auf einzelne technische Konstruktionen bzw. Momente technischer Entwicklungen kann dabei in unterschiedlicher Intensität erfolgen, was sich in einer starken und einer schwachen Auffassung von Einschreibung beziehungsweise Repräsentation von Normen und Werten niederschlägt.

a. Die starke Auffassung: technische Codierung und materielle Repräsentation

Eine starke Auffassung von Einschreibung lebensweltlicher Bedingungsverhältnisse geht davon aus, dass Normen, Werte und Weltauffassungen in technische Konstrukte codiert, also ihnen gewissermaßen eingeschrieben werden können. Insbesondere jene Konstruktionen, die auf einen engen Handlungsspielraum ausgelegt sind und gezielte Funktionen erfüllen sollen, wie etwa die Atombombe oder andere Massenvernichtungswaffen, aber auch mechanische oder architektonische Teilbereiche, scheinen sich für eine solche Deutung anzubieten.[17] Im Zusammenhang solcher gezielter technischer Entwicklung wird dann auch gerne auf den Machtaspekt technischer Konstruktionen verwiesen[18], welche nicht nur unwillkürlich Macht ausüben, sondern gezielt zu diesem Zweck entworfen wurden.[19]

Wenn auch der mediale Charakter technischer Artefakte zunächst durchaus einleuchten mag, so hat die Auffassung von materialisierten Normen, Werten oder gar Weltauffassungen doch deutliche Grenzen.[20] Es scheint die bloße Vor-

---

17 Vgl. etwa Winner 1980; siehe auch Pinch, T./ Bijker, W.: *The social construction of facts and artefacts: or how the sociology of sience and the sociology of technology might benefit each other*; in: *Social Studies of Science*, No.14 (1984); vgl. auch Latour, B.: *Der Berliner Schlüssel*, 1996, hier besonders S.37-83; erwähnenswert auch Berz, P.: *08/15. Ein Standard des 20. Jahrhunderts*, 2001.

18 Vgl. etwa Feenberg 1999, 87ff.; vgl. dazu auch Irrgang, B.: *Technik als Macht. Versuche über politische Technologie*, 2007a.

19 Vgl. etwa Michel Foucaults frühe Analyse von Gefängnisstrukturen und ihren sozialen Implikationen, Foucault, M.: *Überwachen und Strafen. Die Geburt des Gefängnisses*, 1993.

20 Zum medialen Charakter der Technik vgl. Hubig, Ch.: *Technik als Mittel und Medium*, in: Karafyllis, N./Haar, T. (Hrsg.): *Technikphilosophie im Aufbruch*, 2004, S.95-109; sie-

handenheit von Einzelteilen in einer technischen Konstruktion noch nicht gänzlich den späteren Verwendungszweck zu bestimmen.[21] Wie die jeweiligen Normen und Werte nun in einem konkreten und materiellen Sinne in technischen Konstruktionen repräsentiert sein sollen, bleibt daher zunächst fragwürdig.[22]

b. Die schwache Auffassung: Soziale Verwendungszusammenhänge als sinngebende Strukturen

Demgegenüber scheint es plausibler zu sein, einzelne technische Konstruktionen in ihren jeweiligen sozialen Verwendungszusammenhängen zu erfassen. Sinn und Bedeutung ergeben sich demnach nicht aus der isolierten Betrachtung oder gar der Dekonstruktion von Artefakten, sondern vielmehr aus einer methodischen Rekonstruktion ihrer Entstehung und Verwendung vor dem Hintergrund historischer Entwicklung, gesellschaftlich-kultureller, politischer und ökonomischer Rahmenbedingungen, den jeweiligen vorherrschenden wissenschaftlichen Erklärungsparadigmen sowie den jeweiligen zugrundeliegenden konkreten technischen Zwecksetzungen – und nicht zuletzt durch ihre tatsächliche Gebrauchbarkeit.[23]

Eine solche zu den konkreten Konstruktionen Distanz wahrende Auffassung hat den entscheidenden Vorteil, eine theoretische Offenheit der Artefakte hinsichtlich ihrer Nutzbarkeit aufrecht erhalten zu können, wohingegen eine zu große Fokussierung auf die Artefakte Gefahren eines Determinismus birgt, der kreative Umnutzungen nur bedingt zuläßt: Der Gebrauch eines technischen Artefaktes wirkt unter der Annahme einer faktischen technischen Kodierung gänzlich vorbestimmt und kann nur durch eine Umcodierung (was dann allerdings einer Neukonstruktion nahe käme) bewerkstelligt werden. Dass technische Artefakte jedoch nicht gänzlich umstrukturiert werden müssen, um in unterschiedli-

---

he auch Gamm, G.: *Technik als Medium*, in: Hauskeller et al. (Hrsg.): *Naturerkenntnis und Natursein*, 1998, S- 94-106.

21   Neben den verschiedenen methodischen Problemen des Sozialkonstruktivismus könnte sich die Analyse technischer Konstruktionen durchaus in einem elementaren Sinne als unbefriedigend erweisen, wenn sich dort dann doch nur technische Einzelteile befinden und eben keine Normen und Werte, vgl. dazu Winner, L.: *Upon Opening the Black Box and Finding it Empty: Social Constructivism and the Philosophy of Technology*; in: *Science, Technology & Human Values*, Vol.18 No.3, 1993, 362-378.

22   Dies betrifft auch den jeweiligen theoretischen Status, den technische Konstruktionen als materielle Träger von Werten und Normen einnehmen sollen. Bruno Latour kann dementsprechend nur vor dem Hintergrund einer starken These technischer Codierung technischen Konstrukten einen Akteursstatus einräumen, vgl. Latour, B.: *Die Hoffnung der Pandora. Untersuchungen zur Wirklichkeit der Wissenschaft*, 2002, sowie ders. *Eine neue Soziologie für eine neue Gesellschaft. Einführung in die Akteur-Netzwerk-Theorie*, 2007.

23   Vgl. Irrgang, B.: *Technische Kultur. Instrumentelles Verstehen und technisches Verstehen*, Philosophie der Technik, Bd.1, 2001, S. 19ff.

chen Verwendungszusammenhängen zielorientiert gebraucht werden zu können, läßt sich wiederum am mittlerweile schon fast klassischen Beispiel des Hammers erkennen: Ob er nun als Mordwaffe oder als Bauwerkzeug verwendet wird, hängt weniger von seiner Codierung, vielmehr aber von den konkreten Verwendungszusammenhängen ab.

3. Die Perspektivität von Bewertungen

Der Gegenstand einer Technikhermeneutik scheint sich somit zunächst stark mit dem anderer Disziplinen zu überschneiden, insbesondere der Geschichte und der Soziologie. Was hebt also eine philosophisch verfahrende Hermeneutik von den genannten Ansätzen ab?

Ein altes, aber dennoch durchaus treffendes Argument mag zunächst das der Universalität der Philosophie sein: keine andere Disziplin ist so auf methodische Selbstreflexion als auch die Reflexion aller anderen Ansätze bedacht. Eine philosophische Hermeneutik bedenkt also verschiedene wissenschaftliche Zugänge und stellt sich dem Versuch, auch den eigenen zu reflektieren, ihn zumindest nicht zu verdunkeln. Heideggers Vorwurf an die „moderne Technik", dass sie die Umstände und Pfade ihrer Entstehung verschleiere und somit alternativlos erscheine, läßt sich schließlich auch auf die vielen einzel- und spezialwissenschaftlichen Herangehensweisen umformulieren. So ist häufig nicht nur bei den empirischen Naturwissenschaften ein Hang zur unkritisch-positivistischen Bewertung ihrer Forschungsgegenstände erkennbar[24], auch bei den (kritischen) Sozialwissenschaften kann gelegentlich eine Nichtbeachtung der eigenen Perspektivität diagnostiziert werden.[25]

Eine Einschätzung von Technik aus einer rein naturwissenschafts-immanenten Perspektive heraus kann nicht zureichend sein, weil diese zum größten Teil einer kritischen Komponente ermangelt. Es scheint sogar, dass die Technik- und damit die Handlungsbasiertheit der Naturwissenschaften aus dem Blickfeld geraten ist.[26] Denn gerade das Spezifische einer Technologie oder technischen Ausrichtung, das heisst, ihre Abhängigkeit von einer großen Zahl von Faktoren, die in der Lebenswelt und dem menschlichen Handeln münden, wird von den Ingenieuren zumeist nicht erfasst. So erscheint Technik irrtümlich als eigenständig laufendes Mobile, das man mühevoll zu zähmen oder aber zu fürchten und

---

24 Vgl. etwa Janich, P.: Kultur und Methode. Philosophie in einer wissenschaftlich geprägten Welt, Frankfurt/ Main 2006, S. 195.

25 So lässt sich beispielsweise in den Erziehungswissenschaften, insbesondere in der durch den technisch-ökonomischen Fortschritt gleichfalls beeinflussten Erwachsenenpädagogik, die sich in Folge einer „realistischen Wende" in den 70er Jahren des letzten Jahrhunderts immer zunehmender als empirische Sozialwissenschaft denn als Geisteswissenschaft begreift, eine Vielfalt von verschiedenen Theorieansätzen erkennen, die je nach Blickrichtung zu sehr unterschiedlichen Ergebnissen kommen können, vgl. etwa Wittpoth, J.: Einführung in die Erwachsenenbildung, 2009, insbesondere S. 9-43.

26 Vgl. Janich 2006, S. 308.

bekämpfen habe. Die damit einhergehende Bipolarität von unkritischen Beschwörungen von Machbarkeitsphantasien einerseits und Weltuntergangsszenarien andererseits kann durch die hermeneutische Multiperspektivität aufgebrochen werden. Die Aufschlüsselung und Nebeneinanderstellung erkenntnistheoretischer Perspektiven analog zu denen der sprachlichen Grammatik scheint deshalb ein besonders fruchtbarer Ansatz zu sein[27], weil so Verkürzungen vermieden werden können: Es gilt nicht nur verschiedene wissenschaftliche Zugänge zur Technik zu berücksichtigen, sondern insbesondere auch den nicht-wissenschaftlichen Umgang mit Technik in das Nachdenken über sie einzubeziehen. Denn wurden und werden Fragen nach einem gelingenden Umgang aus wissenschaftlicher Perspektive hauptsächlich aus der Sicht einer Beschreibungsebene, also einer Dritte-Person-Perspektive (3.PP) gestellt, so bedeutet dies eine Vernachlässigung der Vollzugsebene, also einer Erste-Person-Perspektive (1.PP), die doch für eine erfolgreiche Handhabung als maßgeblich gelten kann. Naturwissenschaften werden klassischerweise die Beobachter- und Beschreibungsebenen verfolgt, die ein explizites Wissen, ein *Wissen, daß*, zutage fördern (Kriterien sind Wiederholbarkeit und Objektivität). Vorgängig bleibt aber doch die Vollzugs- oder Ich-Perspektive, der ein Umgangswissen inhärent ist, insofern, als sich das Subjekt *schon immer in* der Welt befindet. Das bedeutet nichts anderes, als dass sich der handelnde Mensch im praktischen Umgang mit der Welt befindet und im gelingenden Umgang auch den Maßstab für Technik und Wissenschaft setzt. Technik ist unter diesen Vorzeichen auch als kunstvoller Umgang des Menschen mit der Welt zu verstehen.

Eine hermeneutische Betrachtung kann also verschiedene Perspektiven sichtbar machen: Leitbilder und Methodiken prägen den Zugang zur Technik auf je spezifische Weise. Bei der Rekonstruktion der Perspektivität bleibt zu beachten, dass es nicht um ein Verschwimmen im Unbestimmten geht. Es geht nicht darum, sich in einem Relativismus zu verlieren, denn statt auf Beliebigkeit zielt Hermeneutik auf eine Synopsis der Perspektiven *unter gewissen Kriterien* ab.

Hermeneutik als methodisches Verfahren

Die Technikhermeneutik ist insofern Methode eines interdisziplinären Verfahrens. Hermeneutik darf also nicht als wissenschaftliche Disziplin missverstanden werden, sondern sollte sich als Methodologie einer interdisziplinären Rekonstruktion von Sinn und Bedeutung technischer Entwicklung begreifen. Als methodisches Verfahren kann sie dazu jenseits der verschiedenen kulturellen, wissenschaftlichen, gesellschaftlichen oder weltanschaulichen Rahmenbedingungen konkreter technischer Sachverhalte zu deren Rekonstruktion und weiterer Projektierung formale Kriterien zur Verfügung stellen, die einer möglichst umfassende Beschreibung von Genese, Bedeutung und Weiterentwicklung dienen sol-

---

27 Vgl. Irrgang, B.: Gehirn und leiblicher Geist. Phänomenologisch-hermeneutische Philosophie des Geistes, 2007b.

len. Entsprechend der Doppelorientierung einer hermeneutischen Technikphilosophie sowohl an der theoretischen Reflexion, als auch an der technischen Praxis ließen sich dafür zunächst zwei Hauptkriterien ausmachen: Kohärenz und Gelingen.

Kohärenz beschreibt dabei ein *immanentes* methodologisches Rechtfertigungsmoment, das die Vereinbarkeit einzelner, perspektivenabhängiger Beschreibungen zu anderen einfordert. Sie setzt dabei auf Plausibilität, somit nicht auf absolute Wahrheit, sondern vielmehr auf *rationale Angemessenheit*, deren Qualität sich aus den logischen Beziehungen miteinander verbundener Einzelaussagen bezieht.[28] Die Begründung einer Deutung erlangt demnach größere Belastbarkeit, je stärker die logischen Verbindungen ihrer Einzelteile ist, beziehungsweise je weniger Widersprüche sie beinhaltet. Ihre Beweiskraft steigt mit der zunehmenden Vernetzung von Erklärungen und ihrer Einbettung in umfassendere Erklärungszusammenhänge. Dennoch bleiben auch weitgehend kohärente Erklärungen immer einem Rest an Unsicherheit ausgesetzt und dies geradezu notwendigerweise. Ihre Ausrichtung auf innere Stimmigkeit macht sie selbstverständlich anfällig für Störungen, die die Gesamterklärung in ihrer Aussagekraft mindern, sobald neue Sachverhalte nicht in sie integriert werden können.[29] Ihr Wahrheitsgehalt bleibt ein relativer, ihre Erklärungen angemessen nur „bis auf weiteres".[30]

Diesem Manko an Treffsicherheit kann allerdings von seiten der Praxis teilweise entgegengewirkt werden, denn die Angemessenheit rationaler Erklärungen kann (zum Glück möchte man sagen) in der Praxis erwiesen werden. Das die Kohärenz ergänzende *externe* methodologische Rechtfertigungsmoment ist dabei der simple Erfolg technischer Handlung. Das Gelingenskriterium entspricht vor dem Hintergrund entworfener Zwecke und gewählter Mittel genau dem Kriterium, das die Angemessenheit der praktischen technischen Handlung beweist, ihr Qualitätsmerkmal ist dementsprechend eine *praktische Angemessenheit*. Es ist der Erfolg einer gelungenen Handlung, der sie (allerdings erst post ex) rechtfertigt. Gelingenserfahrungen stellen somit die eigentliche Rechtfertigungsbasis erfolgreichen technischen Handelns dar und das durchaus in einem elementaren erkenntnistheoretischen Sinn: Es ist der Erfolg, der die Angemessenheit einer Handlung *und* der ihr inhärenten Interpretation der Rahmenbedingungen erweist und somit den prinzipiellen Fallibilismus theoretischer Kohärenz einzudämmen vermag. Doch auch hier gilt: praktisches Gelingen kann

---

28 Das Kohärenzkriterium diente schon den an Texten orientierten Aufklärungshermeneutikern als zentrales Element, siehe dazu etwa Arndt, A.: *Hermeneutik und Kritik im Denken der Aufklärung,* in: Beetz, M./Cacciatore, G. (Hrsg.): *Die Hermeneutik im Zeitalter der Aufklärung,* 2000, S. 211-236; vgl. auch Wils. P.: *Nachsicht. Studien zu einer ethisch-hermeneutischen Basiskategorie,* 2006, S. 110ff.

29 Hier sei auf Th. S. Kuhns Analyse wissenschaftlicher Revolutionen gewissermaßen als moderner Klassiker verwiesen.

30 Vgl. Wils 2006, S. 112.

wiederum nicht die *absolute Richtigkeit* von Welterfassung und Handlungsent-
wurf, sondern erneut nur eine mehr oder weniger *erfolgreiche Annäherung* darstellen, eben: erfolgreich bis auf weiteres.[31]

Diese für eine hermeneutische Technikphilosophie typische Abwendung
von reinen Wahrheitsaussagen und Hinwendung zu adäquaten Erklärungsversu-
chen unter Berücksichtigung von Kohärenz und Plausibilität, Angemessenheit
und Gelingen sowie der spezifischen Standpunktabhängigkeit von Erklärungszu-
sammenhängen lässt sich nun in der Tat als methodisch angeleiteter Relativismus im besten Sinne bezeichnen. Technikhermeneutik trägt damit letztlich einer
prinzipiellen Grundauffassung Rechnung, nach welcher Erkennen, Wissen und
gelingendes Handeln in all seinen Formen qua ihrer lebensweltlichen Situiertheit
immer nur in Horizonten stattfindet, stattfinden kann und somit auch immer an
diese zurückgebunden bleibt. Sie begreift die prinzipielle Relativität des Erkennens nicht als Schwäche, sondern vielmehr als unumgängliche und notwendig
anzuerkennende Bedingung, begründet aus der Grundstruktur des menschlichen
Daseins.

Zu den Beiträgen

Die in diesem Band versammelten Beiträge versuchen allesamt die Frage nach
Sinn und Zweck von spezifischer Technik, Technologie und technischem Handeln auf unterschiedliche Weise zu erörtern, wobei allen gemeinsam ein gewisser Blick über den engeren technischen Rahmen hinaus zu eigen ist: Sie fragen
immer auch nach dem nicht-technischen Mehrwert der Technik für ein im Sinne
des Umgangs mit der Welt „gelingendes Leben". Als grundlegender Ansatz
wird dabei der einer philosophischen Hermeneutik erörtert, die dazu dienen soll,
Technik zu verstehen, sei es nun hinsichtlich einzelner konkreter technischer
Zusammenhänge, allgemeiner wissenschaftlicher Erklärungsansätze oder der
ethischen Implikationen von Technikgebrauch und -entwicklung.

Die Beiträge gliedern sich demgemäß in drei Teile, deren erster *Begründen*
sich unter Hinzunahme phänomenologischer Gesichtspunkte bei Husserl und
Heidegger mit Grundlagen der Technikphilosophie in der Hermeneutik befasst,
wobei hier insbesondere die Lebensweltlichkeit technischen Handelns im Zu-

---

31 An dieser Stelle deutet sich an, dass eine philosophische Hermeneutik nicht als Antirea-
lismus im Sinne eines *entrückt-idealistischen* Relativismus zu verstehen ist (vgl. oben
Anm. 6). Vielmehr findet gerade über das technisch vermittelte Handeln ein Bezug zur
Realität, eben einer technisch vermittelten Realität statt. In diesem Sinne erweist sich
(Technik-)Hermeneutik als eine Form eines technisch-instrumentellen *Realismus*, „der
als Grenzbestimmung des eigenen technischen Handelns auftritt" (Irrgang 2001, S. 96).
Der Gelingensaspekt als Realitätskriterium darf aber nicht darüber hinwegtäuschen, dass
technisches Handeln *als* technisches Handeln ein Interpretationskonstrukt bleibt, womit
wir es dann somit letztlich mit einem *pragmatisch-konstruktiven* Realismus zu tun hätten
(vgl. ebd.).

sammenhang mit einer grundlegenden (menschlichen) Daseins- und Verstehens-
struktur zu erfassen versucht wird. Nach den Erörterungen technikhermeneutischer Grundlagen ist der zweite Abschnitt des Bandes dem *Verstehen* gewidmet.
Hier geht es um den Kern der Hermeneutik, nämlich welche Formen des Verstehens sowohl bei der Herstellung als auch bei der Anwendung von Technik sowie
im Alltag der technikbasierten Naturwissenschaften wirken. Hier wird Verstehen nicht nur als Vorleistung der Wissenschaftler ausgewiesen, sondern die Rekonstruktion des Verstehens kann auch kritisch angewendet werden, um tiefer-
liegende methodische Vorentscheidungen sowie Normen und Werte zu offenbaren.

Der dritte Abschnitt „Gestalten" rückt abschließend die konkrete Anwendung hermeneutischer Praktiken in Wissenschaft und Ethik in den Vordergrund.
Dabei werden nicht nur verkürzte Verstehensleistungen kritisiert, sondern auch
Möglichkeiten einer erweiterten Verstehensleistung im Sinne einer umfassenderen Orientierung über einzelne Fach- und Themengrenzen hinaus erörtert, die
dann wiederum für mögliche Anwendungen zur Verfügung gestellt werden sollen.

Begründen

Zunächst stellt *Armando Chiappe* die große Relevanz der frühen Philosophie
Martin Heideggers für die Technikphilosophie heraus. Die *Ontologisierung der
Praxis* Heideggers erlaube demnach einen neuen Ansatzpunkt für eine Hermeneutik des technischen Handelns. Dazu hebt Chiappe Martin Heideggers kritische Auseinandersetzung mit der Phänomenologie Husserls anhand der Freiburger und Marburger Vorlesungen hervor, um sich in einem weiteren Schritt mit
Heideggers Neuinterpretation der praktischen Philosophie Aristoteles´ zu beschäftigen, welcher eine grundlegende Tragweite für die Technikhermeneutik
zugesprochen werden kann. Chiappe will dabei zeigen, daß die heideggerschen
Auslegungen der dianoetischen Tugenden und der entsprechenden Verhaltensweisen vielversprechende Schritte bei der Herausbildung einer Technikhermeneutik darstellen.

Ebenfalls mit dem Frühwerk Heideggers beschäftigt sich anschließend
Bernhard Irrgang, wobei hier der Aspekt des Umgehen-Könnens, das ein prak-
tisch-hermeneutisches Wissen begründe, im Vordergrund steht. *Martin Heideggers Technikphilosophie* werde gemeinhin mit der sog. 'Kehre' verbunden und
als Kritik an der hypermodernen Entwicklung der Kern- und Informationstechnologie verstanden. Dabei entwickele Heidegger bereits in seinen frühen „pragmatischen" Denkansätzen bis hin zu „Sein und Zeit" im Rahmen seiner Daseins-
und Alltäglichkeitsanalyse eine Konzeption des menschlichen Umgehen-Könnens mit der (technischen) Welt, die mit dem Aspekt des Entbergens zum Ansatz einer Technikphänomenologie und Technikhermeneutik verdichtet werden

könne und sich im Unterschied zur späten Technikphilosophie Heideggers nicht ausschließlich als Technikkritik verstehen lasse.

Im Anschluß daran versucht Jan Kertscher hingegen, mögliche Grenzen einer hermeneutischen Technikphilosophie herauszuarbeiten. Mit der philosophischen Hermeneutik stehe die Technikhermeneutik im Umfeld einer der wichtigsten Strömungen der Philosophie des 20. Jahrhunderts. Kertscher versucht vor diesem Hintergrund in groben Zügen die Verknüpfung von Hermeneutik, Phänomenologie und Technikphilosophie zu beleuchten und damit verbundene mögliche Schwierigkeiten aufzuweisen. Als Gegenstand seiner Überlegung *Technikhermeneutik und die hermeneutische Phänomenologie* dienen ihm dabei die Anfänge der philosophischen Hermeneutik. Unter Berücksichtigung dieses philosophiehistorischen Hintergrundes wird versucht, die gegenwärtige Bedeutung und prinzipielle Aussagekraft der Technikhermeneutik kritisch zu hinterfragen.

Abgeschlossen wird der erste Teil mit einem Beitrag von *Michael Funk*, der die Wege klassischer technikphilosophischer Tradition verläßt und sich einem *Verstehen und Wissen* in *Ludwig Wittgensteins Philosophie der Technik* zuwendet. Der als Technikphilosoph praktisch nicht wahrgenommene Autor Ludwig Wittgenstein wird von Funk in Überlegungen zu den Grundlagen von Technikhermeneutik mit einbezogen. So wird anhand von zwei Auszügen aus den „Philosophischen Untersuchungen" gezeigt, dass die Begriffe „Verstehen" (Hermeneutik), „Wissen" (Epistemologie) und „Technik" in ihrem systematischen Gehalt wesentliche Verbindungen beinhalten. Hierbei gewinne die „Gebrauchskonzeption der Exemplifikation" sowie eine nicht-instrumentell skizzierte Umgangsthese zentrale Bedeutung. Auch lasse sich ein als Körperwissen (bzw. leibliches Wissen) interpretiertes Konzept von „implizitem Wissen" bei Wittgenstein nachweisen. Mit Blick auf die Bedeutung dieser Ansätze für Konzepte der Technikhermeneutik wird hierdurch ein Beitrag Wittgensteins zur Diskussion technikphilosophischer Grundlagenfragen gewürdigt.

Verstehen

Technisches Handeln als Verstehensleistung von Welt und menschlichem Dasein ist jedoch nicht nur und ausschließlich Gegenstand einer philosophischen Hermeneutik, sondern letztlich allen Wissenschaften inhärent – wenn dies auch nicht immer explizit ausgewiesen wird. So weist *Steffen Steinert* in seinem Beitrag *Visualisierungstechnologie und „Mixed Hermeneutics"* unter technikhermeneutischen Vorzeichen Naturwissenschaft als im Kern hermeneutische Unternehmung aus. Mit Blick auf Visualisierungstechnologien zeigt Steinert, dass Naturwissenschaftler in ihrem täglichen Geschäft immer in eine hermeneutische Praxis eingebunden sind. Diese Praxis ist eng mit den verwendeten Apparaten und Instrumenten verknüpft. Der hermeneutische Beitrag der Technik im Prozess der Wissensgenerierung sei dabei ebenso in den Fokus zu nehmen wie auch die Auslege- und Interpretationsleistungen der Wissenschaftler. Diese zwei Ebenen werden von Steinert zusammengeführt, um so die vielfältigen Wechselwirkungen zwischen Technik und Wissenschaftler kenntlich zu machen.

Daran anschließend weist der Beitrag von *David Pinzer* ein *Neues Erbe* in *Hermeneutik und Genetik* nach. Zugespitzt auf die Phänomene der Vererbung wird die Hermeneutik hier als Methode einer Wissenschaftskritik fruchtbar gemacht. In Abgrenzung von einer naheliegenden Texthermeneutik des „genetisches Codes", könne die Perspektivität der Hermeneutik auch tiefergehend auf die Genetik angewendet werden, wenn es um die Fragen von Kausalität und Regulation bei der Entwicklung von Lebewesen geht. Dabei stellt Pinzer einen Wandel der Erklärungsebenen – bedingt durch neue Entdeckungen – von der molekularen hin zu einer organismisch-integrativen Perspektive in den Vordergrund, der nicht zuletzt durch die Vollzugsperspektive der Wissenschaftler provoziert wird.

Der Beitrag von *Gerd Grübler* wiederum befasst sich mit der Rolle von *Wissen, Technik, Heil* in unserer weitgehend verwissenschaftlichten Welt und geht von der Feststellung aus, dass in die damit einhergehenden Diskurse der Angewandten Ethik oft weltanschauliche Haltungen und geschichtsphilosophische Erwartungen einfließen, ohne dass diese in angemessener Weise zum Thema gemacht würden. So könne der Komplex 'Wissenschaft und Technik' als ein Beispiel gelten, an dem sich diese weltanschauliche Aufladung in verschiedenen Epochen und bis in die Gegenwart hinein ablesen lasse. Anhand Michael Polanyis Wissenskonzeption entwickelt Grübler einen philosophischen Glaubensbegriff, der das Phänomen umgreifender Weltdeutungen zu erfassen und deren quasi unvermeidliches Entstehen zu erklären vermag. Metaphern werden demnach als ein besonderes sprachliches Instrument thematisiert, durch das abstrakte Glaubenssätze in der Alltagswelt anschaulich gemacht werden. Vor dem Hintergrund dieses philosophischen Glaubensbegriffes gibt Grübler abschließend Vorschläge, wie man diesen für ethische Diskurse fruchtbar machen könnte.

Demgegenüber befasst sich *Chandrima Christiansen* in ihrem Beitrag *Hermeneutics of Historicity* mit dem Zusammenhang zwischen dem interpretativen Charakter der Technikhermeneutik und der dokumentarischen Natur eines historischen Zugangs. In ihrer Studie über den Einzug der europäische Ingenieurskunst in Indien beschreibt sie, dass der während der Kolonialzeit vollzogene Technologietransfer auch einen kulturellen Transfer beinhaltete. Dabei zeigt Christiansen auf, dass bei rein historischen Zugängen in hohem Maße Rohdaten aufgeworfen werden, diese aber nur wenig Licht auf die Bedeutung der Beobachtungen werfen. Hinzu komme, daß die verflochtenen Bewegungen und Dynamiken dieses Transfers kaum frei von heterogenen geschichtlichen Darstellungen seien, wenn verschiedene Zivilisationen die Referenzobjekte bildeten. Das Verständnis, das mittels interpretativer Werkzeuge der Hermeneutik entstünde, fördere demnach ein bedeutungsvolles Verstehen der Geschichtlichkeit, die diesen Darstellungen unterliegt. Der Beitrag versucht, diese Verbindung zwischen Geschichte und Technikhermeneutik zu beleuchten.

Gestalten

Technikhermeneutik versteht sich zwar im Kern als eine interpretative Haltung zu technisch vermitteltem Handeln. Sie ist in ihrer Verstehensleistung daher zumeist rückwärts gerichtet, indem sie Entwicklungen aufgreift und aus einer spezifischen Situation heraus zu deuten versucht. Interpretiert wird zwar zumeist das, was war (Hisitorizität) bzw. das, was geworden ist (Genese), doch dabei schwingt in der spezifischen Perspektivität des Fragens nach Bedeutung (technischer) Entwicklungen zugleich auch immer das Wohin und Wozu weiterer Entwicklung mit. Das an Bedeutungen orientierte Verstehen von Technik zielt in ihrer konstruktiven Dimension immer auf eine Handlungsorientierung ab, auf ein Umgehen-Können-mit. Dementsprechend befassen sich die Beiträge des dritten Teils des vorliegenden Bandes mit Dimensionen des Gestaltens technischer Entwicklung, die im Sinne der Lebensweltlichkeit technischen Handelns immer auch zugleich soziale, gesellschaftliche, ethische und politische Aspekte berühren und dementsprechend auch unter diesen Aspekten gedeutet und kritisiert werden müssen.

So setzt sich *André Schmidt* in seinem Beitrag zur *Genomsequenzierung* mit den wissenschaftlichen Grundlagen und natürlichen Grenzen einer Gendiagnostik auseinander, um abschätzen zu können, inwieweit diese neuartige technologische Entwicklung das Handlungsfeld der genetischen Untersuchung und der künftigen medizinischen Praxis verändern könnte. Besondere Aufmerksamkeit richtet er dabei auf die Fragestellung, wie aussagekräftig Prognosen genetisch bedingter Eigenschaften überhaupt sein können – ob sich der »Phänotyp« durch die Kenntnis des »Genotyps« vorhersagen lässt und nicht zuletzt, welche möglichen gesellschaftlichen Folgen sich aus einer möglicherweise prinzipiellen und nicht auszuräumenden Prognoseunsicherheit ergeben könnten.

In ihrem Beitrag *Selbstgestaltung durch Enhancement* schließt *Tina-Louise Eissa* an die gesellschaftliche Dimension neuer technischer Möglichkeiten – hier im Zusammenhang der medizinischen Biotechnologien – an und versucht herauszuarbeiten, wie menschenbezogenes Enhancement definiert werden kann, wie seine Anwendungspraktiken vervollkommnet werden, was für Gestaltungsmöglichkeiten sich hierdurch bereits bieten und zukünftig bieten könnten und welche diesbezüglichen Ängste und Fragen aus welchen Gründen heraus sich bereits erfassen lassen. Innerhalb der derzeitigen pluralistischen Gesellschaft und unter Berücksichtigung einer hermeneutischen Ethik hält Eissa abschließend einen Kompromiss bezüglich einer Anwendungserlaubnis verschiedener biotechnischer Verfahren zwischen bioliberalen und biokonservativen Positionen auf mittlerer Ebene für möglich.

Doch auch außerhalb der Diskussion um direkte technische Veränderung in und am Menschen selbst läßt sich eine hermeneutische Herangehensweise an die Gestaltung von Technik fruchtbar machen. Im Sinne des von Heidegger eröffneten Zusammenhangs zwischen Bauen, Wohnen und Denken, fragt *Kerstin Palatini* nach einer neuen Rolle des Designers bei der Gestaltung von technischen Alltags- und Konsumgegenständen. Dabei zeigt sie auf, dass *Der Designer als Technikhermeneut* durchaus als Technikhermeneut der Praxis verstanden werden kann, der eine Vielzahl an Verstehensleistungen zu vollbringen hat, um gemäß einer Usability-Orientierung gebrauchsfähige Produkte gestalten zu können. In einer Hinwendung zu einer technikhermeneutischen Auseinandersetzung mit Technik und Design erkennt sie dabei die Möglichkeit eines Paradigmenwechsels, wonach die Technikphilosophie zur neuen Leitphilosophie des Designs werden und im Sinne einer neuen Einheit von Kunst und Technik ein neues Desigethos anregen könnte.

Daran anschließend und den Band abschließend betont auch *Manja Unger-Büttner* ein neues Selbstverständnis des Designs – und der Designer. Sie greift die von vielen Designern selbst als ungenügend empfundene ethische Ausrichtung der Designpraxis auf, um eine neue Beziehung von *Design und Ethik* einzufordern: Gerade weil die Gestaltung von Produkten Teil alltäglicher Praxis ist und Designer in ihrem Tun aktiv die Welt gestalten, sei eine ethische Grundlage für den Designer-Alltag vonnöten. Angeregt durch die Zusammenhänge von Design mit Technik und Technikhermeneutik zeigt Unger-Büttner daher die hermeneutische Ethik als Möglichkeit auf, die persönliche Kompetenz von Designern im Definieren und Bewältigen moralischer Konflikte zu fördern, anstatt ausschließlich äußere Einflüsse oder Werte zu diskutieren. Dazu werden die ethische Relevanz gestalterischer Entscheidungen und die Verantwortung aufgezeigt, die unter Anderem aufgrund ihres Umgangswissens nur von den Gestaltern selbst adäquat getragen werden können.

Literatur

Albert, H.: *Kritik der reinen Hermeneutik. Der Antirealismus und das Problem des Verstehens,* Tübingen 1994.

Arndt, A.: *Hermeneutik und Kritik im Denken der Aufklärung*, in: Beetz, M./Cacciatore, G. (Hrsg.): *Die Hermeneutik im Zeitalter der Aufklärung*, Köln/Weimar/Wien 2000, S. 211-236.

Berz, P.: *08/15. Ein Standard des 20. Jahrhunderts,* München 2001.

Bijker, W./P. Hughes/T. Pinch: *The Social Construction of Technological Systems. New Directions in the Sociology and History of Technology*, Cambridge 1987.

Borgmann, A.: *Technology and the Character of Contemporary Life. A Philosophical Inquiry*, University of Chicago Press ; 1984, S.10ff.

Feenberg, A.: *Questioning Technology*, New York 1999.

Foucault, M.: *Überwachen und Strafen. Die Geburt des Gefängnisses*, 11. Aufl. Frankfurt/ Main 1993.

Gamm, G.: *Technik als Medium*, in: Hauskeller et al. (Hrsg.): *Naturerkenntnis und Natursein. Für Gernot Böhme*, Frankfurt/Main. 1998, S- 94-106.

Graeser, A.: *Interpretation, Interpretativität und Interpretationismus*, in: Zs. f. philosophische Forschung 62/2008, S. 253-260.

Hubig, Ch.: *Technik als Mittel und Medium*, in: Karafyllis, N./Haar, T. (Hrsg.): *Technikphilosophie im Aufbruch. Festschrift für Günter Ropohl*, Berlin 2004, S. 95-109.

Ihde, D.: *Die historisch-ontologische Priorität der Technik*; in: Rapp, F./Durbin, P.T. (Hrsg.): *Technikphilosophie in der Diskussion*, Braunschweig/Wiesbaden 1982, 205-217.

Irrgang, B.: *technische Kultur. Instrumentelles Verstehen und technisches Verstehen*, Philosophie der Technik, Bd.1, Paderborn u.a. 2001.

Ders.: *Technologietransfer transkulturell. Komparative Hermeneutik von Technik in Europa, Indien und China*; Dresden Philosophy of Technology Studies 1, Frankfurt/Main. 2006.

Ders.: *Technik als Macht. Versuche über politische Technologie*, Hamburg 2007a.

Ders.: *Gehirn und leiblicher Geist. Phänomenologisch-hermeneutische Philosophie des Geistes*, Stuttgart 2007b.

Ders.: *Philosophie der Technik*, Darmstadt 2008.

Janich, P.: *Kultur und Methode. Philosophie in einer wissenschaftlich geprägten Welt*, Frankfurt/Main 2006.

Kanitscheider, B.: *Eine naturalistische Ethik*, in: Wetz, J. (Hrsg.): *Ethik zwischen Kultur- und Naturwissenschaft*, Stuttgart 2008, S. 152-189.

Krämer, H.: *Kritik der Hermeneutik. Interpretationsphilosophie und Realismus*, München 2007.

Kuhn, Th. S.: *Die Struktur wissenschaftlicher Revolutionen*. Mit einem Postskriptum von 1969, 5. Aufl., Frankfurt/Main 1981.

Latour, B.: *Der Berliner Schlüssel. Erkundungen eines Liebhabers der Wissenschaften*, Berlin 1996.

Ders.: *Die Hoffnung der Pandora. Untersuchungen zur Wirklichkeit der Wissenschaft*, Frankfurt/Main 2002.

Ders.: *Eine neue Soziologie für eine neue Gesellschaft. Einführung in die Akteur-Netzwerk-Theorie*, Frankfurt/Main 2007.

Löhrer, G.: *Einige Bemerkungen zur Theorieebene der Interpretationsphilosophie*, in: Zs. f. philosophische Forschung 62/2008, 261-270.

Mitcham, C.: *Religiöse und politische Ursprünge der modernen Technik*; in: Rapp, F./Durbin, P.T. (Hrsg.): *Technikphilosophie in der Diskussion*, Braunschweig/Wiesbaden 1982, S. 219-222.

Pinch, T./Bijker, W.: *The social construction of facts and artefacts: or how the sociology of sience and the sociology of technology might benefit each other*; in: *Social Studies of Science*, No.14 (1984), No. 3, S. 399-441.

Polanyi, M.: *Implizites Wissen*, Frankfurt/Main 1985.

Rapp, F./Durbin, P.T. (Hrsg.): *Technikphilosophie in der Diskussion. Ergebnisse des deutsch-amerikanischen Symposions in Bad Homburg* (W. Reimers-Stiftung) 7.-11. April 1981. Braunschweig/Wiesbaden 1982.

Wils. P.: *Nachsicht. Studien zu einer ethisch-hermeneutischen Basiskategorie*, Paderborn 2006.

Winner, L.: *Do Artifacts Have Politics?* in: Daedalus, Vol. 109, No. 1, 1980.

Ders.: *Upon Opening the Black Box and Finding it Empty: Social Constructivism and the Philosophy of Technology*; in: Science, Technology & Human Values, Vol.18 No.3, 1993, S. 362-378.

Wittpoth, J.: *Einführung in die Erwachsenenbildung*, Opladen 2009.

Begründen

Martin Heideggers »Ontologisierung der Praxis« und ihr Beitrag für die hermeneutische Technikphilosophie

Armando Chiappe

Prof. Dr. Franco Volpi gewidmet (1952-2009)

Die hermeneutische Phänomenologie Martin Heideggers besitzt eine große Relevanz für die Technikphilosophie als auch für die Handlungstheorie. Bislang wurde die hermeneutische Phänomenologie im Rahmen einer Technikphilosophie wenig berücksichtigt. Eine Phänomenologie technischen Handelns findet sich in Heideggers phänomenologischer Interpretation zu Aristoteles und den Analysen der Weltlichkeit des Daseins. Man kann nun – durch die jüngeren Veröffentlichungen der frühen Freiburger und Marburger Vorlesungen (1919-1927) – ohne Übertreibung behaupten, dass Heideggers Existenzialontologie eine Homologie der aristotelischen Ethik und Handlungstheorie darstellt.[1]

> „Einerseits erscheinen die Analysen prototechnischer Umgangsweisen aus den existentialontologischen Untersuchungen von *Sein und Zeit* auf einmal äußerst relevant für die Philosophie der Technik – und damit der frühe und früheste Heidegger schon als ein Technikphilosoph." (Luckner 2008, 7)

Die phänomenologischen Analysen des frühen Heideggers können als Reflexionen der Grundlagen einer allgemeinen Technikphilosophie, d.h. als eine fundierte Ontologie der Handlungsmittel gelesen werden. Diese wichtige phänomenologische Einsicht Heideggers hat Konsequenzen für die begriffliche Rekonstruktion des technischen Handelns und damit der Technikphilosophie überhaupt. Die Frage nach den transzendentalen Möglichkeitsbedingungen technischen Umgangs mit Artefakten und Zeug führt zum Begriff des technischen Handelns. Der Begriff Handeln rückt damit ins Zentrum der Anthropologie. Der Mensch existiert handelnd, darin liegt sein Sein. In diesem Sinn kann man über eine Technikphilosophie als *prima philosophia* im Sinne einer *Ontologisierung der Praxis* sprechen.

> „Technikphilosophie wird immer mehr zu einer Art von Fundamentalphilosophie, die den Ansatz von theoretischer und praktischer Philosophie überwindet bzw. hintergreift." (Irrgang 2008, 31)

Hier zeigt die hermeneutische Phänomenologie Heideggers ihre Relevanz, weil Handeln Umgang mit der Welt bedeutet.

> „Ein solcher Ansatz vermeidet eine zu einseitige Sicht von Technik und eine Reduktion auf technische Artefakte oder technisches Wissen." (Corona/Irrgang 1999, 12)

---

1 Zu dieser These Vgl. Volpi 1984; 1988: 1-41; 1989: 33-65; 2006; 2007a: 31-51; 2007b: 29-50; 2007c: 165-180.

Das technische Handeln ist eine Form des In-der-Welt-seins. Die technische Handlung beinhaltet konstitutive Strukturen der Alltäglichkeit. Der Brennpunkt einer *Ontologisierung der Praxis* ist das technische Umgangswissen. Hier sind das anthropologische und das kulturelle im technischen Handeln als Rückkoppelungskreislauf verbunden.

Ich möchte im Folgenden zeigen, wie und wo die *Ontologisierung der Praxis* des frühen Heideggers einen positiven Beitrag für die hermeneutische Technikphilosophie leisten kann. Bei dieser Gelegenheit werde ich nur eine Erläuterung des Themas in den frühen Werken Heideggers vollziehen können. Dafür wird 1. anhand der Freiburger Vorlesungen (1919-1923) Martin Heideggers kritische Auseinandersetzung mit der Phänomenologie Husserls hervorzuheben sein, insbesondere hinsichtlich der Unterschiede zwischen der transzendental-reflexiven Phänomenologie Edmund Husserls und der hermeneutischen Phänomenologie Heideggers, und 2. Heideggers Neuinterpretation der aristotelischen Betrachtungen, in welcher Heidegger den Komplex *praxis-phrónesis* (praktisches Handeln - praktisches Wissen) als universales Prinzip, als eine schlechthin fundamentale hermeneutisch-praktische Intentionalität auffasst.

1. Heideggers kritische Auseinandersetzung mit der Phänomenologie Husserls

Die ersten Jahre, die Heidegger in Freiburg und Marburg lehrte, zeigen uns seine ununterbrochenen und fruchtbaren Forschungsarbeiten auf dem Feld der neokantischen Theorie der Erkenntnis, im Rahmen der theologischen Tradition, im Bereich der verschiedenen vitalistischen Strömungen, auf dem Gebiet der Hermeneutik Diltheys, und vor allem im Kontext der Phänomenologie Husserls sowie der praktischen Philosophie des Aristoteles.[2] Die Lehrveranstaltungen, mit denen die akademische Tätigkeit Heideggers im Kriegsnotsemester 1919 beginnt, stellen sich der Herausforderung, einen völlig neuen Begriff der Philosophie zu entwickeln. Eine Philosophie, die das Phänomen der menschlichen Existenz nicht auf eine Reihe von Objektivierungen des repräsentativen Bewusstseins reduziert.

Aber selbst wenn Heidegger seinem Lehrer Husserl im Grundsätzlichen folgt, weicht er zugleich radikal von ihm ab.[3] Nach Husserl musste die Phäno-

---

2   Die schrittweise Veröffentlichung der ersten Freiburger Vorlesungen hat bestätigt, dass das philosophische Programm des frühen Heidegger sich in diesen Jahren in intensiver Lehrtätigkeit zu verfestigen beginnt. Gleichzeitig stellt diese Veröffentlichung ein für die Rekonstruktion der Vorgeschichte von *Sein und Zeit* äußerst wertvolles Anschauungsmaterial dar.

3   Über den *Trennungspunkt* zwischen Husserls und Heideggers Phänomenologie ist die Monographie von Renato Cristin (Vgl. Cristin, 1999) zu empfehlen. Hier zeigt Cristin auf, dass die Zusammenarbeit von Husserl und Heidegger am Artikel über „*Phenomenology*" für die *Encyclopedia Britannica* den Trennungspunkt zwischen der transzendenta-

menologie eine strenge Wissenschaft des transzendental-reinen Bewusstseins sein (Logos I, 289-290). Genau diese Definition verursachte für Heidegger den Rückfall in die Fragestellung der theoretischen Paradigma des Bewusstseins, d.h. in eine falsch gestellte Alternative. Diese Umstellung führt von der Dominanz des Erlebten in der Lebenswelt[4] weg und auf ein im Erleben selbst zentriertes Welterleben hin. Es muss ein a-theoretisches Wissen vom Ursprung konzipiert werden. Die Vorherrschaft des Theoretischen in der Philosophie muss gebrochen werden. Die Philosophie muss für Heidegger Urwissenschaft (GA 56/57) oder Ursprungswissenschaft vom Leben (GA 58) sein.

Beim Versuch, die ursprüngliche Realität des Lebens zu erfassen, traf Heidegger zwei grundlegende Entscheidungen. Die erste ist eine methodologische Entscheidung, die ihn 1919 zur kritischen Dekonstruktion der Metaphysik und zu einer hermeneutischen Transformation der Phänomenologie führt. Seine Methode bestand aus zwei Momenten: 1) ein destruktives[5] und 2) ein konstruktives Moment. Die zweite ist eine thematische Entscheidung, die in den Jahren 1922 bis 1924 in eine systematische Analyse der ontologischen Strukturen des menschlichen Lebens mündet. Die Frage nach dem Sinn des Seins des a-theoretischen und a-reflexiven Lebens liefert den Leitfaden für das Sein im Allgemeinen.

Wie lässt sich das Phänomen des Lebens unverfälscht erfassen? Die Antwort könnte nicht radikaler sein: die Vorrangstellung der theoretischen Haltung aufgeben und das Leitbild der physikalisch-mathematischen Wissenschaften, welches seit Descartes bis Husserl herrscht, hinten anstellen (Vgl. GA 17, 43-46/ 64-107/ 254-269). Husserls Phänomenologie ist für Heidegger die Nachfolge von Descartes und Kants Subjekt-Objekt-Schema und daher arbeitet Husserl „in einer schlechten Tradition" (GA 63, 73). Sowohl Descartes als auch Husserl[6] verstanden das Bewusstsein (Cogito) im Sinne des Vorhandenen.

---

len Phänomenologie Husserls und der hermeneutischen Ontologie Heideggers darstellt.

4   „»Lebenswelt« ist also der Titel für jene holistisch-bedeutungsbildene, historisch höchst variable Struktur, in der das Selbst die Wirklichkeit in Form von Möglichkeitshorizont für das Handeln erfährt" (Jung 2003, 18). Der Begriff *Lebenswelt* wurde von Heidegger schon früh in den 20er Jahren benutzt (Vgl. GA 59, 158) und für den späten Husserl systematisch in seiner Schrift *Krisis der europäischen Wissenschaften und die transzendentale Phänomenologie* entfaltet. Vgl. Føllesdal, 1990, 123-143.

5   Die *Destruktion* stellte neben der *Reduktion* und der *Konstruktion* eines der zentralen Momente der Phänomenologie dar. Im Gebrauch hebt Heidegger ausdrücklich den innovativen Charakter seiner Philosophie hervor. Vor allem in den Vorlesungen von 1920 ist die Destruktion eine grundlegende Aufgabe. Destruktion ist nicht Ausrottung, Zerstörung oder Vernichtung, sondern *Abbau* der philosophischen Tradition. Die Destruktion ist das Mittel, um beim Ausgangspunkt anzukommen und erneut aufbauen zu können (Vgl. GA 59, 16).

6   Heidegger versteht, dass die kartesianische Erbschaft und auch die aristotelisch-thomistische Tradition in Husserl weiterleben. In diesem Punkt gibt es eine ausgedehnte analytische Entwicklung, einen wirklichen Abbau (Vgl. GA 17, 115-222/248-268).

„»Transzendentale« Erkenntnis steht in der Gefahr eines verfeinerten Naturalismus: von einem dinglich gedachten Objekt wird zurückgegangen zu einem Subjekt, so wird aber das Leben in seiner Faktizität, das Leben im Bedeutungszusammenhang der Welt, von vornherein verfehlt." (Pöggeler 1963, 70)

Die theoretische Erkenntnis hat Vorrang in dem Sinn, dass die Idee von Wissenschaft aus der Idee von Mathematik als Wissenschaft vordefiniert ist. In der Tat ist die spontane und unkritische Annahme des theoretischen Ansatzes für die Deformation des Lebens verantwortlich.

In den Augen Heideggers bleibt die Phänomenologie Husserls ihrem Motto *Zu den Sachen selbst!* nicht treu, da sie die primäre Sphäre der Erlebnisse unter dem verdinglichenden Blick des Subjekts zerpflückt. Unter diesem Vorzeichen muss Heidegger Husserls Nachdruck auf dem Ideal einer in Vorurteilslosigkeit gründenden Gewissheit als naiv erscheinen.

„Die Herausarbeitung des reinen Bewußtseins als thematisches Feld der Phänomenologie ist nicht phänomenologisch im Rückgang auf die Sachen selbst gewonnen, sondern im Rückgang auf eine traditionelle Idee der Philosophie." (GA 20, 147)

Das reine Ego ist der

„(...) archimedische Punkt, auf dem die Gegenstände und deren Horizonte sowie die Welt als der Horizont der Horizonte konstituiert werden." (Volpi 2007b, 29-30)

Das transzendentale Ego, das als philosophisch-phänomenologisch Zuerkennendes vorausgesetzt werden muss, wenn nicht die gesamte philosophische Erkenntnis bodenlos sein soll, muss zugleich als Setzendes als auch als Gesetztes betrachtet werden.[7] Dieses wirkliche Subjekt ist für Husserl die Garantie für das wesentliche Sein der Dinge (Vgl. GA 24, 29). Husserl vollzog die Wendung zur transzendentalen Phänomenologie, indem er das Bewusstsein wieder als Instanz der Erkenntnis inthronisierte (Vgl. GA 56/57, 99).

Die Philosophie als Ursprungswissenschaft ist nach Heidegger eine vortheoretisch-hermeneutische Wissenschaft. Mit dieser Aufgabe verknüpft sich die Notwendigkeit, die „ungerechtfertigte Verabsolutierung des Theoretischen" (GA 56/57, 87) zu überwinden. Philosophie erscheint als der faktisch motivierte Rückgang in jenen Bereich vortheoretischer Phänomene, der mit dem Präfix *Ur-* angemessen bezeichnet ist. Phänomenologie ist nicht nur irgendeine Wissenschaft, sondern eine Urwissenschaft, die in alltäglichen Lebenssituation wurzelt und ihrerseits ein Verstehen dieser Situationen ermöglichen kann.

„Für uns bedeutet die phänomenologische Reduktion die Rückführung des phänomenologischen Blickes von der wie immer bestimmten Erfassung des Seienden auf das Verstehen des Seins (Entwerfen auf die Weise seiner Unverborgenheit) dieses Seienden." (GA 24, 29)

---

7   „The intentional arc in Husserl is thus: Ego-Cognizing-World. It should be noted preliminarily that the interpretation in the Husserlian context is one witch dominantly sticks to a more traditional perceptual and cognitive characterization of the arc as 'mental'." (Ihde 1979, 116)

Dieses „für uns" ist zu verstehen als Entgegensetzung zu Husserl. Aus diesem Grund möchte Heidegger den phänomenologischen Blick zum faktischen Leben wenden (Vgl. Heidegger in Hua IX, 602).[8] Im menschlichen Dasein finden andere Erlebnisse außer der Theoretikerkenntnis statt. Die Faktizität[9] ist das Fundament selbst aller möglichen Theoretisierung. Sie belegt in Heidegger den methodischen Ort, den bei Husserl die absolute Subjektivität hatte. Die hermeneutische Phänomenologie wird entdeckt im historischen Horizont, die geöffnete Welt des Daseins ist. Nur in diesem Phänomen hat Sinn eine theoretische Evidenz. Heidegger hält das Reduktionskonzept der Phänomenologie als Ausgangspunkt zurück (Vgl. GA 24, 29).

Das vortheoretische Verständnis des Phänomens des Lebens führt uns notwendigerweise zum Erlebnis der Umwelt. Die ursprüngliche Welt, in der wir uns schon von Anfang an befinden, ist eine bedeutsame Welt.[10] Im Umwelterlebnis hat die erkenntnistheoretische Subjekt-Objekt-Unterscheidung nichts mehr zu suchen. Die grundlegende Note des Lebens ist sein Weltcharakter.

> „Unser Leben ist die Welt, in der wir leben, in die hinein und je innerhalb welcher die Lebenstendenzen laufen. Und unser Leben ist nur als Leben, insofern es in einer Welt lebt." (GA 58, 34)

Das Leben könnte aber nie weder ein Objekt noch ein Ding sein (Vgl. GA 60, 10).

> „Leben ist in sich selbst weltbezogen, Leben und Welt sind nicht zwei für sich selbst bestehende Objekte, wie ein Tisch, auf den der vor ihm stehende Stuhl räumlich bezogen ist." (GA 61, 86)

Dieses Leben können wir nicht von außen betrachten, weil wir immer mitten drin sind.[11] Die Philosophie ergibt sich aus der faktischen Erfahrung des Lebens

---

8   „While the Basic idea in Husserl's phenomenology is that we constitute the world through our consciousness, Heidegger's main contribution to philosophy, it seems to me, is to focus attention on the idea that all human activity, all our way of relating to the world, to one another and to ourselves, contribute to constituting the world." (Føllesdal 1979, 378)

9   „Faktizität: die eigene *hic et nunc* gelebte, in dieser geistesgeschichtlichen Situation zum Vollzug gebrachte faktische Lebenserfahrung vollzieht auch die ihr entspringende, in ihr verbleibende, auf das Faktische selbst zurücklaufende Grunderfahrung." (GA 9, 32)

10   „Der Weg der Reduktion bzw. der Neutralisierung der Welt hinsichtlich des transzendentalen Ich schließt die Welt als wesentlich konstitutives Element der Existenz aus. Die Welt ist nicht durch eine Weltvernichtung wiederzugewinnen; nur in Anbetracht ihrer Seinsverfassung kann sie für das Seinsverständnis als solche gültig sein." (Cristin 1999, 19)

11   Die erste Annäherung an die Frage nach dem Verhältnis zwischen dem Dasein und der Welt kann man mit den Vorlesungen *Augustinus und der Neuplatonismus* (GA 60) erläutern. Wie im Neuplatonismus wird zwischen *sichtbaren* und *unsichtbaren* Dingen unterschieden; die *sichtbaren* Dinge sind allein zu nutzen (*uti* [von dem In-der-Welt-Seienden zu benutzen]); zu genießen (*frui* [Gott zu genießen]) sind allein die *unsichtbaren* unver-

und kehrt nachher zum „Rückgang auf die alltägliche Praxis" (Rentsch 1989, 89) zurück. Das ursprüngliche Leben in der Welt und das ursprüngliche Verstehen sind der Ausgangspunkt und die Norm der Phänomenologie.

Wir leben demnach immer schon in einer durch verschiedene, einander durchdringende Bedeutungssphären strukturierten Welt, die hinsichtlich ihrer Motivationen und Möglichkeiten verstanden ist, ohne dass dieses Wissen notwendig reflektiert oder artikuliert werden müsste. So bewegen wir uns vornehmlich in einer zweckrational erschlossenen Umwelt, mit der wir zu tun haben, und in der wir uns auskennen. Das Sein des In-der-Welt-seins ist eine Art des faktischen Lebens. In-der-Welt-sein bedeutet: dieses Sein impliziert, in der Welt umzugehen, zu vollziehen, zu realisieren und auszuführen. Die Bedeutsamkeit stellt die grundlegende Struktur der Welt dar. In dieser *praxis* hat das Dasein ein umgebendes Wissen (umsichtig) und ein Vorverständnis des eigenen Seins im Allgemeinen.

Das Schlüsselwort, durch das Heidegger das Alltägliche und Gewöhnliche plötzlich wie verwandelt erscheinen lässt, heißt *Sorge* (Vgl. GA 61, 109). Sorge ist der Inbegriff solcher Haltungen wie: es geht einem um etwas, man kümmert sich um, ist besorgt, hat etwas vor, schaut nach dem Rechten, geht mit etwas um, will etwas herausbekommen.

> „Sorgen bedeutet, sich um etwas kümmern, und die Selbstkümmerung führt letztlich zum Handeln." (GA 61, 109)

Heideggers Begriff von Sorge entwickelt sich aus dem, was bei Husserl Intentionalität heißt, welche jedoch den Beigeschmack von Sorge und Interesse noch nicht enthält (Vgl. Gethmann 1993, 272). Mit diesem Begriff will Heidegger den Primat theoretischer Vernunft *pragmatisch* verschieben, damit öffnet sich die Welt zum Dasein im hermeneutischen Verständnis mittels eines praktischen Umgangs[12] mit dem Seienden. Der Umgang ist ein Verstehen der Verweisung *um*-

---

änderlichen höchsten Dinge. Mit diesem Schema findet eine Unterbewertung und eine Trennung der Umwelt statt. Nach Augustin gibt es eine *perversio*, wenn man das nur zu Nutzende genießen will und das zu Genießende zur Erreichung anderer Zwecke nutzt. Wenn Gott überhaupt als *bonum* geschätzt wird und als *summum* in den Vergleich zu anderen Dingen gestellt wird, meint Heidegger, dass die Werte zusammen in einem *Quietismus* münden. Diese Werthierarchie ist nach Heidegger Ausfluss einer neuplatonischen Ontologie. Demgegenüber wird das *uti* geradezu zur Formel für das Weltverhältnis des faktischen Lebens: ich *gehe* mit den Sachen *um*, die das Leben mir zuträgt. Das metaphysische Denken stellt das Sein als *Vorhandenheit* dar und kann somit die Zeitlichkeit des Vollzugs des faktischen Lebens nicht erfassen. Das metaphysische Denken ist seit den frühesten Anfängen am *Sehen* orientiert (*theorein*).

12 In diesem Erlebnis sieht Heidegger die ursprüngliche Sphäre des Lebens, das von der ganzen westlichen philosophischen Tradition vergessen worden war. Die Analyse des Erlebnisses des Umfelds stellt eine Fragestellung dar, die den weiteren philosophischen Weg von Heidegger bestimmen wird. 1919 beginnt Heidegger mit dem Beispiel des Katheders, die Entdeckung des Erlebnisses der Umwelt, was eine radikale Interpretation des

zu-etwas. Das Werkzeug gehört zu einem Werkzeugkontext, d.h. ein Werkzeug verweist zu einem anderen und dieses von neuem zu einem anderen. Das Dasein erkennt die Funktion oder die Rolle des Seienden in der Zeugganzheit. Die Erkenntnis kann nicht schon als eine anwesende Vorstellung der Dinge verstanden werden, sondern muss in der praktischen Sorge der Umsicht gemessen werden. Das Dasein ist kein neutraler Beobachter, sondern es lebt in den Bedeutsamkeits-Zusammenhängen einer holistisch verflochtenen Lebenswelt.

Das Worauf der Sorge ist die Welt, die von Menschen im Umgang gehabt wird.

> „Diese Analyse, sie steht alternativ zur Husserlschen, bezieht sich ganz direkt auf die Praxis, den tätigen Umgang mit den Sachen. Nur allein aus dem tätigen Gebrauch der Dinge entnimmt sie den wesentlichen Seinscharakter. Das ist die pragmatische Grundstellung, die Heidegger hier erreicht." (Rentsch 1989, 92)

Welt ist eine organisierte Struktur von Praxis und Zeug, welche einen bedeutsamen Hintergrund zusammenstellt. Durch diese Struktur haben unsere Aktivitäten und unser Denken einen Sinn. Heidegger beginnt mit der gewöhnlichen Alltagserfahrung. Zusammenfassend geht es in der heideggerschen Auffassung um einer Pragmatisierung Husserls reflexiver Phänomenologie.

2. Die heideggersche Neuinterpretation der aristotelischen Philosophie

Hans-Georg Gadamer hat Heideggers Vorlesungen 1921/22 als eine wahre Revolution bezeichnet (Vgl. Gadamer 2003, 77). Auch Günter Figal, Walter Brogan und Franco Volpi haben die Wichtigkeit Aristoteles´ in der hermeneutischen Phänomenologie Martin Heideggers hervorgehoben.[13] Heidegger selbst wiederholte in verschiedenen Schriften, durch die Rezeption Aristoteles´ sei er in seinem philosophischen Denkweg bestimmt worden (Vgl. GA 66, 412; GA 16, 423-425; GA 1, 56-57). Heideggers Aristoteles-Interpretationen implizieren auch

> „(...) eine ganz neue Stellung zur Geschichte der Philosophie (d.h. der philosophischen Überlieferung); dieser neuen Stellung liegt ihrerseits eine grundsätzliche Revision der damals üblichen Trennung zwischen Philosophie (und d.h. systematischer Philosophie) und Geschichte (bzw. Geschichte der Philosophie) zugrunde." (Fehér 1997, 51)

Nachdem sich Heidegger mit Husserl über den Charakter der Phänomenologie auseinandergesetzt hatte, wendet er sich Aristoteles zu auf der Suche nach einer

---

Lebens ermöglicht. Im Erlebnis der Umwelt ergibt sich ein Verstehen des Lebens, der Welt und der Umwelt.

13 Für eine gute neuere Literaturübersicht zu Heidegger und Aristoteles Vgl. Weigle 2002, 12-19.

neuen ontologischen Struktur des menschlichen Lebens.[14] Sicherlich nimmt Aristoteles´ Interpretation des Seins des Menschen als *Zoé Praktiké* (praktisches Leben) eine zentrale Rolle in Heideggers Analysen ein. Heidegger sieht, dass Aristoteles den Sinn von Sein von einem bestimmten Seienden aus gewinnt, nämlich vom hergestellten, umgänglich in Gebrauch genommenen Gegenstand. Der Denkweg, der zu *Sein und Zeit* führt, ist durch die schier ununterbrochene Auseinandersetzung mit Aristoteles gekennzeichnet (Vgl. Volpi 2007a, 23).[15] Diese Auseinandersetzung mit Aristoteles wurde von Volpi als *raubgierige Aneignung* bezeichnet (Vgl. Volpi, 1984, 14).

Die Beschreibung der dianoätischen Tugenden, wie sie im VI. Buch der Nikomachischen Ethik dargestellt sind, bietet richtungweisende Impulse, um eine vollständige Phänomenologie des menschlichen Lebens auszuarbeiten, die nicht nur das theoretische Verhalten, sondern ebenso sehr das poietische und das praktische berücksichtigt (Vgl. Taminiaux 1989, 153; Stolzenberg 2005, 136; Volpi 2007b, 37). Die Hauptbegriffe der praktischen Philosophie von Aristoteles werden für Heidegger ontologisiert, neu formuliert und reaktiviert, d.h. ihres praktisch-ethischen Sinnes entblößt und zu Grundstimmungen der Seinsweise des Menschen umgeformt (Vgl. Volpi 2007a: 32). Eine andere bedeutende Verwandlung besteht in der Verschiebung der hierarchischen Anordnung der drei Seinsarten (Vgl. Volpi 2007b, 38). Die praktische Philosophie verwandelt sich in eine Ontologie des menschlichen Lebens.

> „Die Absicht war, die Anthropologie des Aristoteles aus dem faktisch gelebten Leben, wie es vor allem in der Rhetorik und Ethik des Aristoteles zu finden ist, aus dem Lebensverständnis der eigenen Gegenwart neu zu Sprechen zu bringen."(Gadamer 2003, 80)

Im Natorp-Bericht (GA 62) wirft Heidegger dies auf:

> „Die Problematik der Philosophie betrifft das Sein des faktischen Lebens im jeweiligen Wie des Angesprochen- und Ausgelegtseins. Das heißt, Philosophie ist als Ontologie der Faktizität zugleich kategoriale Interpretation des Ansprechens und Auslegens, das heißt Logik." (GA 62, 364)

Die Sichtbarkeit des eigenen Lebens zeigt an, dass das Leben zuerst mittels einer Reduktion und einer Rekonstruktion erfasst werden soll (Vgl. GA 62, 364). Die Bewegtheit ist ein Zentralbegriff der Destruktion, die Heidegger an der aristotelischen *Physik* vollzogen hat. Mittels dieser *kinetischen* Ontologie hat Heidegger gegen die traditionelle Ousiologie[16] eine hermeneutische Faktizität ge-

---

14   „It was in those early Freiburg and Marburg lectures that Heidegger tried out *a transformed understanding of Aristotle* that was the basis for his eventual break with Husserl." (Sheehann 1975, 87)

15   Damals entwarf Heidegger sogar ein systematisches Werk über Aristoteles, das er schließlich aber nicht veröffentlichte (Vgl. Heidegger/Jaspers 1990, 2 / GA 62, 440 f.).

16   In der Metaphysik wurde *oúsia* mit 'Substanz', 'Wesen' oder auch 'Sein' übersetzt. Bei Heidegger handelt es sich um ein Schlüsselwort und deshalb um einen seiner meist ver-

stellt, welche die eidetische Fixierung Platons durch ihren dynamischen Charakter ersetzt.

„Das Sein der Bewegtheit stellt den Leitfaden dar." (Gadamer 2003, 85)

Die Radikalisierung der Analyse der *kínesis* (Bewegtheit) in Richtung auf die menschliche Bewegtheit ist also mit Heideggers Destruktion der Grundvoraussetzungen der Ontologie untrennbar verbunden. Dies sei die noch lebendige Tendenz, die unbewusst die überlieferte Ontologie leite. Das theoretische und kontemplative Modell habe in seiner höchsten Form nur diese Vorherrschaft des Modells der *physis* (Natur) und der *poíesis* (Herstellung) zur Vollendung gebracht – und zwar auf Kosten der eigentlichen, menschlichen Ordnung der Praxis.[17]

So vollzieht Heidegger eine dramatische Umwandlung: das Thema der Fundamentalontologie ist nicht mehr das ewige Seiende, sondern die endliche Zeitlichkeit des Menschen, seine Praxis. Es kommt immer aus der jeweiligen Situation in den Blick, in der sich der Mensch gerade befindet, und zwar dadurch, dass er in Bewegung ist. Das Leben des Menschen ist demnach durch die Praxis bestimmt, die Heidegger im Sinne von Handlung und Verrichtung versteht. Die *praxis* (praktisches Handeln) ist das alltägliche Besorgen der Welt, wenn das vortheoretische Erleben der Umwelt nicht theoretisch reflektiert wird, denn die Kategorien sollten auch als verstehende Kategorien gesehen werden. Aristoteles analysierte das grundlegende Verhalten der *aletheýen* (Entdeckung): *epistéme*, *sophía*, *tékne*, *phrónesis* und *nous*. Die *phrónesis* (praktisches Wissen) wird als die Weise gezeigt, in welcher die *zoé* (das Leben) entdeckt werden kann. Die *phrónesis* beschäftigt sich mit den menschlichen Angelegenheiten (Vgl. Nikomachische Ethik VI 5, 1140b27f.).[18] Dem Menschen geht es bei der *phrónesis*

---

wendeten Begriffe. Er übersetzt *oúsia* in der geläufigen Bedeutung: Vermögen, Besitzstand, Hausgerät, Hab und Gut.

17 Im 10. Buch der *Nikomachischen Ethik* kommt Aristoteles zu einem erstaunlichen Ergebnis: das *eigentliche Menschsein* (*bíos theoretikós*) ist *übermenschlich*, göttlich, da das kontemplative Leben die einzige der Gottheit würdige Lebensform sei (Vgl. *Nikomachische Ethik* E X 8, 1178b8-23). Nach Taminiaux handelt es sich um eine *hyperplatonisierende* Tendenz (Vgl. Taminiaux 1989, 186). Die *sophía* (theoretisches Wissen) hätte einen Vorrang vor der *phrónesis* (praktisches Wissen), sofern das Thema der *sophía* nicht das bewegliche Sein des Menschen ist, sondern das immergegenwärtige, höchste Seiende (*theós* = Gott). Da die *sophía* Eigenschaft eines Gottes ist, ist sie das reinste und vorzüglichste Verhalten, d.h. ein *nous* (Intellekt), ein *theorein* (Schauen). Diese griechische Auffassung der Seinsregionen (göttlich und weltlich) ist die *onto-theo-logische* Voraussetzung der aristotelischen (und damit abendländischen) Metaphysik.

18 Denn die Rationalität des klugen Praktikers bezieht sich nach Aristoteles ausschließlich auf den *kontingenten* Bereich des 'Sublunaren', insbesondere auf die sittliche und politische Praxis bzw. auf deren Gegenstände, die nicht notwendig sind, vielmehr stets auch andere sein können. „Das praktische Wissen wird bei Aristoteles nur negativ bestimmt, weil es mit dem Möglichen und nicht mit dem Wirklichen zu tun hat – mit dem, was im Umgang begegnet, und nicht mit dem, was ist und nur ist." (Figal 1992, 60)

um sein eigenes Sein, sein Leben. Mittels der *phrónesis*-Analyse erhält Heidegger grundlegende Antriebe für ein anderes Wissen, welches sich als Praxis entwickelt.

Aristoteles' *praxis* kommt nicht ohne poietische Reste aus.[19] Durch das Paradigma der *poíesis* (Herstellung) wird das Seiende im Ganzen auf die gegebene und stabile Gegenwart bezogen.

> „Sein heißt also Hergestelltsein. Das entspricht dem ursprünglichen Sinn von *ousía*. *Ousía* besagt die Habe, das Vermögen, der Hausstand, das, worüber man verfügt im alltäglichen Dasein, das, was zur Verfügung da steht. Sein heißt: Zur-Verfügung-Stehen." (GA 19, 270)

Deshalb wird der Begriff *ousía* aus der Bewegung gedacht, d.h. vom Primat der Verwendbarkeit und Verfügbarkeit des Seienden aus.[20] Die Grunderfahrung der Griechen war das hergestellte (d.h. das bewegte) Seiende. Das eigentliche Seiende wird zunächst als ein hergestelltes und zur-Verfügung-Seiendes erfahren.

> „Das Gegenstandsfeld, das den ursprünglichen Seinssinn hergibt, ist das der hergestellten, umgänglich in Gebrauch genommenen Gegenstände." (GA 62, 373)

Diejenige Bewegung nun, die für das ontologische Verstehen der Bewegung exemplarisch fungiert hat, war die *poíesis* im engeren Sinne, das Herstellen.

> „Das in der Umgangsbewegtheit des Herstellens (*poíesis*) Fertiggewordene, zu seinem für eine Gebrauchstendenz verfügbaren Vorhandensein Gekommene, ist das, was ist." (GA 62, 373)

Denn es gilt gerade, hinter dieser Vorherrschaft des Substantiellen ihre naiven, aus dem Alltag genommenen Voraussetzungen ans Licht zu bringen: das, wor-

---

19 Vgl. Hubig 2007, 38; Pocai 2007, 55. Aristoteles hat erkannt, dass Herstellen und Handeln nicht *disjunkte* Tätigkeitsklassen umfassen, sondern dass sie *unterschiedliche Aspekte* an Tätigkeiten auszeichnen. „Wer etwas herstellt, ist in seinem Produzieren durch etwas anderes motiviert als durch den Wunsch, sein Produkt fertigzustellen; er will es gebrauchen, auf Grund seiner Herstellung Anerkennung finden oder auch seinen Lohn dafür bekommen. *Sein Machen ist also unter diesem Aspekt immer auch eine Praxis*" (Ebert 1976, 21) [Hervorheb. d. Verf.]. Die Einbettung eines Herstellens samt seinem Produktionsziel in eine *Praxis* ist eine von verschiedenen möglichen Weisen, wie sich ein Tun einem praktischen Ziel unterordnen kann. Das praktische Ziel definiert das Herstellen nicht, sondern *motiviert* es. Allgemein ist Herstellen ein Teil einer *Praxis* und deshalb nicht identisch mit ihr, d.h. es impliziert eine *generische* Verschiedenheit.

20 Im Gegensatz zu diesem Modell des Gebrauchens steht das *Modell des Sehens*, d.h. die Tendenz der antiken Ontologie, jedes Seiende im Sinne von *Vorhandenheit* zu erfassen von der platonischen Figur des Demiurgen bis zur aristotelischen Auffassung, die in der Folge als bevorzugte Basis für die christliche Auffassung des *ens creatum* dienen wird. Die aristotelische Ethik ist vom Seinsideal der Griechen durchgängig bestimmt, weil Aristoteles an dem Grundstein seiner Metaphysik – der vorausgehenden Festlegung der Seiendheit (*ousía*) des Seienden als beständige Anwesenheit, d.h. Grundsätzlichkeit, Eigenständigkeit, Notwendigkeit, Unveränderlichkeit, Vollständigkeit, Einfachheit, Unmittelbarkeit in allen Sphären seines Denkens festhält.

über die Griechen im Bereich des innerweltlichen und brauchbaren Seienden verfügten und von dem aus sich ihre alltägliche Welt ordnete. Das Sein des Seienden ist so durch seine Verfügbarkeit und seinen alltäglichen (Welt als Umwelt) Gebrauch gedacht. Das Kennzeichnende des Besitzes ist, dass er verfügbar und in der Nähe ist. Mit anderen Worten, das Seiende steht für sich nur im Umkreis des Da, d.h. im Horizont des Gebrauchs und des Umgangs. Das, was zunächst und zumeist ist, ist das verfügbare Gebrauchsding.

Dieses spezifische Sein für das Besorgen und den alltäglichen Umgang, von dem aus die Griechen das zunächst begegnende Seiende zu verstehen pflegten, kommt mit dem Namen *pragmáta* (Umgang mit dem Seiende) zum Ausdruck. Das *pragma*, das Seiende, mit dem der Mensch ständig zu tun hat, hängt mit der *praxis* (praktisches Handeln), mit dem Besorgen, zusammen. Das *pragma* weist auf die Grundbedeutung von *ousía* hin. Der Umgangsgegenstand ist für die Griechen nicht einfach da als ein theoretisches Ding mit Beschaffenheiten, sondern ist her-gestellt, steht zur Verfügung, liegt vor, ist da in der Nähe, ist eine Habe. Die antike Ontologie nimmt ihren Ausgang gerade nicht vom theoretischen Gegenstand, sondern vom hergestellten und alltäglich gebrauchten Seienden, von der Umwelt.

Im faktischen Leben begegnen Gegenstände im Umgang[21] mit ihnen und in der diesem Umgang gemäßen Umsicht. Heidegger zählt im Einzelnen auf:

> „Der ausrichtende Umgang ist als: Hantierung an, Zurechtlegen von, Herstellen von, Bereitstellen von, Sicherstellen durch, in Gebrauch Nehmen von, Lage Nehmen in, Verwenden von, in Besitz Nehmen und Besitz Haben von. In all dem ist Umgang auf etwas aus, das besorgt sein will [...].“ (GA 62, 93)

Daraus ergibt sich als allgemeine Tendenz: Hantieren, Herstellen, Sicherstellen, In-Gebrauch-Nehmen u. dgl. sind Weisen des Umgangs mit solchem, das verfügbar ist bzw. verfügbar gemacht werden soll. Die aristotelische und antike Ontologie hat ihre Wurzeln in dem alltäglichen Umgang des Menschen mit seiner Umwelt. Der Umgangsgegenstand, das hergestellte Seiende stand für die Griechen im Vordergrund, ihre Grunderfahrung des eigentlichen Seienden ging auf das gestellte Seiende zurück. Erst vor dem Hintergrund des a-theoretischen, primären und hermeneutischen Bezuges des Menschen zu seiner Umwelt kann die Bedeutung des Herstellens ermessen werden. Wenn wir leben, gehen wir mit den Sachen um. Der Umgang ist die Welt, die wir alltäglich erleben. In unserer Alltäglichkeit sind wir mit den Sachen vertraut. Wenn wir mit dem vertrauten Seienden umgehen, verstehen wir sie:

---

21 Im *Umgang* zeigt sich, wie jedermann ohne Komplikationen mit den Utensilien und den Situationen des alltäglichen Lebens umgehen kann (z.B. der Gebrauch eines Hammers, der Start eines Autos, das Anbrennen einer Zigarette oder das Geldabheben an einem Automaten). Der Umgang ist eine routinenmäßige, vorreflexive und automatisierte Art des *impliziten Wissens*.

„[…] und zwar nicht als Gegenstand theoretischen Bestimmens, sondern als Worauf des ausrichtenden Besorgens." (GA 62, 388)

Die eigene Angelegenheit des verrichtenden Umgangs[22]

„[…] steht dabei jeweils in einer bestimmten Bekanntheit und Vertrautheit. Der sorgende Umgang hat sein Womit immer in einer bestimmten Sicht; im Umgang, ist lebendig, ihn mitzeitigend und führend, die Umsicht."[23] (GA 62, 353)

Der vortheoretisch-verrichtende Umgang hat seine eigene Erkenntnis, diese ist aber verschieden von der theoretischen Erkenntnis. Es handelt sich um keine Erkenntnis im Sinne einer objektivierenden und beobachtenden Entfremdung, sondern sie wird als das primär-vortheoretische Verständnis der Bedeutung gezeigt.

„Nicht etwa haben wir zuvor ein Wissen von diesen Dingen, um sie dann in Gebrauch zu nehmen, sondern umgekehrt: das Gebrauchen als solches ist die Art des primären und angemessen Kennenlernens, eine primäre und eigene Weise der Entdeckung des innerweltlich Seienden." (GA 25, 21)

Heidegger verweist auf den ontologisch und lebensweltlich primären Bereich des alltäglichen Umgangs, der mit der Umsicht über ein jeweils konkretes Handlungswissen verfügt, das nicht notwendig reflektiert oder artikuliert sein muss, sondern durch Übung oder Nachahmung erlernt werden kann und sich als prozedurales 'Wissen-wie' von der Theorie als einem propositionalen 'Wissen-dass' unterscheiden lässt.

Heidegger begründet den ontisch-ontologischen Vorrang des Daseins und kritisiert die metaphysische Unterscheidung zwischen Mensch-Natur, Subjekt-Objekt und Bewusstsein-Welt, weil diese Begriffe durch eine falsche Differenz zwischen Theorie und Praxis begründet worden seien. Im Gebrauch der Dinge haben die Menschen etwas mehr als die eigene Handlung zum Ziel. Die praktische Bestimmung des Daseins impliziert das Verlassen des traditionellen und mentalistischen Modells des reflexiven Bewusstseins, weil das Dasein nach Heidegger nicht nur Wahrnehmung und theoretische Erkenntnis ist, vielmehr hat das Dasein im praktischen Sinn seine senso-motorischen und emotionalen Stimmungen und Kenntnisse im ontologischen Vorrang. Dasein ist Vollzug, Handeln und Tun.

---

22 Dieser auch von Heidegger benutzte Ausdruck betont die instrumentalste und pragmatischste Tendenz des Umgangs. Wir leben in einer Form menschlicher Tätigkeit, sehr ähnlich der Herstellung von und dem Hantieren mit Utensilien, die zu unserer Verfügung stehen, um gewisse Dienste zu erfüllen.

23 Diese Modalität des *umsichtiges Besorgen* ist typisch für den alltäglichen Umgang, den wir mit den Erlebnissen der umgebenden Welt pflegen, wie die Tür zu öffnen, das Licht anzumachen, den Computer zu verbinden, den Wagen zu parken oder ein Mikrowellengerät zu programmieren.

3 Resümee

1. Die Radikalität der frühen Technikphilosophie Heideggers zeigt sich unter anderem darin, dass mit ihr die begrifflichen Grundlagen gängiger Handlungstheorien einer erstaunlichen Revision unterzogen werden müssen. Einen radikalen und folgenreichen Beitrag zur Auflösung der Bewusstseinsphilosophie ist in Heideggers kritischer Neubestimmung des von Husserl entwickelten Programms einer hermeneutischen Phänomenologie zu sehen. In der Kritik Heideggers an der traditionellen und phänomenologischen Wahrnehmungskonzeption findet ein echter Durchbruch zur pragmatischen Philosophie statt. Die Abstraktion ist keine Vollendung, sondern eine Modifikation. Sie spiegelt nicht die primäre Beziehung des Menschen zur Welt wider, sondern eher einen von ihr abgeleiteten Modus. Gegenüber einer kontemplativen Traditionslinie der Philosophie konzentriert sich Heidegger von Anfang an auf die Lebenswelt und das faktische Dasein. Dort verwandelt sich die Phänomenologie in eine hermeneutische Phänomenologie. Dies bedeutet nicht nur eine *translation* oder eine *inversion*, sondern eine radikale Erneuerung.

2. Heidegger betrachtete Aristoteles nicht als bloße Vergangenheit, sondern unternahm eine kritische Aneignung. Heidegger las Aristoteles, um den theoretischen Sinn der Philosophie durch einen phronetischen Sinn zu ersetzen. Er wollte detailliert aufweisen, wie der Seinssinn in den griechischen Anfängen aus dem Modell der Herstellung hervorging. Das Ziel war, einen neuen philosophischen Zugang zum menschlichen Leben zu finden. Dennoch wurde die Physik Aristoteles' der Mittelpunkt von Heideggers Untersuchungen. In diesem Sinn ist das Phänomen der Bewegtheit entscheidend für die aristotelische Metaphysik gewesen. Nach Aristoteles ist Sein ein Fertig-Sein, d.h. dass die Bewegung zum Ende kommen muss. Die höhere und wichtigere Aktivität des menschlichen Lebens ist für Aristoteles die *theoría*. Der Seinssinn muss als Anwesenheit verstanden werden. Also nimmt die Anwesenheitsdimension eine absolute Vorrangstellung ein und verschiebt die *phrónesis* auf den zweiten Rang. Auf diese Weise verschloss Aristoteles den echten Zugang zum menschlichen Leben. Heidegger aber verwandelt die Struktur der Bestimmungen, so dass die Begriffe einen neuen ontologischen Charakter gewinnen und ihren früheren praktisch-ethischen Charakter verlieren. Die *theoría* ist nicht mehr als höchste Bestimmung zu betrachten, sondern die *praxis* besetzt diese Stelle, weil die *praxis* die tiefste Seinsart des Daseins und die ontologische Wurzel der Existenz ist.

3. Das primär in den ontologischen Blick gekommene Seiende ist nicht das bloß Gegenständliche, sondern das umweltlich Seiende, das Hergestellte. Diese ontologische Genesis beinhaltet einen fundamentalen Einspruch gegen Husserl. Was Husserl als „schlichte Erfahrung" bezeichnet hat, erweist sich nach Heidegger als Nivellieren und Isolieren aus einem primären Zusammenhang operativer Verflechtung, der Bewandtnisganzheit, heraus. Statt des abgeleiteten Modus der

reinen Theorie sucht die Daseinanalytik das Seiende des alltäglichen Umgangs zu thematisieren. So stellt sich der besorgende Umgang mit der Umwelt als ein konstituierender Modus des In-der-Welt-seins dar, der auf der spezifischen Seinsart der Gebrauchsgegenstände beruht.

4. Die grundlegende Absicht dieser Arbeit war eine Erläuterung des Themas der *Ontologisierung der Praxis* in der frühen Phänomenologie Heideggers und ihres Beitrages für die *hermeneutische Technikphilosophie.* Andere Themen wie die Überwindung des Mittel-Zweck-Schemas durch die heideggersche Praxis- und Weltanalyse, der konstitutive Situations-Bezug der technischen Praxis oder die Tragweite des *impliziten Wissens* für die hermeneutische Technikphilosophie sind noch offen und werden weiter ausgearbeitet werden.

Literatur

1. Schriften Martin Heideggers
a) Gesamtausgabe

GA 1, Frühe Schriften (1912-1916), hrsg. von F.-W. von Hermann, Frankfurt a/M., 1978.

GA 9, Wegmarken, hrsg. von F.-W. von Hermann, Frankfurt a/M., 1996.

GA 16, Reden und andere Zeugnisse eines Lebensweges (1910-1976), hrsg. von Herman Heidegger, Frankfurt a/M., 2000.

GA 17, Einführung in die phänomenologische Forschung (Wintersemester 1923/24), hrsg. von F.-W. von Hermann, Frankfurt a/M., 1994.

GA 19, Platon: Sophistes (Wintersemester 1924/1925), hrsg. von Ingeborg Schüßler, 1992.

GA 20, Prolegomena zur Geschichte des Zeitbegriffs (Sommersemester 1925), hrsg. von Petra Jaeger, 1979.

GA 24, Die Grundprobleme der Phänomenologie (Sommersemester 1927), hrsg. von F.-W. von Hermann, Frankfurt a/M., 1975.

GA 25, Phänomenologische Interpretation von Kants Kritik der reinen Vernunft (Wintersemester 1927/28), hrsg. von I. Görland, Frankfurt a/M., 1977.

GA 56/57, Zur Bestimmung der Philosophie (Kriegnotsemester 1919 /Sommersemester 1919), hrsg. von Bernd Heimbüchel, Frankfurt a/M. 1987.

GA 58, Grundprobleme der Phänomenologie (Wintersemester 1919/1920), hrsg. von H.-H. Gander, Frankfurt a/M., 1992.

GA 59, Phänomenologie der Anschauung und des Ausdrucks. Theorie der philosophischen Begriffsbildung (Sommersemester 1920), hrsg. von Claudius Strube, Frankfurt a/M., 1993.

GA 60, Phänomenologie des religiösen Lebens (Wintersemester 1920/21-Sommersemester 1921), hrsg. von Matthias Jung und Thomas Regehly, Frankfurt a/M., 1995.

GA 61, Phänomenologische Interpretationen zu Aristoteles. Einführung in die phänomenologische Forschung (Wintersemester 1921/22), hrsg. von Walter Bröcker und Käte Bröcker-Oltmanns, Frankfurt a/M., 1985.

GA 62, Phänomenologische Interpretationen ausgewählter Abhandlung des Aristoteles zu Ontologie und Logik (Sommersemester 1922), hrsg. von Günter Neumann, Frankfurt a/M., 2005.

GA 63, Ontologie. Hermeneutik der Faktizität (Sommersemester 1923), hrsg. von Käte Brö-cker-Oltmanns, Frankfurt a/M., 1988.
GA 66, Besinnung (1938/39), hrsg. von Herman Heidegger, Frankfurt a/M., 1997.

b) Briefwechsel

Martin Heidegger/Karl Jaspers (1990): Briefwechsel 1920-1963, Frankfurt a/M.

2. Sekundärliteratur

Aristoteles, (1995): Nikomachische Ethik, Philosophische Schriften, Bd. 3, Darmstadt.
Corona, N./Irrgang, B. (1999): Technik als Geschick? Dettelbach.
Cristin, R. (1999): Edmund Husserl, Martin Heidegger - Phänomenologie (1927), Berlin.
Ebert, T. (1976): Praxis und Poiesis. Zu einer handlungstheoretischen Unterscheidung des Aristoteles, in: Zeitung für Philosophische Forschung, Meisenheim am Glan, 12-30.
Fehér, I. (1997): „Die Hermeneutik der Faktizität als Destruktion der Philosophiegeschichte als Problemgeschichte", in: Heidegger Studies 13, 47-68.
Figal, G. (1992): Martin Heidegger zur Einführung, Hamburg.
Føllesdal, D. (1979): "Husserl and Heidegger on the role of actions in the constitution of the world", in: E. Saarinen/R. Hilpinen/I. Niiniluoto/M. Provence Hintikka, (Eds.): Essays in Honour of Jaakko Hintikka, Dordrecht, 365-378.
Føllesdal, D. (1990): „The Lebenswelt in Husserl", in: Haaparanta/Kusch/Niiniluoto (Eds.): Language, Knowledge and Intentionality: Perspectives on the Philosophy of Jaakko Hintikka, Acta Philosophica Fennica, Vol. 49, Helsinki, 123-143.
Gadamer, H.-G. (2003): „Heideggers 'theologische' Jugendschrift', in: Heidegger, M.: Phäno-menologische Interpretationen zu Aristoteles. Ausarbeitung für die Marburger und die Göttinger Fakultät (1922), Stuttgart, 2003.
Gethmann, C.-F. (1993): Dasein: Erkennen und Handeln. Heidegger im phänomenologischen Kontext, Berlin/New York.
Hubig, Ch. (2007): „Handlung und Enttäuschung. Überlegungen zur »technomorphen« Ver-kürzung des Handelns mit Blick auf Hegel und Heidegger", in: Christoph Hubig/An-dreas Luckner/Nadia Mazouz (Hrsg.): Handeln und Technik - mit und ohne Heidegger, Berlin, 27-46.
Husserl, E. (1910/11): Philosophie als strenge Wissenschaft, in Logos I, 289-341.
Husserl, E. (1925): Phänomenologische Psychologie. Vorlesungen Sommersemester 1925, Husserliana IX, Hrsg. von W. Biemel, 1962.
Ihde, D. (1979): Technics and Praxis. Boston studies in the philosophy of science, v. 24., Dordrecht/Boston.
Irrgang, B. (2008): Philosophie der Technik, Darmstadt.
Jung, M. (2003): Die frühen Freiburger Vorlesungen und andere Schriften 1919-1923. Aufbau einer eigenen Philosophie im historischen Kontext, in: Thomä, D, (Hrsg.): Heidegger-Handbuch. Leben – Werk – Wirkung, Suttgart/Weimar, 13-37.
Luckner, A. (2008): Heidegger und das Denken der Technik, Bielefeld.
Pocai, R. (2007): Die Weltlichkeit der Welt und ihre abgedrängte Faktizität (§ 14-18), in: Rentsch, Th. (Hrsg.): Sein und Zeit, Berlin, 51-68.
Pöggeler, O. (1963): Der Denkweg Martin Heideggers, Pfullingen.
Rentsch, Th. (1989): Martin Heidegger. Das Sein und der Tod. Eine kritische Einführung, München/Zürich.
Sheehann, T. (1975): Heidegger, Aristotle and Phenomenology, Philosophy Today, 87-94.

Stolzenberg, J. (2005): Hermeneutik der praktischen Vernunft. Hans-Georg Gadamer interpretiert Martin Heideggers Aristoteles-Interpretation, in: Figal, G./Gander H.-H.: Dimensionen des Hermeneutischen. Heidegger und Gadamer, Frankfurt a/M.

Taminiaux, J. (1989): Lectures de l'ontologie fondamentale. Essais sur Heidegger, Grenoble.

Volpi, F. (1984): Heidegger e Aristoteles, Padova.

Volpi, F. (1988): „Dasein comme Praxis. L'assimilation et la radicalisation heideggerianne de la philosophie pratique d'Aristote", in: ders.: Heidegger et l'idee de la phénomenologie, Dordrecht, 1-41.

Volpi, F. (1989): 'Sein und Zeit': Homologien zur 'Nikomachischen Ethik', in: Philosophisches Jahrbuch 96, 225-240;

Volpi, F. (1996) Heidegger 1919-1929. Del'herméneutique de la facticité à la metaphysique du Dasein, Paris, 33-65.

Volpi, F. (2006): L'apropriazione di Aristotele nel quadro del confronto con i Greci, in: Günther, H.-Ch./Rengakos, A. (Hrsg.): Heidegger und die Antike, München, 237-258.

Volpi, F. (2007a): In Whose Name? Heidegger and 'Practical Philosophy', in: EJTP, London/New Dehli, 31-51.

Volpi, F. (2007b): Der Status der existenzialen Analytik (§§ 9-13), in: Rentsch, Th. (Hrsg.): Sein und Zeit, Berlin, 29-50.

Volpi, F. (2007c): Das ist das Gewissen! Heidegger interpretiert die Phronesis, in: Steinmann, M. (Hrsg.): Heidegger und die Griechen, Frankfurt a/M, 165-180.

Weigle, Ch. (2002): The Logic of Life. Heidegger's Retrieval of Aristotle's Concept of Logos, Stockholm, 12-19.

Martin Heideggers Technikphilosophie.

Vom Umgehen-Können zum Entbergen

Bernhard Irrgang

Heideggers seinsgeschickliches Denken als Verständnishorizont für Technik fragt nach dem Wesen der Technik. Aus seiner Perspektive haftet der modernen Technik etwas Dämonisches an. Gerade die totalisierende moderne Technik verstellt den Weg zum Vernehmen des Seins, den Weg zu uns selbst als Menschen. Von einem technischen Humanismus kann aus der Perspektive Heideggers nicht gesprochen werden. Und dies ist auch richtig. Technisches Handeln realisiert technische Entwürfe und nicht zwangsläufig eine humane Gesellschaft. Als Handeln unter den Rahmenbedingungen von Technik können aber Aspekte moralischer Werte in den Blick kommen und realisiert werden. Technik ist nicht grundsätzlich inhuman und nicht alleine von ihren Resultaten her angemessen zu verstehen. Eine Analyse der Möglichkeitsbedingungen technischen Handelns muss dabei aufzeigen können, welche Entwicklungsdynamik technischem Handeln innewohnt und inwiefern technisches Handeln die Einheit von Technik in der Vielfalt der Techniken, gerade auch in den modernen Techniken, darstellt. Unter diesen Voraussetzungen wird sich auch eine geschichtsphilosophische Perspektive für Technikentwicklung ergeben (Irrgang 2002a, Irrgang 2002b, Irrgang 2006).

Heidegger analysiert die Beherrschung des Seienden durch die moderne Technik und die geschickliche Entbergung des Seienden als Bestand in der modernen Technik sowie seine "Verwindung". Die hier vorgeschlagene geschichtsphilosophische Rekonstruktion der Technik zielt ab auf die Beherrschung technischen Handelns angesichts anwachsender Komplexität. Dazu sind in zunehmendem Maße Institutionen technischen Handelns mit zu berücksichtigen, die sich zwar nicht nach einer immanenten Logik entwickeln, aber auch nicht geschichtlich willkürlich verlaufen. Daher lässt sich eine Geschichtsphilosophie des technischen Handelns und seiner Institutionen leichter entwickeln als eine der Gesellschaft.

1) Heideggers Technikphilosophie vor der „Kehre": Die Konzeption des verstehenden Umgangs mit den Dingen

Die Frage nach den transzendentalphilosophischen Bedingungen technisch-instrumenteller Vernunft, also nach den transzendentalen Möglichkeitsbedingungen technischen Bewirkens und Gestaltens wird sich anhand der Analyse des Ineinandergreifens von technischem Verstehen, technischem Wissen und technisch-instrumentellem Handeln beantworten lassen. Der Begriff des instrumen-

tellen Verstehens ist meines Wissens noch nicht explizit analysiert und in seiner
systematischen Bedeutung gewürdigt worden. Dies kann unter Rückgriff auf
Martin Heideggers Analytik der Sorge geändert werden, denn seine Analyse des
Existenzials der Sorge bietet für eine Explikation des instrumentellen Verste-
hensbegriffs wertvolle Anregungen. Selbstverständlich wird damit der Begriff
der Sorge im Sinne Martin Heideggers nicht im vollen Umfang seiner Bedeutung gewürdigt, sondern gerade im Sinne eines Durchreflektierens von technisch-instrumentellem Verstehen enggeführt. Aber dies geschieht, um die Möglichkeitsbedingungen technischen Verstehens im lebensweltlichen Kontext auf-
klären zu können. Gemäß der Daseinsanalytik von Martin Heidegger hat der
Mensch die Geneigtheit, "an seine Welt oder an eine Tradition zu verfallen"
(Heidegger 1972, 21). Deutlich ist im Hintergrund das Verdikt der Philosophiegeschichte seit Sokrates und Platon über das Instrumentelle zu vernehmen. Der
"bios theoretikos" beschäftigt sich nicht mit den Alltagsproblemen - und wenn,
dann doch unter dem Verdikt der Verfallenheit, die ein Verfehlen des eigentlich
philosophischen Lebenssinn impliziert. Aber ist das Jahrtausende alte Verdikt
angesichts einer umfassenden Technologisierung der Lebenswelt überhaupt
noch aufrecht zu erhalten?

Die entscheidende Wende in der Interpretation der Technik läuft darauf hinaus, dass Technik Erkenntnisfunktion sogar in metaphysischer Hinsicht be-
kommt:

> "Damit Erkennen als betrachtendes Bestimmen des Vorhandenen möglich ist, bedarf
> es einer vorgängigen Defizienz des besorgenden Zu-tun-Habens mit der Welt, wie
> man es im Hantieren und Nutzen erwirbt. Dies ist eine spezifische Weise des Ver-
> nehmens" (Heidegger 1972, 61).

Das phänomenologisch vorthematisch Seiende, also das Gebrauchte und in Herstellung Befindliche, wird zugänglich in solchem Besorgen (Heidegger 1972,
67). Dinge, "pragmata", sind das, womit man im besorgenden Umgang (praxis)
zu tun hat, nämlich "Zeug". Dienlichkeit, Beiträglichkeit, Verwendbarkeit,
Handlichkeit konstituieren eine Zeugganzheit, die Struktur des Um-zu (Heidegger 1972, 68). Zuhandenheit ist die Seinsart von Zeug, in der es sich von ihm her
offenbart (Heidegger 1972, 69). Der Umgang mit Zeug unterstellt die Verwei-
sungsmannigfaltigkeit des Um-zu (Heidegger 1972, 69).

Das herzustellende Werk ist das Wozu von Hammer, Hebel, Nadel und hat
seinerseits die Seinsart des Zeugs (Heidegger 1972, 70). Zuhandenheit ist die
ontologisch-kategoriale Bestimmung von Seiendem, wie es an sich ist (Heidegger 1972, 71). Dabei ist Welt als letzter Horizont immer vorausgesetzt. Natur
hingegen ist der kategoriale Inbegriff von Seinsstrukturen eines bestimmten innerweltlich begegnenden Seienden (Heidegger 1972, 65). In den Wegen, Stra-
ßen, Brücken und Gebäuden ist das Besorgen der Natur in bestimmter Richtung
entdeckt (Heidegger 1972, 71). Das Besorgen geschieht auf dem Grunde einer
Vertrautheit mit Welt (Heidegger 1972, 76). Zeug kann auch Zeichenstruktur ha-

ben, aber der Hammer ist charakterisiert durch Dienlichkeit und nicht durch Zeichenhaftigkeit. Man darf nicht die umsichtig noch unentdeckten Zeugcharaktere von Zuhandenem als bloße Dinglichkeit interpretieren, vorgegeben durch ein Erfassen des nur noch Vorhandenen (Heidegger 1972, 81). Das Sein des Zuhandenen hat die Struktur der Verweisung. Es manifestiert sich in einer Bewandtnisganzheit des Worum-willen. Diese Bewandtnisganzheit ist vorentdeckt: Das Worin des sich verweisenden Verstehens als Woraufhin des Begegnen-Lassens von Seiendem in der Seinsart der Bewandtnis ist das Phänomen der Welt (Heidegger 1972, 86). Durch die Rekonstruktion eines Gebrauchsdinges aus einem Naturding heften wir den Dingen Wert an (Heidegger 1972, 99). Das Sein des Zuhandenen hat den Charakter der unauffälligen Vertrautheit (Heidegger 1972, 104). Das umsichtige Entfernen der Alltäglichkeit des Daseins entdeckt das An-sich-sein der wahren Welt, des Seienden, bei dem Dasein als existierendes je schon ist (Heidegger 1972, 107). Der Mensch, der im Leben und im instrumentellen Umgang mit Zuhandenem steht, entdeckt so einen philosophisch zu nennenden Weg zu sich selbst, den instrumentellen Umgang mit der Wirklichkeit. Der Zeugzusammenhang einer Welt muss dem Dasein schon vorgegeben sein (Heidegger 1972, 109).

Das Besorgen von Nahrung und Kleidung manifestiert die Zuhandenheit des täglich besorgten Zeugs (Heidegger 1972, 121). Das Man entlastet das jeweilige Dasein in seiner Alltäglichkeit (Heidegger 1972, 127). Befindlichkeit und Verstehen sind gleichursprüngliche Weisen, Da zu sein (Heidegger 1972, 133). Diese Explikation beschreibt auch den Ansatzpunkt des technischen Verstehens im lebensweltlichen Kontext. Die Befindlichkeit als verstehende Befähigung, mit Natur und Artefakten erfolgreich umzugehen, ist ein Mittel zur Bewältigung der Geworfenheit. Der Ausdruck Geworfenheit soll die Faktizität der Überantwortung andeuten und den Lastcharakter des Daseins offenbaren, dem man in der Freude auszuweichen versucht. Das Da, das dem Dasein in unerbittlicher Rätselhaftigkeit entgegenstarrt (Heidegger 1972, 136), bedarf der Bewältigung. Verstehen ist ein Erschließen. Im Verstehen ist die Erschlossenheit des Da. Die Ausbildung des Verstehens nennt Heidegger Auslegung (Heidegger 1972, 147). Auslegung gründet sich in einem Vorgriff. Dieses Faktum des Zirkels im Verstehen ist nicht wegzubringen. Auch Sprache als Phänomen hat seine Wurzeln in der existenzialen Verfassung der Erschlossenheit.

Die Verfallenheit an die Welt ist keine beklagenswerte Struktur. Aber die Hemmungslosigkeit des Betriebs, die Vermeintlichkeit des Man, das volle und echte Leben zu nähren, bringt eine Beruhigung in das Dasein, welches zur Seinsvergessenheit führt. Die durchschnittliche Alltäglichkeit des Daseins kann dabei bestimmt werden als das verfallend-erschlossene, geworfen-entwerfende In-der-Welt-Sein, dem es in seinem Sein bei der Welt und im Mitsein mit anderen um das eigene Seinkönnen selbst geht (Heidegger 1972, 181). Der Begriff des instrumentellen Verstehens wird meines Wissens von Heidegger explizit

nicht verwendet, dieser Begriff orientiert sich nach meinem Verständnis auch
eher an der geschichtsphilosophischen Konzeption von Edmund Husserl, obwohl er in der Frage nach dem unterstellten Vernunftkonzept von Husserl ab-
weicht und zumindest instrumentell-technische Vernunft nicht ohne Leiblichkeit
versteht, die zum technisch-verstehenden Umgang mit Artefakten und der Natur
erst befähigt. Allerdings wird die instrumentelle Erschließung der Dinge implizit
gleichgesetzt mit allen anderen Formen des Verstehens, sofern instrumentelles
Verstehen sich nicht selbst verabsolutiert, sondern für die philosophische Reflexion öffnet. Ich vermute, dass bei Heidegger die instrumentelle Form der Erschließung von Wirklichkeit allen anderen vorhergeht und diese damit sogar in
gewisser Weise prägen könnte.

Martin Heideggers Analyse des Verstehens, das sich im Wesentlichen auf
den Gebrauch instrumenteller Dinge stützt, analysiert Wege, jemanden etwas sehen und erfahren zu lassen. Der zentrale Ansatzpunkt für eine Technikphilosophie ist, dass der Gebrauch der Dinge ein jeweils verstehender ist. Nach Heidegger verstehe ich kein isoliertes Ding, sondern ein Ganzes. Im verstehenden
Gebrauch eines Dinges verstehe ich zugleich die anderen Dinge, die zu einer Situation gehören. Auch diese anderen Dinge sind nicht als einzelne da. Die anderen Dinge einer Situation werden unthematisch mitverstanden. Den Gebrauch
eines Dinges nennt Heidegger das "um zu". Das gebrauchte Ding heißt bei Heidegger "um zu besorgend", ein anderes Ding wird mitverstanden, das seinerseits
wieder gebraucht werden soll. Die Daseinsanalytik geht von dem Gedanken aus,
dass die Dinge von einer Ordnung aus gesehen werden. Dies ist eine Bezie-
hungsordnung, die das Wie eines Beziehungsganzen versteht. Im Ganzen entsteht eine Zersplitterung des Verstehens. Welt ist der letzte Horizont, von dem
her auf Seiendes geschlossen wird. Von daher versteht sich auch, dass die Dinge
welthaft sind. Welt ist ein Entwurf, d.h. im entwerfenden Verstehen wird eine
Welt gestiftet. Wenn wir Situationen verstehen wollen, müssen wir den Horizont
für diese Situationen verstanden haben, d.h. einer Erkenntnis oder einer Erfassung der Situation geht eine Erkenntnis bzw. eine Erfassung der Welt voraus.
Die Gesamtheit der Welt ist im Voraus zu verstehen, um den dinghaften Gebrauch bestimmter Situationen verstehen zu können.

Instrumentelles Verstehen und Handeln trägt zum Fluchtcharakter menschlichen Daseins bei. Und dies verhindert die Entdeckung der eigentlich philosophischen Natur des Menschen, die gemäß Heidegger nur vom Verstehen des Seins
aus bestimmt werden kann. Dabei erschließt nach Heidegger die Angst das Dasein als "solus ipse" (Heidegger 1972, 188). Der instrumentelle Umgang mit der
Realität setzt ein bestimmtes Verständnis von Realität voraus, das sich im instrumentellen Verstehen manifestiert. Es läßt sich nicht unmittelbar in ein bestimmtes und spezifisches explizierbares Wissen übersetzen. Mit der Entdeckt-
heit eines dinghaft Seienden und vor allem mit der Ausgesprochenheit der Aussage rückt dieses Wissen in die Seinsart von innerweltlich Zuhandenem. Expli-

zites Wissen ist verdinglichtes Wissen. Implizites Wissen ist jedoch nach Heidegger eher im Sinne von einer "unauffälligen Vertrautheit" mit Zuhandenem zu verstehen.

Diese Konzeption eines impliziten Wissens möchte ich nun mit einem Entwurf instrumentellen Verstehens (Corona/Irrgang 1999) verknüpfen. Heideggers Technikdeutung setzt traditionell anthropologisch bei der Erkenntnisfunktion der Technik an und stellt in das Zentrum der modernen Technikdeutung die Kraftmaschine. Allerdings müsste die Erkenntnisfunktion vom technischen Herstellen selbst unterschieden werden. Zentral sind meines Erachtens nicht die Kraftmaschinen, also Dampfmaschinen, Elektroenergiegewinnung und Kernenergie, sondern die Komponenten technischer Verfahren und damit die Technisierung des Wissens. Und diese Technisierung des Wissens insbesondere in der Informationstechnologie und in der Biotechnologie führt zu einer Rehabilitierung des Umgangswissens auf einem anderen Niveau als im ursprünglichen Züchtungswissens. Die moderne Krafttechnik setzt weder Beobachtung noch gebrauchenden Umgang voraus, sondern ist eine Form des theoretisch-mathematischen Erschließens, die wiederum technisiert wird.

So beginnt zwar mit der Kerntechnik die sogenannte wissenschaftlich-technische Revolution, deren eigentliches Wesen aber entbirgt sich erst in der Informationstechnologie und in der Biotechnologie. Allerdings kann die Theorie des Umgangswissens an Heideggers Analyse ansetzen. Seine Analyse des In-der-Welt-seins macht deutlich, dass wir in der Arbeit verstehenden Umgang mit Naturdingen, Artefakten und auch Menschen haben. Heideggers Analyse der Alltäglichkeit geht vom Verstehen im verstehenden Gebrauch aus. Der verstehende Gebrauch weist über die Mittelverwendung eines Artefaktes hinaus auf das, was mit Hilfe des Artefaktes geschaffen werden soll. Die Angst erschließt uns nach Heidegger Verstehensdimensionen im Umgang mit der Dingwelt, nämlich die Existenzialien der Neugierde, der Sorge und des Gewissensrufes. Heidegger hat die Aufgabe der Philosophie in einem Zerreißen des alltäglichen verstehenden Umgangs mit den Dingen gesehen, um ein tieferes Verständnis als das eines bloß gebrauchenden Umgangs mit Instrumenten zu erreichen.

Das Umgangswissen ist Resultat eines verstehenden Handelns und instrumentellen Verstehens, ein Wissen, wie man etwas Bestimmtes erreichen kann. Technik erschließt so die Außenwelt, die anderen, wie den technisch Handelnden selbst. Sie rekonstruiert instrumentelles Hantieren und die damit verbundene Welt und Seinserfahrung. Damit kommt die persönliche Bedingtheit des impliziten Wissens zum Ausdruck, entdeckt wird aber auch die Struktur des Gegenstandes, die in das implizite Wissen eingeht. Es handelt sich beim Umgangswissen um ein Wissen, wie Handlungen mit oder ohne Werkzeuggebrauch erfolgreich sein können. Es geht vor allem zunächst einmal um die Vermeidung eines Unfalles. Diese setzt die präzise Beherrschung eines Gerätes ohne jede Reflexion voraus. Damit handelt es sich beim Umgangswissen um kein reines Gestaltwissen, um kein bloß visuelles Wissen. Es ist eher ein Wissen im Sinne des "sensus communis", d.h. eines Sinnes, in den alle Sinne eingehen. Um dies präzise erfassen zu können, ist zunächst eine Unterscheidung in technisches Umgangswissen, empirische Wissenschaft und hermeneutisch-reflexive Technikphilosophie erforderlich.

Umgangswissen ist eine Mischung aus Erfahrung im Umgang mit Einzelnem und einem Wissen um Bedingungsgefüge im Sinne des Wenn-Dann. Dieses Wissen ist implizit-kausaler Art, bezieht sich aber auf einzelne Verwendungszusammenhänge. Es eröffnet sich im gebrauchenden Umgang mit Naturdingen und Artefakten. Der gebrauchende Umgang bestimmter Artefakte gibt der Technik ein Ziel im Sinne eines Leitbildes vor. Zum zweiten vermittelt er ein Umgangswissen mit Mitteln, speziellen Werkzeugen und Verfahrensweisen als Voraussetzung für die Herstellung eines bestimmten Artefaktes. Dabei findet eine gewisse Verallgemeinerung im Sinne von Faustregeln statt. Dies manifestiert sich sehr gut in dem Alltagsausdruck bei der Erfolgsbewertung der Anwendung bestimmter technischer Verfahren, wenn man von "Pi mal Daumen" spricht, also auf das Zusammengehen exakter Parameter und alltäglichem Umgangswissen verweist. Anstelle der exakten geometrischen Messungen wird im Hinblick auf die reale Technikverwendung oft "über den Daumen gepeilt".

Gebrauchen spaltet sich damit auf in 1. etwas erreichen wollen, (instrumentales Gebrauchen) und 2. etwas wissen wollen (theoretisches Gebrauchen). Umgangswissen resultiert aus Erfahrungen im Prozess der Suche des Menschen nach Mitteln der Selbsterhaltung. So ergibt sich aus der Suche des Benötigten das Ziel des Herstellens. Letztendlich sind drei Ebenen des Wissens zu unterscheiden, nämlich

1. Umgangswissen als handwerklich-instrumentales Wissen,
2. kausales oder bedingtes Wissen als Wenn-Dann-Wissen im Sinne von wissenschaftlichem Wissen und
3. reflexives und rekonstruktives Wissen im Sinne eines hermeneutischen Wissens und dies ist die philosophische Dimension.

Das implizite Wissen basiert auf dem lebensweltlichen Konstruktionswissen und Umgangswissen im Hinblick auf technische Artefakte und Verfahren. Es basiert auf Phänomenen des Ausprobierens, des Suchens, Findens und Passens, also auch des Sich-Bewährens. Umgangswissen basiert auf dem Verstehen des Gebrauchens, auf dem im Gebrauchen implizierten Verstehen. Es kann dies eine instrumentelle Erfahrung durch Gebrauchen der Handhabung sein. Aber auch die leibliche Erfahrung im Sinne von Husserls lebensweltlicher Erfahrung geht in dieses implizite Wissen ein. Eine erste instrumentelle Erfahrung eröffnet einen bestimmten Weg, auf dem weitere Erfahrungen gemacht werden können. Technische Traditionen des umgehenden Verstehens sind die ersten Formen des Verstehens im Sinne des Gebrauchen-Könnens (Irrgang 2007b; Irrgang 2009b).

Der verstehende Gebrauch von Artefakten versteht das Artefakt nicht nur als Mittel zur Erreichung eines bestimmten Zweckes, sondern auch als in sich strukturiertes Ganzes. Durch den Gebrauch eines Instrumentes verstehe ich eine Situation und gelegentlich auch etwas von mir (oder anderen). Ich verstehe, wie sich etwas bewirken lässt. Im Gebrauch verstehe ich etwas instrumental im Sinne einer Wenn-Dann-Beziehung. Der verstehende Gebrauch konstituiert Faustregeln im Sinne von hypothetischen Imperativen oder Verwendungs- bzw. hypothetischen Handlungsmaximen. Indem ich ein Artefakt zur Erfüllung eines bestimmten Zweckes benutze, entberge ich eine seiner Möglichkeiten. Heideggers Entbergen sieht das Artefakt in einem universellen Zusammenhang des Technischen. Im verstehenden Gebrauch eines Naturgegenstandes oder eines Artefaktes beziehe ich diese in einen Gesamtzusammenhang ein, der diesem Gebrauch einen Sinn gibt. Im Gebrauch ist ein Gegenstand nicht Selbstzweck. Zwar erfolgt der Umgang mit Werkzeugen und Maschinen im Wesentlichen sprach- und theoriefrei, trotzdem ist dazu ein verstehender Umgang erforderlich, der auf den sozialen Kontext der Technikverwendung zurückverweist. Dieser ermöglicht den verstehenden Umgang mit Artefakten.

Instrumentelles Verstehen steht damit allerdings nicht so isoliert da, wie Heidegger dies in seiner Analyse des Existenzials der Sorge unterstellt. Die Sorge vereinzelt in der Angst. Aber die Bewältigung des Alltags muss nicht immer und notwendig mit Angst verbunden sein. So kann zwar instrumentelles Verstehen vereinzeln, aber muss dies nicht zwangsläufig, und selbst Martin Heidegger scheint anzunehmen, dass instrumentelles Verstehen philosophisch zu werden vermag, und zwar dann, wenn es sich selbst reflektiert. Die Existenzialanalyse Martin Heideggers schließt eine instrumentalistische Engführung nicht aus. In seiner Spätphilosophie hat Heidegger eine solche Engführung gar zur epochalen Gestalt der Seinsgeschichte erklärt. Das Programm der Existenzialanalytik bei Martin Heidegger müsste fortgeschrieben werden und sich nicht auf eine Existenzialanalytik der Sorge beschränken. Der instrumentelle Umgang mit der Zuhandenheit ist gerade für die Zeit vor der Industriellen Revolution nicht von anderen Weisen des Umgangs mit Dingen zu trennen. Daher sollte die lebensweltliche, in sich gegliederte Vielfalt der Verstehensperspektiven mit dem je eigenen Standort der Perspektivenentfaltung herausgearbeitet werden. Instrumentelles und sittliches Verstehen von unterschiedlichen Standpunkten im lebensweltlichen Kontext schließen sich nicht gegenseitig aus, sondern ergänzen und begrenzen sich wechselseitig.

Der instrumentelle Verstehensbegriff ist kein am Bild orientierter Verstehensbegriff. Vielmehr ist sein Charakteristikum ein Bewirken-Können, ein Erfolg- Haben-Können. Die Zwecke, die erfüllt werden sollen, kann ich mir zwar bildhaft vorstellen. Auch das intendierte Ergebnis kann wie z.B. in den Skizzenbüchern der Renaissance-Ingenieure bildhaft vor den Konstrukteuren stehen. Aber Funktionalität lässt sich nicht mit Bildhaftigkeit identifizieren und der Vorrang des Bewirkens selbst, das dazu erforderliche Know-how, lässt sich nicht bildhaft darstellen, denn es weist die Struktur impliziten Wissens auf. Dazu bedarf es des Rückgriffs auf eine Tradition des impliziten Wissens nichtsprachlicher Art, die sich in der Trias manifestiert: Zusehen, Selbermachen bzw. Probieren und Wiederholen. Etwas machend verstehen impliziert ein Können, ein Vermögen, ein Beherrschen dieses Vorgangs. Dennoch ist implizites Wissen kein Herrschaftswissen, denn beherrscht wird das eigene Können. Die Struktur impliziten Wissens lässt sich am Einschlagen eines Nagels darstellen. Der Vorgang besteht in der Verknüpfung von zwei Wissenstermen, nämlich dem Wissen um die Stelle, an der ein Nagel eingeschlagen werden soll (Ziel), und das Wissen darum, wie ich den Hammer benutzen sollte, um das Ziel zu erreichen. Die Augen konzentrieren sich auf den Nagelkopf. Wichtiger allerdings ist es, um das Ziel zu erreichen, die Fähigkeit zu haben, den Hammer in richtiger Art und Weise zu schwingen. Das implizite Wissen bezieht sich nun auf die Art der Verwendung des Hammers, die ich allerdings nicht in mathematisch expliziter Weise anzugeben vermag. Ich weiß diese also nicht explizit, darf sie gar nicht explizit wissen wollen, um mein Ziel zu erreichen. Denn konzentriere ich mich zu sehr auf die Bewegung des Hammers, wende meinen Blick diesem zu, treffe ich nahezu unweigerlich den Daumen, der den Nagel hält. Eine Hermeneutik instrumentellen Verstehens kann den gesamten Vorgang als Horizontverschmelzung interpretieren, als Verschmelzung eines Horizontes expliziten Wissens um Zweckerfüllung (eingeschlagener Nagel) und die Lage bzw. Umgebung des Nagels, und eines Horizontes impliziten Wissens, nämlich die Schwere, Artung, Führung des Hammers betreffend, wobei in das implizite Wissen sedimentierte Erfahrung im Umgang mit Hämmern mit und ohne Belehrung durch Tradition mit eingeht.

Instrumentelles Verstehen als ein sich Verstehen auf technisch-instru-mentelles Handeln und als Voraussetzung von technischem Wissen kann somit als Ineinander von explizitem und implizitem Umgangswissen und einem Können verstanden werden (Irrgang 2001). Instrumentelles Verstehen bezieht sich auf ein relatives Ganzes, denn jedes Werk ist einmal abgeschlossen, auch wenn nicht alle Werke vollendet werden. Ein Haus wird bezogen, unbenommen aller Reparaturen, die bei Artefakten erforderlich sind, oder aufgegeben. Relative Ganzheiten verweisen aber auf Bereiche instrumentellen Handelns und Verstehens. So lässt sich auch bereichsspezifisches instrumentelles Verstehen konstituieren, z.B. in der Architektur. In den verschiedenen Formen des Verstehens entwirft sich dabei der Mensch auf Möglichkeiten seiner selbst. Sie hat eine philosophische Reflexion instrumentellen Verstehens herauszuarbeiten. Zudem muss dabei im instrumentellen Verstehen die Vorstruktur des Verstehens aufgewiesen werden. Bevor ich einen Stein als Faustkeil verwende, muss ich einen bestimmten Gebrauch, eine bestimmte Verwendungsmöglichkeit vor Augen haben.

Die Konzeption des impliziten Wissens in einer Konzeption des instrumentellen Verstehens impliziert, dass der Mensch nicht nur Verstehen ist, sondern auch Sprache, Reflexion usw. Verstehen ist zunächst unabhängig von Sprache – der wohl radikalste Unterschied zur Texthermeneutik, vermag aber in der Versprachlichung eine reflexive Durchdringung des instrumentellen Verstehens zu fördern. Sprache ist also schon Reflexionsmodus von Verstehen und nicht Vollzugsmodus. Verstehen pendelt also zwischen zwei Polen hin und her: einerseits zwischen Verstehen als Umgangswissen und praktisch ausgerichtetem Können und andererseits erkenntnismäßig ausgerichtetem Verstehen im Sinne einer philosophischen Hermeneutik des instrumentellen Verstehens. Instrumentell-technisches Verstehen und Wissen ist aber nur eine Seite technischen Gestaltens, die andere könnte man mit technischem Verhalten und Handeln umschreiben. Wichtige Ergebnisse sind hier von der Lerntheorie entwickelt worden. Mit ihrer Hilfe soll der Übergang vom Verstehen zum Wissen und vom Verhalten zum Handeln nachgezeichnet werden. Gegenstand der Lernpsychologie ist absichtliches, lernerfolgs-kontrolliertes Lernen. Unbeabsichtigtes, nicht erfolgskontrolliertes Lernen gehört im Prinzip nicht dazu. Wir lernen bestimmte Zusammenhänge verstehen, dies ist das kognitive Lernen. Davon zu unterscheiden ist das Beherrschen-Lernen als emotionales, voluntatives und affektives Lernen. Hinzu kommt die Möglichkeit von sensomotorischem Lernen. Lernen erzeugt Verhaltensänderungen und wird bewirkt durch Tätigkeit, d.h. durch Übertragung und Speicherung der zur Verhaltenssteuerung erforderlichen Information (Irrgang 2007b; Irrgang 2009b).

2) Heideggers späte Technikphilosophie: Technik als Entbergen

Heidegger begreift Technik als Mittel zum Zweck. Dies heißt im Horizont der Ursachenlehre Kausalität und Instrumentalität zusammenzudenken. Instrumentalität betrachtet die Ursache unter dem Gesichtspunkt des Erzielens von Effekten. Der griechische Begriff Telos bedeutet das Beenden und Vollenden. Das Instrumentale aber wurde im Kausalen oft übersehen. Für Heidegger ist Technik eine Weise des Entbergens, traditionell gesprochen des Erkennens im Sinne des Vernehmens, wobei man kritisch einwenden mag, dass der Grundzug des Entbergens auf die moderne Kraftmaschinentechnik nicht zutreffe. Die moderne Technik sei kein Hervorbringen, sondern ein Herausfordern. Das Stellen des Menschen, das die Naturenergien herausfordert, dies heißt Erschließen und Herausstellen, dies heißt z.B. Bestellung elektrischer Energie (Heidegger 1962, 14f). Auch der Mensch wird durch die moderne Technik herausgefordert. Und zwar ursprünglicher als die Naturenergien. Darum kann er niemals zu einem bloßen Bestand herabgewürdigt werden. Für Heidegger bedeutet das „Gestell" den herausfordernden Anspruch, das Sich-Entbergende als Bestand zu bestellen (Heidegger 1962, 19). Gestell heißt das Versammelnde des herausfordernden

Stellens. Physik stellt die Natur daraufhin, sich als ein vorausberechenbarer Zusammenhang von Kräften darzustellen (Heidegger 1962, 21).

Gestell ist die Weise, in der sich das Wirkliche als Bestand entbirgt. Gestell stellt den Menschen daraufhin, das Wirkliche in der Weise des Bestellens als Bestand zu entbergen (Heidegger 1962, 23). Heidegger behauptet, Technik sei nicht unser Schicksal. Aber das Geschick der Entbergung müssen wir auf uns nehmen. Dies impliziert nicht das Verhängnis eines Zwanges. Der Mensch wird frei, insofern er ein Hörender wird (Heidegger 1962, 24). Das Geschick der Entbergung macht die Gefahr deutlich. Sie besteht darin, dass man in der Kausalität des Machens verharrt und die Natur als berechenbaren Wirkungszusammenhang von Kräften betrachtet. Darin besteht auch die höchste Gefahr, denn der so bedrohte Mensch spreizt sich als Herr der Welt auf, indem er die Kausalität des Machens bis zur Perfektion vorantreibt. Es scheint dann so, dass der Mensch sich überall selbst begegnet. In Wahrheit begegnet heute der Mensch nirgendwo mehr sich selbst. Das Bestellen vertreibt jede andere Art der Entbergung, so auch die philosophische Reflexion. Daher kann man auch nicht von einer Dämonie der Technik sprechen, vielmehr ist die Technik Gefahr. Und die Gefahr besteht für Heidegger darin, dass es dem Menschen versagt sein könnte, in ein ursprüngliches Entbergen einzukehren und die anfänglichen Wahrheiten zu erfahren (Heidegger 1962, 28).

Technik ist eine Weise des Entbergens und zwar in den Kategorien des Gestells und des Bestandes. Bestand meint dabei Vorrat und Ressource. Diese Betrachtungsweise restringiert Wirklichkeit auf die Perspektive des Materialisierens, Funktionalisierens, Berechnens und Beherrschens. Die Dinge in ihrer Eigen- und Widerständigkeit, Fremdheit und Undurchdringlichkeit werden mit dem technischen Entbergen bis zur Unkenntlichkeit aufgelöst. Es kommt zur Wandlung des Gegenständlichen zum Beständigen und zur Auflösung des Gegenständlichen. Der Bestand löst die Dinge zu bloßen Bezugspunkten technischen Verlangens auf. Alles was Gegenstand wird, steht in der Gefahr, zum bloßen Bestand zu werden. Das impliziert auch eine Veränderung des Subjekt-Objektverhältnisses. Der Mensch wird zum Funktionär der Technik. Der Aufsatz „Die Technik und die Kehre" wurde erst 1962 veröffentlicht. Mit der Kehre weicht Heidegger von der bisherigen Richtung seiner Seinsinterpretation ab. Im Gestell herrscht die Verstellung, die Gefahr, nicht erkennbar zu sein, und die Verwahrlosung. Hier manifestiert sich die Ohnmacht des Menschen, die Wesensbestimmung des Seins zu erfassen. Ziel der Kehre ist nicht die Abschaffung der Technik, sondern ein sich Öffnen dem Wesen der Technik, kritische Reflexion des Wesensverhältnisses von Technik und Mensch. Heidegger geht von dem technischen Gepräge unserer Weltzivilisation aus.

Dabei ist es insbesondere Martin Heidegger, der nach der "Kehre" von 1949 und seiner Abkehr von der europäischen Leitidee der Subjektivität und Rationalität orientiert am Satz vom Grund das "Rasende der Kybernetik" brandmarkt und nach dem "Ende der Philosophie" ein neues nüchternes Denken jenseits von Rationalismus und Irrationalismus fordert. Ausgangspunkt seiner Überlegungen ist das Unheimliche unserer epochalen Selbstbeschreibung als Atomzeitalter:

> "Der Mensch bestimmt eine Epoche seines geschichtlich-geistigen Daseins aus dem Andrang und der Beistellung einer Naturenergie." (Heidegger 1971, 57)

Und es sind letztlich die Erfordernisse, die mit der Kernspaltung zusammenhängen, die die Bedürfnisse nach Informationstechnologie erst haben entstehen lassen. In der technisch-wissenschaftlichen Weltkonstruktion sieht Heidegger eine große Gefahr. Sie entbindet ein rechnendes Denken, das wir ohne Besinnung befolgen:

> "Dieses axiomatische Denken ist bereits dabei, ohne dass wir dies merken [...], das Denken des Menschen so zu verändern, dass es sich dem Wesen der modernen Technik anpasst." (Heidegger 1971, 41).

Widerspruchsfreie Satzsysteme garantieren aber noch nicht den Gegenstandsbezug. Philosophie wird unmöglich:

> "Heute wächst bei uns nichts mehr. Warum? Weil die Möglichkeiten eines denkenden Gesprächs mit einer uns erregenden, fördersamen Überlieferung fehlen, weil wir statt dessen unser Sprechen in die elektronischen Denk- und Rechenmaschinen hineinschicken, ein Vorgang, der die moderne Technik und Wissenschaft zu völlig neuen Verfahrensweisen und unabsehbaren Erfolgen führen wird, die vermutlich das besinnliche Denken als etwas Unnützes und darum Entbehrliches abdrängen." (Heidegger 1971, 32f)

Das technische Zeitalter ist von einer unheimlichen Rationalität, die sich durch effizientes Rechnen auslegt:

> "Der eigentliche Sinn von 'rechnen' ist nicht notwendig auf Zahlen bezogen. Dies gilt auch von dem, was man Kalkül nennt. Calculus ist der Spielstein beim Brettspiel, dann auch der Rechenstein. Kalkulation ist Rechnen als Überlegen: eines wird dem anderen vergleichend, abschätzend gegenübergelegt. [...] Durch solches Rechnen kommt etwas heraus; eventus und efficere gehören so in den Bereich der ratio." (Heidegger 1971, 168)

Auch ein Rechenschaft gebendes Argumentieren verfällt der "Raserei des ausschließlich rechnenden Denkens und seiner riesenhaften Erfolge" (Heidegger 1971, 210f). So zieht Heidegger folgendes Fazit:

> "Die Neuzeit ist nicht zu Ende. Sie beginnt erst ihre Vollendung, insofern sie sich auf die vollständige Zustellbarkeit von allem, was ist und sein kann, einrichtet." (Heidegger 1971, 66).

Für Heidegger besteht das Wesen der modernen Technik in ihrem Umschlag in Eigengeltung. Sie dient nicht mehr dem Menschen, sondern beherrscht ihn und die Natur. Schuld daran ist der Kausalitätsbegriff der abendländischen Metaphysik, von der aristotelischen Vier-Ursachen-Lehre über Descartes' Konzeption der "causa efficiens" (bewirkende Ursache) hinein in das Mechanismus-Konzept des

17. und 18. Jahrhunderts (Heidegger 1962, 8). Diese Idee der Kausalität in ihrer Verrechenbarkeit hat die Philosophie an ihr Ende gebracht (Heidegger 1976). Erklärung ersetzt Begründung, Hypothesen die fragende Suche. Philosophie wird durch Anthropologie, Psychologie, Soziologie, Logistik und Sprachphilosophie verdrängt. Nach der Transformation der Philosophie in das kybernetische Denken ist sie nicht länger die große Schlüsselattitüde unserer Zeit (Gehlen 1963, 316). Zukunftsweisende Aussagen können von ihr nicht mehr erwartet werden. Für Heidegger eröffnet das Ende der Philosophie Raum für ein neues Denken, inspiriert von der Kunst und der "griechischen Phänomenologie", in der die neuzeitliche Trennung von Subjekt und Objekt noch nicht aufgetreten war, wie in dem von Heidegger und E. Fink im Wintersemester 1966/67 gehaltenen Seminar über Heraklit und in den Seminaren in Le Thor 1966, 1968 und 1969 ausgeführt wurde.

Die These vom Ende der Philosophie besagt aber auch, dass sich Ethik mit dem Konzept theoretischer Gewissheit in die Ausweglosigkeit einer metaphysischen Tradition seit Sokrates verrannt hat. Sie teilt den Kardinalfehler der abendländischen Philosophie, die sich einer Sache im tätigen Zugriff bemächtigen möchte. Dagegen plädiert Heidegger für ein Sich-Öffnen für die Selbstmitteilung der Sache. Alles Denken in Werten ist ihm daher Blasphemie. Denn Werte sind Vergegenständlichungen menschlicher Bedürfnisse (Heidegger 1950, 93f). Der wertsetzende Mensch als Mittelpunkt der Philosophie – das ist eine Folge der Entwertung des Seins als Konsequenz der Idee der Beherrschbarkeit der Natur. Dagegen will Heidegger wieder lernen, die Fülle des Seins erneut sprechen zu lassen. Es geht ihm um die Eröffnung eines vom gegenwärtigen verschiedenen Weges, um die Entbindung eines "anderen Denkens" und die Entwicklung eines "seinsgeschicklichen Denkens". Anders als in der Ethik dekretiert er nicht Normen und entwirft keine Werte, sondern propagiert ein versammelndes "Schicken ins Denken", das für den Menschen zugleich ein Geschickt-Werden als Geschenk des Seins darstellt (Irrgang 2007a).

Der radikale Abschied Heideggers vom Leitentwurf der Ratio und der Subjektivität, der auch die These vom Ende der Wertethik impliziert, eröffnet zwar den Horizont eines neuen Selbstverständnisses von Menschsein, birgt aber auch die Gefahr in sich, aufgrund der Offenheit ins Beliebige und Willkürliche abzuleiten. Die instrumentale und anthropologische Deutung der Technik, die Technik als Tun des Menschen begreift, ist die gängige Vorstellung. Technik habe etwas mit Verstand, Macht, Erfindung und Arbeit zu tun. Diese Deutung übersieht, dass die moderne Technik kein bloßes Mittel zum Zweck darstellt, sondern zum Selbstzweck geworden ist. Damit reduzieren wir die Dinge allein auf ihren Aspekt des technischen Produzierens. Weitergehende Aspekte bleiben ausgeblendet, so z.B. dass Technik eine Weise der Weltkonstitution ist, für die alles zum Material wird. Dies impliziere auch eine Materialisierung des Menschen. Uniformierung ist der Grundzug der Wirklichkeitskonstitution neuzeitlicher Technik (Seubold 1986, 63). Wie Günter Seubold erläuternd ausführt, ist neuzeitliche Technik nicht so sehr als Produkt menschlichen Handelns, sondern vielmehr als eine dem menschlichen Tun vorausliegende Eröffnung von Welt zu lesen (Seubold 1986, 119). Die instrumentelle Deutung von Technik übersieht, dass Technik längst eine Grundstruktur unserer Weltkonstitution ist, die uns seinsgeschickhaft bestimmt und die nicht mehr in unserer Macht liegt. Seubold aber übersieht, dass sich unsere Weltkonstitution nicht allein im Vernehmen des Seins entwickelt, sondern im verstehenden Umgang mit einzelnen Prozessen in der Natur (Irrgang 2003).

Gemäß der instrumentellen Interpretation der Technik ist Moral das Mittel zur Meisterung der Technik. Wer aber die Technik überwinden möchte, verkennt, dass Technik die höchste Gefahr darstellt. Deformierung, Verstümmelung und Verlust der Selbstheit von Mensch und Sein ist nach Heidegger die eigentliche Gefahr des technischen Zeitalters. Und darum lasse sich Technik auch nicht meistern (Seubold 1986, 294f). Der Mensch sei auf diese übermächtige Technik noch nicht vorbereitet und darum ihr wehrlos ausgeliefert. Die höchste Gefahr besteht für Heidegger darin, die Innovationsdynamik und ihr Risiko durch Beherrschung ausschalten zu wollen (Langenegger 1990, 229). Dies ist in der Tat nicht möglich, wenn wir das Misslingen-Können technischen Handelns ernst nehmen. Allerdings ist nicht jede Form von Technikgestaltung als Versuch zu werten, Technik beherrschen zu wollen. So scheint der Schluss berechtigt: Heidegger setzt die Humanitas nicht hoch genug an (Langenegger 1990, 194). Die Eliminierung des Subjektes zugunsten eines seinsgeschicklichen Denkens, das Technik als Schicksal, nicht als das Ergebnis von Handlungen oder Entscheidungen, sondern als anonyme Macht versteht, weist keinen Ausweg aus der zerstörerischen Macht technologisch-wissenschaftlicher Entwicklungen (Irrgang 2007c).

3) Technikhermeneutik und Technikphänomenologie im Anschluss an Heidegger

Beim Gebrauchswissen erfolgt keine explizite Aufmerksamkeit auf das technische Medium. Wichtig ist auch Heideggers These nach der „Kehre": Technik geht der Wissenschaft voran. Es ist eine technologische Weise entstanden, die Welt zu sehen, nämlich als Bestand und Ressource. Außerdem ist die experimentelle Methode als Werkzeug zu berücksichtigen. Die Physik als Basiswissenschaft ist abhängig von Werkzeugen. Zu verknüpfen ist Heideggers Analyse mit Deweys technisch-pragmatischer Sichtweise der Suche nach neuen Erkenntnissen. Sein Instrumentalismus sieht Erkennen als Problemlösen (Ihde 1993, 40-43). Menschliche Kulturen sind nicht prätechnisch. Dabei ist eine sehr unterschiedliche Art und Weise der Einbettung von Techniken in Kulturen, in lebensweltliche Praktiken zu berücksichtigen (Ihde 1993, 49). Ohne vorhergehende Umgangserfahrung verstehe ich ein technisches Gerät nicht. Wenn ich die Anzeige eines Thermometers ablese, muss ich bereits wissen, was die Anzeige von 0° C bedeutet. Dazu brauche ich ein implizites metrisches Wissen um das Celsius-System und leibliche Erfahrung von gerade gefrierendem Wasser. So ist die Technikphänomenologie zunächst als Hermeneutik technischer Wahrnehmung durch Instrumente zu konzipieren. Das implizite Wissen beim Ablesen eines Thermometers ist enorm. Das Thermometer zu lesen, Instrumente zu verstehen, ist ein hermeneutischer Prozess. Und das Verstehen von Instrumenten wird ein immer wichtigerer Bestandteil technischen Handelns. Ein phänomenologischer Zugang zur Technik stellt den leiblichen Bezug zum Artefakt in der Technikverwendung heraus und thematisiert den Rückbezug der Technikverwendung auf lebensweltliche Bezüge. Die Benutzung von Instrumenten impliziert einen hermeneutischen Bezug zur Realität. Dies gilt aber auch für andere Artefakte, in deren Benutzung eine implizite Erkenntnisrelation angelegt ist, die explizit gemacht werden kann, aber keineswegs explizit gemacht werden muss, um ein technisches Gerät erfolgreich anwenden zu können (Ihde 1990).

Durch das Ineinandergreifen und Verwiesensein von Technikphänomenologie (technisches Handeln als Erweiterung des Leib-Schemas) und Technikhermeneutik (verstehender Umgang mit technischem Gerät vor dem Hintergrund einer technischen Tradition) lassen sich technische Handlungen und technisches Wissen verstehen. Der Gebrauch, der Umgang oder die Nutzung eines technischen Gegenstandes erzeugt ein implizites, später ein explizites Wissen, das die Grundlage für tradierbare Gebrauchsanleitungen abgibt. Der phänomenologisch beschreibbare Umgang mit dem technischen Gegenstand und die hermeneutisch zu erschließende Tradition oder Unterweisung erlauben es, das Interpretationskonstrukt „technisches Handeln" zu erschließen, und geben den methodischen Rahmen ab für die Interpretation der geschichtlichen Entwicklung der Technik. Dies ist kein Fortschrittskonzept, denn technisches Handeln kann auch Misslingen. So sind die Entwicklungsfaktoren nicht im Sinne von ständiger Komplexitätssteigerung zu verstehen, es kommt auch zu gelegentlichen Komplexitätsreduktionen (Irrgang 2007c; Irrgang 2008, Irrgang 2009a, Irrgang 2010).

In der europäischen Techniktradition bestand die Tendenz zur Rationalisierung in dem Versuch, technische Handlungen berechenbar zu machen. Nicht zuletzt der ökonomische Verwertungsdruck im Hinblick auf technische Produkte erhöhte die Effizienzanforderungen an weitere Formen kulturell eingefärbter Technikhermeneutiken. Bevorzugter Ansatz in der Interpretation technischen Handelns war die Mathematisierung und Rationalisierung technischer Handlungen durch Berechnung. Die mathematische Rationalisierung des technischen Umgangs mit der Realität z.B. in der Mechanik ist die Hermeneutik eines vorher bloß leiblichen Handlungsvorganges. Technikhermeneutik zielt daher auf die Heraushebung des impliziten Wissens, des Umgangswissens mit technischen Artefakten ab (Hubig 2000; Irrgang 2004, Irrgang 2010).

Literatur

Corona, N.; Irrgang, B. 1999: *Technik als Geschick? Geschichtsphilosophie der Technik*; Dettelbach.

Gehlen, A. 1963: *Über kulturelle Kristallisation*; in: ders.; *Studien zur Anthropologie und Soziologie*, ed. v. H. Maus u. F. Fürstenberg, Neuwied/Berlin 1963.

Heidegger, M. 1950: *Holzwege*, Frankfurt 1950.

Heidegger, M. 1962: *Die Technik und die Kehre*; Pfullingen; 1962.

Heidegger, M. 1971: *Der Satz vom Grund*, Pfullingen 1971[4] (1957[1]).

Heidegger, M. 1972: *Sein und Zeit*; 1972[12]; Tübingen.

Heidegger, M. 1976: *Das Ende der Philosophie und die Aufgabe des Denkens*; in: Ders. Zur Sache des Denkens, Tübingen, 1976, 61-80.

Hubig, Ch. 2000: *Studie nicht-explizites Wissen: Noch mehr von der Natur lernen*, Stuttgart 2000.

Ihde, D. 1990: *Technology and the lifeworld. From garden to earth*; Bloomington Indianapolis.

Ihde, D. 1993: *Philosophy of Technology. An introduction*; New York.

Irrgang, B. 2001: *Technische Kultur. Instrumentelles Verstehen und technisches Handeln*; Paderborn.

Irrgang, B. 2002a: *Technische Praxis. Gestaltungsperspektiven technischer Entwicklung*; Paderborn.

Irrgang, B. 2002b: *Technischer Fortschritt. Legitimitätsprobleme innovativer Technik*; Paderborn.

Irrgang, B. 2003: *Von der Mendelgenetik zur synthetischen Biologie. Epistemologie der Laboratoriumspraxis Biotechnologie*; Technikhermeneutik Bd. 3; Dresden.

Irrgang, B. 2004: *Konzepte des impliziten Wissens und die Technikwissenschaften*; in: G. Banse, G. Ropohl (Hg.): *Wissenskonzepte für die Ingenieurpraxis. Technikwissenschaften zwischen Erkennen und Gestalten*; VDI-Report 35; Düsseldorf 2004, 99-112.

Irrgang, B. 2006: *Technologietransfer transkulturell. Komparative Hermeneutik von Technik in Europa, Indien und China*; Frankfurt u.a.

Irrgang, B. 2007a: *Hermeneutische Ethik. Pragmatisch-ethische Orientierung für das Leben in technologisierten Gesellschaften*; Darmstadt.

Irrgang, B. 2007b: *Gehirn und leiblicher Geist. Phänomenologisch-hermeneutische Philosophie des Geistes*, Stuttgart.

Irrgang, B. 2007c: *Technik als Macht. Versuche über politische Technologie*; Hamburg.

Irrgang, B. 2008: *Philosophie der Technik*; Darmstadt.

Irrgang, B. 2009a: *Grundriss der Technikphilosophie. Hermeneutisch-phänomenologische Perspektiven*; Würzburg.

Irrgang, B. 2009b: *Der Leib des Menschen. Grundriss einer phänomenologisch-hermeneutischen Anthropologie*; Stuttgart.

Irrgang, B. 2010: *Von der technischen Konstruktion zum technologischen Design. Philosophische Versuche zur Ingenieurstechnik*; Münster.

Langenegger, D. 1990: *Gesamtdeutungen moderner Technik*. Moscovici, Ropohl, Ellul, Heidegger. Eine interdiskursive Problemsicht; Würzburg.

Seubold, G. 1986: *Heideggers Analyse der neuzeitlichen Technik*; Freiburg, München.

Technikhermeneutik und die hermeneutische Phänomenologie

Jan Kertscher

Grundsätzlich ist die Vermischung von Hermeneutik und Phänomenologie als problematische und zugleich typische Kombination bekannt. Die Konstellation 'hermeneutische Phänomenologie' ist in ihrer kompositorischen Form eigentlich ein Unikat. Man möchte sich einmal das am Beginn der Zielsetzungs- und Aufgabenformulierung der Untersuchung mit dem Titel 'Sein und Zeit' Gedachte anhören:

„Sachhaltig genommen ist die Phänomenologie die Wissenschaft vom Sein des Seienden – Ontologie. In der gegebenen Erläuterung der Aufgaben der Ontologie entsprang die Notwendigkeit einer Fundamentalontologie, die das ontologisch-ontisch ausgezeichnete Seiende zum Thema hat, das Dasein, so zwar, daß sie sich vor das Kardinalproblem, die Frage nach dem Sinn von Sein überhaupt, bringt. Aus der Untersuchung selbst wird sich ergeben: der methodische Sinn der phänomenologischen Deskription ist Auslegung. Der λογος der Phänomenologie des Daseins hat den Charakter des ἑρμηνεύειν, durch das dem zum Dasein selbst gehörigen Seinsverständnis der eigentliche Sinn von Sein und die Grundstrukturen seines eigenen Seins kundgegeben werden. Phänomenologie des Daseins ist Hermeneutik in der ursprünglichen Bedeutung des Wortes, wonach es das Geschäft der Auslegung bezeichnet. Sofern nun aber durch die Aufdeckung des Sinnes des Seins und der Grundstrukturen des Daseins überhaupt der Horizont herausgestellt wird für jede weitere ontologische Erforschung des nicht daseinsmäßigen Seienden, wird diese Hermeneutik zugleich »Hermeneutik« im Sinne der Ausarbeitung der Bedingungen der Möglichkeit jeder ontologischen Untersuchung. Und sofern schließlich das Dasein den ontologischen Vorrang hat vor allem Seienden – als Seiendes in der Möglichkeit der Existenz, erhält die Hermeneutik als Auslegung des Seins des Daseins einen spezifischen dritten – den, philosophisch verstanden, primären Sinn einer Analytik der Existenzialität der Existenz. In dieser Hermeneutik ist dann, sofern sie die Geschichtlichkeit des Daseins ontologisch ausarbeitet als die ontische Bedingung der Möglichkeit der Historie, das verwurzelt, was nur abgeleiteterweise »Hermeneutik« genannt werden kann: die Methodologie der historischen Geisteswissenschaften."[1]

---

1 S. Heidegger, M., *Sein und Zeit*, Tübingen [17]1993, S. 37f. Hier wird sogar der primordiale Charakter der Hermeneutik der Daseinsstrukturen in *jeder (ontisch)-ontologischen Forschung*, also auch der Neurowissenschaften, Reproduktionsmedizin und Genforschung, angedeutet. (Vgl. dazu auch §§ 8 – 31, Heidegger, M., *Einleitung in die Philosophie, GA 27*, II. Abteilung: Vorlesungen, Frankfurt/a. M. [2]2001; Wintersemester 1928/29); Im Folgenden Sein und Zeit = SuZ, Gesamtausgabe = GA.

Heidegger entwickelte die Methode, um dem ontologisch Fernsten, nämlich dem Ontischen[2] auf die Spur zu kommen. Der Zugang erfolgt auch zur Aufdeckung der Selbstentfremdung des Daseins als 'Wegsein'.

> „Die Hermeneutik hat die Aufgabe, das je eigene Dasein in seinem Seinscharakter diesem Dasein selbst zugänglich zu machen, mitzuteilen, der Selbstentfremdung, mit der das Dasein geschlagen ist, nachzugehen. In der Hermeneutik bildet sich das Dasein eine Möglichkeit aus, für sich selbst verstehend zu werden und zu sein. [...] Hermeneutik ist nicht eine künstlich ausgeheckte und dem Dasein aufgedrungene Weise neugierigen Zerlegens. Aus der Faktizität selbst wird zu erheben sein, inwiefern und wann sie so etwas wie die angesetzte Auslegung fordert. Die Beziehung zwischen Hermeneutik und Faktizität ist dabei nicht die von Gegenstandserfassung und erfaßtem Gegenstand, dem jene sich lediglich anzumessen hätte, sondern das Auslegen selbst ist ein mögliches ausgezeichnetes Wie des Seinscharakters der Faktizität. Die Auslegung ist Seiendes vom Sein des faktischen Lebens selbst. Bezeichnet man – uneigentlich – die Faktizität als 'Gegenstand' der Hermeneutik (wie die Pflanze als Gegenstand der Botanik), dann wird diese (die Hermeneutik) in ihrem Gegenstand selbst angetroffen (analog als wären Pflanzen, was und wie sie sind, mit und aus Botanik)."[3]

Wie kann diese transzirkelhafte Hermeneutik der Faktizität in Verbindung mit Technikhermeneutik gebracht werden, wenn die Technikhermeneutik ihre entscheidende Inspiration aus den §§ 18 -24 SuZ bezieht? In ihnen wird die Weltlichkeitsanalyse durchgeführt. Dies scheint nicht so einfach zu sein, da die Technikhermeneutik eine eigenständige Methode sein möchte. Das 1927 veröffentlichte Fragment 'Sein und Zeit' birgt nun ebenso das Rätsel der Verbindung von Seinsfrage und Hermeneutik:

> „Wie aber Heidegger die Seinsfrage mit dieser Herausstellung der Grundstrukturen des Daseins verbinden wollte, ist eine äußerst schwierige Frage, zumal Heidegger den dritten Abschnitt von *Sein und Zeit* zurückhielt, wo diese Verbindung vermutlich zur Erörterung gekommen wäre. Diese Verbindung ist jedoch für die Aufgabenstellung der Hermeneutik in *Sein und Zeit*, wie sie sich jedenfalls von der früheren Hermeneutik der Faktizität unterscheidet, ausschlaggebend."[4]

Das Hermeneutikverständnis in 'Sein und Zeit' ist also noch schwieriger als in der Vorzeit von 'Sein und Zeit'. Es betrifft den Weg der Fundamentalontologie Martin Heideggers. Die spezifischen Merkmale zu erläutern, ist hier nicht möglich, so dass eine grobe Beschreibung versucht wird, die die Kombination 'hermeneutische Phänomenologie' verdeutlichen soll: Das Phänomenologische in ihr ist primär in der Ausklammerung jeglicher naturwissenschaftlicher Theorie zu sehen, um an das Leben als primordialen oder vortheoretischen Ort (hermeneu-

---

2   Vgl. SuZ, S. 43.

3   S. Heidegger, M., *Ontologie. (Hermeneutik der Faktizität)*, GA 63, II. Abteilung: Vorlesungen; Frühe Freiburger Vorlesungen Sommersemester 1923 (Herausgegeben von Käte Bröcker-Oltmanns), Frankfurt/a. M. [2]1995, S. 15.

4   S. Grondin, J., *Von Heidegger zu Gadamer. Unterwegs zur Hermeneutik*, Darmstadt 2001, S. 90.

tisch) heranzukommen. Dies erfolgt, pointiert ausgedrückt, über die Herausarbeitung des Vortheoretischen mit Hilfe der Hermeneutik.[5]

Wie operiert die Technikhermeneutik im Umfeld dieser spezifisch hermeneutisch-phänomenologischen Methode? Die Antwort kann einfach und ausführlicher gegeben werden. Die einfache Antwort ist knapp und beschränkt sich auf den Verweis, dass die §§ 18 – 24 in 'Sein und Zeit' den Grundstoff der Technikhermeneutik abliefern. Eine einführende Erläuterung zur hermeneutischen Phänomenologie soll folgendes Zitat aus der Kommentarschrift zu Sein und Zeit von Friedrich-Wilhelm von Herrmann liefern:

„Was wir die hermeneutische Blickrichtung nennen, ist das, was Heidegger die hermeneutische (im Unterschied zur reflexiven) Intuition nennt. Die Urstiftung dieser hermeneutischen Intuition läßt sich in der Kriegsnotsemester-Vorlesung von 1919 verfolgen (GA Bd. 56/57, S. 1-117, hier S. 116f.). An diesem Text muß ihr Eigentümliches zuerst studiert werden, weil es sich hier in einer kaum überbietbaren Klarheit herausstellt, die sich dem Augenblick verdankt, in dem das Eigenste des Hermeneutischen aus der Abgrenzung gegen das Reflexive hervorspringt. Was hier als methodische Blickstellung mit Macht zum Durchbruch gelangt, ist die methodische Grundhaltung für alle folgenden Texte bis hin zu 'Sein und Zeit' und darüber hinaus. Es ist der methodische Habitus Heideggers.

In dieser Geburtsstunde der hermeneutischen Phänomenologie ist es das 'Umweltleben' und 'Umwelterleben', das nicht – wie in der reflexiven Phänomenologie – als ein das Bedeutsamkeitserleben fundierendes nacktes Wahrnehmungserleben angesetzt und als solches reflexiv ausgelegt wird, das vielmehr – unangetastet von diesem Fundierungsmodell – als das unmittelbare Erleben der bedeutsamen Umweltdinge belassen und in einem *ausdrücklichen Mitgehen* mit diesem Erleben verstehend, d. h. hermeneutisch, zur Auslegung gebracht wird. Für diesen ganz neuen hermeneutischen Ansatz ist das Wahrnehmungserleben nicht fundierend, sondern selbst eingelassen in das primäre Bedeutsamkeitsverstehen. Dieselbe hermeneutische Vorgehensweise – nur in abgewandelter Begrifflichkeit – zeigt sich dann auch in der Daseinsanalytik, wenn im § 15 (2. Absatz) das ausdrückliche 'Sichversetzen' in die Verhaltensweisen des besorgenden Umgangs mit den bewandtnisbestimmten Umweltdingen gefordert wird. Nur aus diesem ausdrücklichen Sichversetzthaben in die Umweltverhaltungen (und im ausdrücklichen Mitgehen mit ihrem Verstehen) können diese Verhaltungen selbst in ihrer Seinsweise und kann das umweltliche Wozu dieser Verhaltungen in seiner Seinsverfassung zur verstehenden (hermeneutischen) Auslegung gelangen. Zum hermeneutischen Sichversetzen in die Umweltverhaltungen gehört wesentlich die 'Abdrängung der sich andrängenden und mitlaufenden

---

5   Vgl. Gadamer, H. G., *Die phänomenologische Bewegung*, In: GW 3, Neuere Philosophie I, S. 105–146, Tübingen 1987. Im Folgenden GW = Gesammelte Werke. Hermeneutische Phänomenologie ist sozusagen das methodische Werkzeug von 'Sein und Zeit', um an das Verborgene heranzukommen – an das Sein des Seienden das wir je selbst sind. An das Dasein als (spezifisches) Seiendes und sein Sein. Mit der husserlschen Phänomenologie hat sie – worüber gestritten wird – weniger zu tun. Erneut § 7 SuZ, in dem die Methode der Arbeit und die Begriffe Phänomen und Phänomenologie für den Rahmen der Arbeit definiert werden. Vgl. Grondin, J., *Von Heidegger zu Gadamer. Unterwegs zur Hermeneutik*, Darmstadt 2001, S. 59ff.

Auslegungstendenzen', vor allem jenes Fundierungsmodells. Somit kommt alles darauf an, diesen aus der Überlieferung ganz ungewohnten hermeneutischen Einsatz als denjenigen zu verstehen, der allein den Weg zu den thematischen Analysen und Gehalten der Daseinsanalytik eröffnet. Daher wird es unumgänglich, mit den Einzelanalysen jeweils deren hermeneutische Blickstellung zu thematisieren.'"[6]

Diese Ausführungen belegen, dass die Umgangsthese nicht irrelevant erscheint, da das Wahrnehmungsverständnis der Technikhermeneutik mit dem der hermeneutischen Phänomenologie übereinstimmt und somit die Bedeutsamkeit des Um-Zu und Wozu in den Vordergrund rückt.[7] Auf der anderen Seite abstrahiert die Technikhermeneutik die spezifisch für 'Sein und Zeit' entwickelte hermeneutisch-phänomenologische Methode gewissermaßen, da ihr die aus der Weltlichkeitsanalyse entnommene Umgangsthese im Grunde *genügt*. Sie neigt eher zu reiner Deskription, die der 'hermeneutischen Intuition' Heideggers weniger entspricht. Dies zeigt sich in der Ausklammerung des Vollzugs der Daseinsanalytik einschließlich der komplizierten Elemente der horizontalen Temporalität und Zeitlichkeit. Denn die ersten Analysen zur 'Weltlichkeit der Welt überhaupt' sind nicht separat angesetzt worden, sondern in 'Sein und Zeit' *eröffnen* sie den Weg zu ihr.

Der Versuch zu einer ausführlichen Antwort soll durch ein Beispiel bewerkstelligt werden, das die nach 'Sein und Zeit' verfassten 'Grundzüge einer Theorie hermeneutischer Erfahrung' einbeziehet, die, man könnte das so sagen, Ergebnisse der Daseinsanalytik der heideggerschen Fundamentalontologie aufnimmt. Die wesentlichen Elemente der Theorie lauten *Geschichtlichkeit des Verstehens* als Antwort auf die Objektivierung 'historischer Gegenstände' in der Geschichtswissenschaft, die *Applikation*, die dem Historisieren zum Opfer fiel und das *wirkungsgeschichtliche Bewusstsein*, das den theoretischen Kern, die *Horizontverschmelzung*, enthält.[8]

Das Beispiel einer alltäglichen technischen Handlung entstammt dem Vortheoretischen: Das Küchenmesser mit einer Stahlklinge (in seiner alltäglichen Zuhandenheit) korrespondiert mehr mit dem Vor-urteil.[9] Dieses Messer wäre in seinem Vorkommen sozusagen als ein 'tradierteres' einzuschätzen. Ein potenzielles Laserküchenmesser der Zukunft steht eher in epistemologischer Orientierung der Aufklärung, auch dann, wenn sie in erster Linie nach den Bedingungen

---

6   S. von Herrmann, F.-W., *Hermeneutische Phänomenologie des Daseins. Ein Kommentar zu „Sein und Zeit"*, Bd. II, „Erster Abschnitt: Die vorbereitende Fundamentalanalyse des Daseins" § 9-§ 27., Frankfurt/a. M. 2005, S. 15ff.

7   Anmerkung der Herausgeber: vgl. dazu die Beiträge von Armando Chiappe und Bernhard Irrgang in diesem Band.

8   Gadamer, H.-G., *Wahrheit und Methode*, In: GW 1, Hermeneutik I, Tübingen [6]1990., bes. Zweiter Teil. Ausweitung der Wahrheitsfrage auf das Verstehen in den Geisteswissenschaften, II. Grundzüge einer Theorie der hermeneutischen Erfahrung, S. 270-386.

9   Ein Vor-urteil ist das präepistemologische Urteil, das wie das epistemologisch fundierte Urteil in Aussageform formuliert ist.

der Möglichkeit der Erkenntnis Ausschau hielt. Damit ist gemeint, dass die transzendentale Epistemologie, deren Grundlagen u.a. in naturwissenschaftlichen Erkenntnissen ihrer Zeit lagen (transzendentale Ästhetik), die transzendente Autorität relativierte *und* im gleichen Zuge das präepistemisch immanente Urteil zurückdrängte. Es wird hier angenommen, dass die philosophische Aufklärung mit ihrem Charakteristikum naturwissenschaftlich fundierte transzendentale Epistemologie entwickelt zu haben, trotz der zwar noch subjektverhafteten, transzendentalen Phänomenologie des beginnenden 20. Jahrhunderts, der späthusserlscher Lebensweltanalyse und der hermeneutischen Phänomenologie oder Daseinsanalytik – insgesamt mit Entwicklung all jener präepistemisch-fundamentalen Ansätze, dem technologischen Fortschritt *ein* geistiger Pate war. Die präepistemisch-fundamentalen Ansätze können auch als Korrektoren der Subjektphilosophie bezeichnet werden. Mit dem technologischen Fortschritt hat nun die Technikhermeneutik gleichsam zu tun, da sie in dem dreifachen Umfeld der Aufklärung, Epistemologie und dem technologischem Fortschritt steht, zugleich ihre Basis aber in angeführten korrektiven Fundamentalansätzen sucht. Darin besteht die Schwierigkeit.

Das im technologischen Fortschritt angesiedelte Laserküchenmesser verdankt seine Existenz der Entwicklung im Umfeld jener kritischen und weniger hermeneutischen Vernunft der Aufklärung und somit in erster Linie dem transzendentalepistemischen Paradigma folgend, das das o.g. 'Vortheoretische' oder im Sinne der 'Grundzüge einer Theorie hermeneutischer Erfahrung' Tradition und Autorität ausschaltete. Es wird damit angedeutet, dass das Stahlküchenmesser weniger modern technisch[10] geformt ist. Es besteht daher im Grunde kein nennenswertes Problem mit der phänomenologischen Forschung, da das Laserküchenmesser gleichsam in den Alltag integrierbar wäre wie schon das tradierte Stahlküchenmesser. Die Theorie hermeneutischer Erfahrung hat den Anspruch, Autorität und Tradition zu rehabilitieren und beruft sich dazu auf die phänomenologische Forschung, d. h. die tradiertere Form der Messerart liegt eher in ihrem Fokus. Hier ist die These, dass der Rückgriff auf bisher Tradiertes und dessen phänomenologische Analyse nicht weniger sinnvoll erscheint als sich unmittelbar und ausschließlich in technikhermeneutischer Weise dem moderneren Laserküchenmesser zu widmen. Deshalb wäre das Stahlküchenmesser oder anders gesagt das Tradierte zu gegenwärtigen Analysezwecken zu beachten oder überhaupt einzubeziehen. Mit diesem Hinweis soll auch angedeutet werden, dass die hermeneutisch-phänomenologische Methode ihrer ursprünglichen Intention folgen könnte. Denn sie konzentriert sich nicht *nur* auf die Analyse historischer Einbettung technischer Artefakte und Handlungen, sondern impliziert gleichsam die Daseinsstruktur, so dass mit Rückgriff auf das Tradierte der Weg zu dieser offener würde, da möglicherweise gerade moderne Technik die Da-

---

10 Hier ist noch einmal auf die Annahme zu verweisen, dass Technik und Epistemologie *überhaupt* eng miteinander verknüpft sind.

seinsstruktur noch stärker verdeckt. Zusammenfassend könnte behauptet werden, dass der Bezug auf das den technischen Ergebnissen der Naturwissenschaften korrespondierende Laserküchenmesser in gewissem Gegensatz zur philosophischen Hermeneutik steht. Es ist nicht gesagt, dass das Stahlküchenmesser 'besser' ist. In der Frage nach Berücksichtigung der Messer handelt es sich nicht um die Frage des besseren oder schlechteren Nutzens oder Umgangsgefühls – dies auch nicht im Sinne des epistemischen Pragmatismus. Vielmehr ist die Beachtung des aus epistemischen Gründen verbannten präepistemischen Vor-urteils, das eng mit der phänomenologischen Analyse verbunden ist, als das Entscheidende anzusehen.

Man könnte behaupten, dass das Beispiel einer Mikrotechnikhermeneutik zuordenbar wäre. In einer potenziellen Makrotechnikhermeneutik, die sich umfassenderen Fragen und Problemen von Technisierung widmet, sieht es ähnlich, aber komplizierter aus. In gewissem Maße zeigt sich, dass sich die Technikhermeneutik vermutlich zu sehr in der Deutung technischer Konstrukte, in der Deskription technischer Anwendungen und zu weitreichenden Interventionen in andere Disziplinen verleiten lassen könnte. Das soll bedeuten, dass die Technikhermeneutik, aufgrund mangelnder Distanz zum – wie angedeutet – zu *relativierenden* Vor-urteil analog dazu die existenziale Grundstruktur aus dem Blick verlieren könnte. Zur näheren Erläuterung ist zu sagen, dass die Abgrenzung illegitimer Vor-urteile oder man könnte vorsichtig sagen: common sense deren Renaissance die philosophisch-hermeneutische Erfahrung ins Auge fasst, von legitimen Vor-urteilen, die wissenschaftlichen Aussagesätzen eher nahe stehen, aber z. B. den Kriterien der Validität und Reliabilität nicht standhalten, sich als schwierig und bisweilen unlösbar gestaltet. Die Abgrenzung findet sich lediglich in Indizien:

> „So spitzt sich alles auf 'die eigentlich kritische Frage der Hermeneutik' zu [GW, I, S. 304, J.K.], wie man, sofern wir ihrer bewußt werden können, die richtigen Vorurteile von den falschen, zu Mißverständnis hinleitenden Vormeinungen auseinanderhalten kann. Gibt es dafür ein Kriterium? Gäbe es so etwas wie ein Kriterium, wären wohl alle Fragen der Hermeneutik gelöst, und man bräuchte nicht über das Problem der Wahrheit diskutieren. Dieses Trachten nach einem, die Objektivität ein für allemal sichernden Kriterium ist ebenfalls ein metaphysischer Ableger des Historismus. Wenn es aber keine handfesten Kriterien gibt, so gibt es doch Indizien. In dieser Absicht hebt 'Wahrheit und Methode' die Produktivität des Zeitenabstandes hervor."[11]

Daraus werden zwei Dinge deutlich: Zum einen, dass das Moment fehlender Berücksichtigung des Zeitenabstandes ein mögliches Defizit der Technikhermeneutik sein könnte und zum anderen, dass die Kritik illegitimer Vorurteile stattfinden *muss*. Philosophische Hermeneutik scheint das Scharnier illegitimer und legitimer Vor-urteile ausmachen zu können.

---

11   S. Grondin, J., *Einführung in die philosophische Hermeneutik*, Darmstadt ²2001, S. 158.

Der Kunstcharakter der Hermeneutik in der Gegenwart zeigt sich möglicherweise auch in dem gekonnten Spiel des Weglassens und Einbeziehens des *logos apophantikos[12]*, um so dem Dunkel der Sprache[13] *und* der Technik auf die Spur zu kommen. Das soll bedeuten, dass der Zugriff auf in vorwiegend in 'Urteilsform' ausgedrückte empirische Ergebnisse für den technikhermeneutischen Prozess nicht auszuschließen ist. Solch ein Vorgang ist möglich, aber nicht Kern der Hermeneutik. Doch was würde geschehen, wenn das demonstrative Urteil schweigt? Die Bedeutung der Küchenmesserarten – nicht aus pragmatischen Gründen – stünde mit einem Male zur Disposition und die *Selbstverständlichkeit,* dem aus technologischem Fortschritt hervorgegangenen Laserküchenmesser den technikphilosophischen Vorzug zu erteilen, geriete womöglich in Frage, da grundlegende Aspekte, wie die Daseinsstruktur, neu entdeckt und Beachtung finden würden. Angenommen ist, dass das Stahlküchenmesser viel mehr dem in der phänomenologischen Forschung herausgearbeiteten lebensweltlichen Praxisbezug entspricht als das Laserküchenmesser, da dieses im komplizierteren, weitestgehend von der Lebenswelt abstrahierten Entwicklungsprozess – von der Aufklärung bis zur Gegenwart – steht und zu stärkerer Abhängigkeit wie die von seiner aufwendigeren Produktion und zum Beispiel von Elektrizität führt. Die auf dem Fortschritt basierende Entwicklung des Laserküchenmessers ist eine Entwicklung, die den vorerkenntnistheoretischen Raum oder anders ausgedrückt: den alltäglichen Wurzelboden ausgeblendet hat. Die mögliche Dominanz technischer Gegenstände und Handlungen könnte verhindern, dass das Vor-urteil aus den Augen verloren geht, da von ihm ebenso sinnvolle Beiträge zu Pro-

---

12 „Die gesamte Logik ist seit Aristoteles auf den Begriff des Satzes, der Apophansis, d. h. der Urteilsaussage gestellt. Aristoteles hat an einer klassischen Stelle betont, daß er lediglich den 'apophantischen' Logos behandele, d. h. diejenige Weise der Rede, in der es auf nichts anderes ankommt als auf Wahr- oder Falschsein, und Phänomene wie die Bitte, den Befehl oder auch die Frage beiseite lasse, die gewiß auch Weisen der Rede sind, aber in denen es offenbar nicht auf das bloße Offenbarmachen des Seienden, und das heißt: auf das Wahrsein ankommt. Er hat damit den Vorrang des 'Urteils' innerhalb der Logik begründet. Der Begriff der Aussage, der damit geprägt worden ist, verknüpft sich mit der modernen Philosophie mit dem Begriff des Wahrnehmungsurteils. Der reinen Aussage entspricht die reine Wahrnehmung; [...] es gibt weder reine Wahrnehmung, noch gibt es die reine Aussage.", Gadamer, H.-G., *Die philosophischen Grundlagen des 20. Jahrhunderts,* In: Gadamer, H.-G., Boehm, G. (Hrsg.), *Seminar: Philosophische Hermeneutik,* Frankfurt/a. M [2]1979, S. 316f. Die Ausführungen Gadamers zum *logos apophantikos* bestätigen das Unternehmen der Technikhermeneutik, die das Wahrnehmungsurteil, im Sinne der Korrespondenztheorie der Wahrheit, nicht übernimmt.

13 „Wir sind in unserer Analyse des geisteswissenschaftlichen Denkens jedoch auf solche Art in die Nähe dieses allgemeinen und allem voraufliegenden Dunkels geraten, daß wir uns der gewonnen Führung durch die Sache, der wir nachgehen, anvertraut wissen können. Wir suchen von dem Gespräch aus, das wir sind, dem Dunkel der Sprache nahezukommen.", Gadamer, H.-G., *Wahrheit und Methode,* In: GW 1, Hermeneutik I, Tübingen, [6]1990, S. 383.

blemlösungen ausgehen. Den Verweis auf diesen Aspekt liefert der 'Ursprung' der philosophischen Hermeneutik. Zum Beispiel entspricht in der frühen heideggerschen Terminologie das Vor-urteil in etwa dem Existenzial der Rede – ein implizites Vorverständnis, das als Grundzug des Daseins immer eine Rolle spielt.

Noch spannender wird es, da die Technikhermeneutik den Anspruch anmeldet, sich auf Gebiete wie das der Reproduktionsmedizin, Neurowissenschaften oder der Genforschung, anders gesagt in der Makrotechnikhermeneutik, zu betätigen. Zu der möglichen Vergessenheit philosophisch-hermeneutischer Elemente käme hinzu, dass die Realisierung des finalen Ziels der philosophischen Hermeneutik, nämlich die Beantwortung der Wahrheitsfrage, zureichend erfüllt werden müsste. Das Wahrheitsverständnis der Technikhermeneutik stützt sich, epistemisch gesehen, auf eine situative Perspektivität. Anders gesagt, scheint eine perspektivische Technikhermeneutik technische Handlungen und Prozesse aus verschiedenen Blickwinkeln zu betrachten. Damit ist nicht einfach das Variieren der Blickrichtung gemeint, sondern sozusagen der multiepistemologische Zugang zum Gegenstand. Die Beschränkung auf *ein* erkenntnistheoretisches Prinzip, z. B. Empirismus, Rationalismus, Pragmatismus ist in technischen Kontexten nicht sinnvoll. Dennoch ist so der Verbleib im erkenntnistheoretischen Raum erkennbar. Erwähnen könnte man den Unterschied transzendentaler Perspektivität Kants (Subjektivität als unhintergehbarer Blickwinkel) und der individuellen Perspektivität Nietzsches (Jedes Erkennen, jedes Sehen ist perspektivisch). Der perspektivischen Technikhermeneutik korrespondiert eher die Position Nietzsches. Die Absicherung der Wahrheitsfrage ergibt sich, wenn die technische Handlung gelingt, denn dann ist sie wahr. So scheint der perspektivischen Technikhermeneutik die pragmatistische Erkenntnistheorie ähnlich zu sein.

> „Der Zusammenhang von Situation und Wahrheit ist schon im amerikanischen Pragmatismus geflochten worden. Dort versteht man als das eigentliche Kennzeichen der Wahrheit das Fertigwerden mit einer Situation. Die Fruchtbarkeit einer Erkenntnis bewährt sich darin, daß sie eine problematische Situation behebt."[14]

Hans-Georg Gadamer ist davon allerdings nicht überzeugt. Denn es ist zu sagen, dass die philosophische Hermeneutik keine der Wahrheit streng verpflichtete Erkenntnistheorie – wie Perspektivismus oder Pragmatismus – ist. Sie ist sogar 'froh', dass die erkenntnistheoretische Fragestellung durch die phänomenologische Forschung überwunden wurde.[15] Der Punkt ist sehr schwierig in wenigen Worten zu behandeln und bedarf der Vertiefung.

---

14 S. Gadamer, H.-G., *Was ist Wahrheit?*, In: GW 2, Hermeneutik II, Tübingen ⁶1990, S. 53. Vgl. James, William, Der Wahrheitsbegriff des Pragmatismus, In: Martens, Ekkehard (Hrsg.), *Pragmatismus. Ausgewählte Texte von Charles Sanders Peirce, William James, Ferdinand Canning Scott Schiller, John Dewey*, Stuttgart 2002, S. 161-187.
15 Vgl. Gadamer, H.-G., *Wahrheit und Methode*, In: GW 1, Hermeneutik I, Tübingen, ⁶1990, S. 246–269.

Ein anderer, auf das Detail achtender Punkt wäre, dass die Technikhermeneutik das Adjektiv 'hermeneutisch' und das Substantiv 'Hermeneutik' dehnen könnte, da im Technikkontext bereits aus etymologischer und semantischer Sicht[16] zahlreiche kompositorische Wörter möglich sind: Kochhermeneutik, Jalousienhermeneutik, Tastaturhermeneutik, Lampenhermeneutik, Duschhermeneutik, Türklinken-, Papierkorb-, Quittungs-, Rechnungs-, Haushalts-, Akten-, Computer-, Klavier-, Geigenhermeneutik etc., sind möglich. Die Beispiele referieren die Mikrotechnikhermeneutik. Allen gemeinsam ist das implizite Wissen:

> „Aufbauend auf dem Umgangswissen ist die spezifisch menschliche, leibliche Kompetenz der Subjektivität das welthafte sich orientieren Können. Der Mensch ist das wandernde Tier. Die Leithorizonte für den homo faber sind die Navigationskunst (Seefahrt) und der Kalender. Umgehen Können mit dem eigenen Schicksal, sich orientieren können im eigenen Leben, das ist Gegenstand der Astrologie und der Mantik, verbunden mit Medizin. Unsere Selbstverortung erfolgt sensomotorisch und perspektivisch raum-zeitlich und egozentrisch. Es handelt sich um ein leibliches sich selbst Spüren im Sinne des Bauchwissens oder impliziten Wissens. Dabei hat Merleau-Ponty darauf hingewiesen, dass Wahrnehmung eine Aktivität, zu mindestens beim Menschen, darstellt. Freiheit muss wie Könnerschaft und Expertentum erst Schritt um Schritt erarbeitet und auch erlernt werden.“[17]

Mit dem Zitat soll verdeutlicht werden, dass implizites Wissen mit 'Bauchwissen' und Könnerschaft assoziiert wird. Die beispielhaften 'alltäglichen Hermeneutiken' lassen sich technisch-hermeneutisch sicher analysieren, da das Kriterium der Könnerschaft der Technikhermeneuten erfüllt ist. Wird der Fokus technischen Handlungen in Neurowissenschaften, Genforschung oder der Reproduktionsmedizin gewidmet, könnte sich die Aufgabe womöglich nicht weniger schwer gestalten. Betrachtet man die Tatsache der Langwierigkeit der Einübung in verwandtschaftlicher Relation vorhandener Hermeneutiken wie der Theologischen und Juristischen, ist in der Technikhermeneutik ebenfalls mit großer Ausdauer heranzugehen. Nun steht die Hermeneutik nicht im Feld des Wissens der *techne*, die Handwerksregeln nutzt.[18] Hermeneutik kann sogar ein Lebensweg sein, auf dem sich sukzessive aus einer oder *der* Frage entspringende Fall, z. B. der der Technik, lösen lässt. Der Punkt, dass das Vorverständnis der hermeneutischen Erfahrung 'konstitutiv' ist, wird damit angedeutet. Von der beschwerlich erquickenden Jagd nach Indizien dafür, was Metaphysik denn nun sei, kann der Philosoph Martin Heidegger ausführlich Zeugnis liefern.[19] Er jagte

---

16   „Da aber die eigene Aufgabe des Übersetzens eben darin besteht, etwas 'auszurichten', schwankt der Sinn von hermēneuein zwischen Übersetzung und praktischer Anweisung, zwischen bloßem Mitteilen und Gehorsam-Fordern.“, Gadamer, H.-G., *Klassische und philosophische Hermeneutik*, In: GW 2, Hermeneutik II, Tübingen ²1993, S. 92.

17   S. Irrgang, B., *Der Leib des Menschen. Grundriss einer phänomenologisch-hermeneutischen Anthropologie*, Stuttgart 2009, S. 166.

18   Vgl. Rese, F., Phronesis als Modell der Hermeneutik, In: Figal, Günter (Hrsg.), *Hans-Georg Gadamer, Wahrheit und Methode*, Berlin 2007, S. 143.

19   Vgl. Heidegger Gesamtausgabe bei Vittorio Klostermann in 102 Bänden.

sein Leben lang dem Rätsel und Geheimnis der Metaphysik, der Wahrheit und dem Sein nach. Er gab sich nicht zufrieden mit den dazu überkommenen Ausführungen in Lehr- und Gelehrtenbüchern, ohne sie desavouieren zu wollen. Er bearbeitete das (geisteswissenschaftliche) Vorurteil (ohne epistemologische Ambitionen) auf (hermeneutisch) destruktive[20] Weise, ohne sich vom Haken und Makel des hermeneutischen Zirkels[21] beeindrucken zu lassen.[22] Während der Jagd nach dem Sein, unter Rückgriff auf antike griechische Texte, begegnete ihm auch die Technik sozusagen als Begleitmusik der Metaphysik und als abgeschlossene Form des europäischen Nihilismus seiner bzw. der Gegenwart. Über diese Schlussfolgerungen in Heideggers Denkens zur Technik wird bis heute kontrovers gestritten. Die Technik wird von ihm ebenfalls, wohl sogar mit Beachtung des Zeitenabstandes, der Wirkungsgeschichte mit der Horizontverschmelzung und Geschichtlichkeit (des Daseins), also der Theorie hermeneutischer Erfahrung, von der griechischen Antike her analysiert, interpretiert und ihr wahrer Charakter *nicht* ermittelt, da das Sein eben dunkel *ist*. Das ist das 'Schicksal' der Hermeneutik, die keine Algorithmen nachprüfbarer, wiederholbarer Ergebnisse kennt, wie die neuzeitlichen Wissenschaften. Wenn *dieses* Kriterium für den hermeneutischen Prozess gültig wäre, würde man es dann nicht Wahrheit, sondern Gewissheit nennen. Schlussendlich war Heidegger aber geisteswissenschaftlicher oder treffend moderner ausgedrückt: linguistischer Technikhermeneut. Dieselbe Beschreibung trifft auf den Technikphilosophen Bernhard Irrgang zu. Auf andere Weise schlägt er einen anderen Weg ein. Er begibt sich auf den Weg, dem Fall der Technik auf die Spur zu kommen, indem er neben philosophischen Quellen empirische Disziplinen wie Entwicklungspsychologie, Paläoanthropologie, Technikgeschichte und Technikarchäologie rezeptiv nutzt, um dem Technischen seinen wahren Charakter zu entlocken. Klar gesagt, ist auch er ein linguistischer Technikhermeneut. Wie sieht jedoch der gelingende Sprung in die makrotechnikhermeneutischen Gebiete aus? Ein schwerer Sprung mit der perspektivischen Technikhermeneutik, deren quasi konstituierender Begleiter die methodisch sehr unsichere Postphänomenologie und Visualisierung der Hermeneutik[23] sein möchte? Technikhermeneutik bliebe doch irgendwie in

---

20 Destruktion der Geschichte der Ontologie des Abendlandes.

21 Vgl. §§ 32-34 SuZ.

22 An der ganzen Feststellung wird die Spannung heideggerschen und gadamerschen Hermeneutikverständnisses deutlich. Beiden gemeinsam ist aber die Herausarbeitung bzw. der Verweis auf die Endlichkeit in der Daseinsstruktur.

23 Vgl. Ihde, D., *Expanding Hermeneutics. Visualism in Science*, Northwestern University Press 1998. Ihde berücksichtigt nicht worin das Motiv und die Zielsetzung der hermeneutischen Phänomenologie – dem Sein auf die Spur zu kommen – liegt, wenn er ausführt: „I have suggested that a founding dimension of being-in-the-world is seen by hermeneutic phenomenologists as discourse or language.", Ebd., S. 21. „A phenomenological hermeneutic in its restorative moment must, among other things, restore the sense of the normative embodiment of language in the concrete discourse of listening and voice. It must

der Schrift verankert? Worin bestünde eine *philosophisch- technikhermeneutische* Applikation? Welche Einübung der Technikhermeneutik wäre, in Gemeinschaft zu denen in Altphilologie, Theologie und Jurisprudenz, notwendig zu erlernen? Möglicherweise unter Aufwertung des Vermittlungscharakters der Hermeneutik? Traditioneller hermeneutischer Erfahrung folgend, besteht gar Koinzidenz der *subtilitas intelligendi, subtilitas explicandi* und *subtilitas applicandi*[24]. Brauchen die Natur-, Bio- und Ingenieurwissenschaften, deren Arbeitsweisen eng mit technischen Geräten (z. B. der funktionellen Magnetresonanztomografie) demzufolge auch in technische Handlungen verwickelt sind und ebenso ihre meist technischen Produkte, eine Technikhermeneutik? Eine Technikhermeneutik, die dem Verdacht ausgesetzt ist, die Distanz verloren zu haben? Neben dem Versuch der ausführlichen Beantwortung der Frage an die Technikhermeneutik nach ihrem Verhältnis zur hermeneutischen Phänomenologie, tauchten einige weitere interessante Fragen auf. Zum Ende ist festzuhalten, dass die Endlichkeits- und Wahrheitsfrage als Indizien für potenzielle Defizite der Technikhermeneutik zu der weiterführend zu bearbeitenden Frage leiten: Wie hält es die Technikhermeneutik generell mit 'distanzierender' philosophischer Hermeneutik? Ein Ausblick könnte der Ansatzpunkt sein, dass die Technikhermeneutik *und* die philosophische Hermeneutik die tacit dimensions technischer und naturwissenschaftlicher Forschung beachten:

"Jedenfalls gilt es für die 'metaphysikfreie' Wissenschaft der Neuzeit, daß sie gegenüber der Weite und Vagheit der sprachlichen Artikulation unserer Welterfahrung eine bewußte Verengung vornimmt. Deren Ausdruck ist der Begriff der Methode und der ihm entsprechende Begriff der Objektivität der Wissenschaft. Der Ausdruck 'Objektivität' erhält den Bezug, auf den es hier ankommt. Nur das der Methode Entgegenkommende, das 'Objizierte', kann Gegenstand wissenschaftlicher Erkenntnis werden. Der Fortschritt der Wissenschaft und vollends ihre konstruktive Anwendung in der Technik beruht durchaus auf der mathematischen Abstraktion und damit der Ausklammerung des sprachlichen Vorverständnisses. Indessen behalten auch

---

rediscover the nonneutral and rich significance of 'musical' word.", Ebd. S. 24. Die thetische Aussage hat ihren berechtigten Gehalt. Sie wird aber ungerechtfertigter Weise in den Kontext der hermeneutischen Phänomenologie gebracht. Hermeneutische Phänomenologie scheint inflatorisch gebraucht zu werden. „As Heidegger rightly claimed, technology is in fact a kind of being. It can better be understood in the sense of language-analogue than as a thing-analogue. Here, too, I see a task for hermeneutically oriented philosophy, one which must deal with language no longer is discourse on the model of face to face. Such a projection cannot remain satisfied with the paradigm of immediate discourse but must revert to the other side of hermeneutics, the notion of the text through which past worlds known to us.", Ebd., S. 25.

24 Die drei 'Subtilitäten' gehen auf den pietistischen Theologen J.-J. Rambach zurück, der insbesondere die subtilitas applicandi einführte. Gadamers Verweis auf den Autor der 'Institutiones Hermeneuticae Sacrae' in seinem Hauptwerk 'Wahrheit und Methode' soll die Wichtigkeit des hermeneutischen Grundphänomens verdeutlichen. Das hermeneutische Grundphänomen wurde bisher von der romantischen und historistischen Hermeneutik ausgeblendet bzw. abgeschafft.

ausgeklammerte Zusammenhänge, die in der Sprache lebendig sind, ihre Bedeutung, und das vor allem für jenes 'Jenseits aller Methode', das nicht die Logik der zu findenden Antworten, sondern die Logik der Frage betrifft, jene *tacit dimension*, die Michael Polyani namhaft gemacht hat. Welche Bedeutung diese Dimension hat, ist insbesondere seit Thomas Kuhns Auftreten und seiner Debatte mit Popper ein zentrales Thema der heutigen Wissenschaftstheorie geworden. Wenn man an Moritz Schlicks glänzende Widerlegung des Dogmatismus der Protokollsätze (von 1934!!) zurückdenkt und jetzt an Kuhns Begriff des 'Paradigma' oder an Toulmins Analyse des Phänomenbegriffs, dann drängt sich der hermeneutische Aspekt hier förmlich auf."[25]

Doch nicht auszulassen ist: Wird die Beschreibung hermeneutischer Dimensionen technischer Entwicklungen und Handlungen genügen, um den Unterschied von Hermeneutik, die letztlich in allen Lebensbereichen eine Rolle spielt, und philosophisch ambitionierter Technikhermeneutik zu erreichen?

Literatur

Gadamer, H.-G., *Die phänomenologische Bewegung,* In: GW 3, Neuere Philosophie I, S. 105–146., Tübingen 1987.
Gadamer, H.-G., *Die philosophischen Grundlagen des 20. Jahrhunderts*, In: Gadamer, H.-G., Boehm, G. (Hrsg.), *Seminar: Philosophische Hermeneutik*, Frankfurt/ a.M [2]1979.
Gadamer, H.-G., *Klassische und philosophische Hermeneutik*, In: GW 2, Hermeneutik II, Tübingen [2]1993.
Gadamer, H.-G., *Natur und Welt. Die hermeneutische Dimension in Naturerkenntnis und Naturwissenschaft* (1986), In: GW 7, Griechische Philosophie III, Tübingen [1]1991.
Gadamer, H.-G., *Wahrheit und Methode*, In: GW 1, Hermeneutik I, Tübingen [6]1990.
Gadamer, H.-G., *Was ist Wahrheit?*, In: GW 2, Hermeneutik II, Tübingen [6]1990.
Grondin, J., *Von Heidegger zu Gadamer. Unterwegs zur Hermeneutik*, Darmstadt 2001.
Grondin, J., *Einführung in die philosophische Hermeneutik*, Darmstadt [2]2001.
Heidegger, M., *Einleitung in die Philosophie*, GA 27, II. Abteilung: Vorlesungen, Frankfurt/a. M. [2]2001.
Heidegger, M., *Ontologie. (Hermeneutik der Faktizität)*, GA 63, II. Abteilung: Vorlesungen; Frühe Freiburger Vorlesungen Sommersemester 1923 (Herausgegeben von Käte Bröcker-Oltmanns), Frankfurt/a. M. [2]1995.
Heidegger, M., *Sein und Zeit*, Tübingen [17]1993.
Ihde, D., *Expanding Hermeneutics. Visualism in Science*, Northwestern University Press 1998.
Irrgang, B., *Der Leib des Menschen. Grundriss einer phänomenologisch-hermeneutischen Anthropologie*, Stuttgart 2009.
James, W., *Der Wahrheitsbegriff des Pragmatismus*, In: Martens, Ekkehard (Hrsg.), *Pragmatismus. Ausgewählte Texte von Charles Sanders Peirce, William James, Ferdinand Canning Scott Schiller, John Dewey*, Stuttgart 2002.

---

25 S. Gadamer, H.-G., *Natur und Welt. Die hermeneutische Dimension in Naturerkenntnis und Naturwissenschaft* (1986), In: GW 7, Griechische Philosophie III, Tübingen [1]1991, S. 433f.

Rese, F., *Phronesis als Modell der Hermeneutik*, In: Figal, Günter (Hrsg.) *Hans-Georg Gadamer, Wahrheit und Methode*, Berlin 2007.

von Herrmann, F.-W., *Hermeneutische Phänomenologie des Daseins. Ein Kommentar zu „Sein und Zeit"*, Bd. II, „Erster Abschnitt: Die vorbereitende Fundamentalanalyse des Daseins" § 9 - § 27., Frankfurt/a. M. 2005.

Verstehen und Wissen.
Ludwig Wittgensteins Philosophie der Technik

Michael Funk

„Wenn aber Philosophie ihre Zeit in Gedanken gefasst ist, dann muss sich – es gibt eigentlich keinen bedeutenden Philosophen, der das nicht getan hätte – die Philosophie der Neuzeit immer auch mit Technik auseinandersetzen. Und es wäre ein fataler Fehler, wenn in jenen Einrichtungen, in denen sich die philosophische Reflexion der Technik vornehmlich ereignet, nämlich in den technischen Universitäten, die Philosophie zur Technikphilosophie degenerieren und auf einsamen, aber zugleich auch verlorenem Posten Feigenblattfunktion übernehmen sollte."[1]

In diesem Sinne soll im Rahmen des vorliegenden Sammelbandes gefragt werden, was wir von Ludwig Wittgensteins philosophischer Auseinandersetzung mit den Grundlagen menschlicher Sprachpraxis über Technikhermeneutik lernen können. Der Begriff „Hermeneutik" wird hierbei an vielen Stellen vermieden, weil Wittgenstein selbst das Wort „Verstehen" gebraucht. Fragen wir, was „Technikhermeneutik" ist, so erscheint das Synonym „Verstehen" als sinnvoll. Denn es führt uns klarer vor Augen, worum es eigentlich gehen soll: nämlich um die Auseinandersetzung mit der Art und Weise, wie wir Dinge und Tätigkeiten sinnvoll begreifen, nachvollziehen und selbst kreativ anwenden können. Hierbei wird sich zeigen, dass die Frage nach „Technikhermeneutik" zugleich eine Frage nach „Wissen" ist, die weder ohne Berücksichtigung sprachlicher Praxis, noch ohne Fragen nach dem Status und der Geltung menschlicher Subjektivität sinnvoll gestellt werden kann.

Insofern motivieren drei Aspekte die folgende Auseinandersetzung mit Ludwig Wittgenstein:

1. Wann und wie habe ich etwas verstanden?
2. Wann und wie weiß ich etwas?
3. Was bedeutet das für unsere Vorstellungen von dem, was Technik ist?

Gegenstand der Auseinandersetzung sind zwei Passagen aus Wittgensteins späterer Schrift „Philosophische Untersuchungen" (PU). Der erste Auszug erstreckt sich von Paragraph *71.* bis *78.* des Werkes, der Zweite von Paragraph *143.* bis *150.* Hierbei wird sich zeigen, dass Ludwig Wittgenstein mehre Wissensbegriffe entwickelt. Im Zusammenhang mit seinen Überlegungen zur Grenze des sprachlich Sagbaren führt er zur Klärung der Grundlagen von „Verstehen" ein Konzept impliziten Wissens ein, das inhaltliche Verbindungen zu später entwickelten (auch technikphilosophisch) relevanten Formen von implizitem Wissen erkennen lässt. Zur Begründung dient Wittgenstein eine tief greifende Auseinander-

---

1   S. Zimmerli 2004, S. 665.

setzung mit Fragen nach dem Status menschlicher Subjektivität und der Bedeutung grundlegender grammatischer Bezüge im alltäglichen menschlichen Selbstverständnis. Durch die hohe Gewichtung des Praxisaspektes entwickelt Wittgenstein weiterhin eine Umgangsthese, die er jedoch nicht instrumentell ausführt.

I. Paragraphen 71. - 78.

Verstehen durch Exemplifizieren und der Eigenwert der Praxis

Betrachten wir zuerst Paragraph *71.* des Werkes:

> „Man gibt Beispiele und will, daß sie in einem gewissen Sinne verstanden werden. – Aber mit diesem Ausdruck meine ich nicht: er solle nun in diesen Beispielen das Gemeinsame sehen, welches ich – aus irgend einem Grunde – nicht aussprechen konnte. Sondern: er solle diese Beispiele nun in bestimmter Weise *verwenden.*"[2]

Wittgenstein legt hier eine Verstehenskonzeption zu Grunde, die sich im Kern auf eine „Gebrauchskonzeption der Exemplifikation" stützt. Ich gebe demnach einem anderen Menschen etwas durch die gezielte Anwendung von Beispielen zu verstehen, ohne damit zu intendieren, dass mein Gegenüber eine allgemein zu Grunde liegende Struktur begreift. Sondern ich versuche vielmehr eine konkrete Praxis im Umgang mit den Beispielen zu vermitteln.

> „Das Exemplifizieren ist hier nicht ein *indirektes* Mittel der Erklärung, - in Ermangelung eines Besseren. Denn, missverstanden kann auch jede allgemeine Erklärung werden."[3]

Allgemeine Erklärungen, Maximen, Formeln oder Lehrsätze scheinen den Kern dessen, was es heißt, etwas zu verstehen, nicht zu treffen. Der Gebrauch von Beispielen erscheint als das geeignete Mittel. Ich gebe zu verstehen, indem ich eine konkrete Praxis vermittle, anstatt bloß die korrekte Anwendung eines Lehrsatzes weiter zu geben. Doch könnte nicht eben doch eingewendet werden, dass allen Beispielen eine Struktur bzw. ein Schema zu Grunde liegt, das ich nur begreifen muss, um von mir behaupten zu können, etwas verstanden zu haben? Wittgenstein begegnet diesem Einwand in *73.*:

> „>Aber könnte es nicht solche >allgemeine< Muster geben? Etwa ein Blattschema, oder ein Muster von *reinem* Grün?< - Gewiß! Aber daß dieses Schema als *Schema* verstanden wird, und nicht als die Form eines bestimmten Blattes, und dass ein Täfelchen von reinem Grün als Muster alles dessen verstanden wird, was grün ist, und nicht als Muster für reines Grün – das liegt wieder in der Art der Anwendung dieser Muster."[4]

---

2   S. PU, S. 280.
3   S. PU, S. 280f.
4   S. PU, S. 281f.

Anwendung bzw. Umgang bleiben konstitutiv für die Art und Weise, wie wir etwas verstehen. Wittgenstein scheint hierbei eine nicht-instrumentelle Umgangsthese[5] zu vertreten. Es kommt demnach nicht auf so etwas wie eine Wesensschau, reine Formen der Anschauung oder transzendentale Kategorien des Bewusstseins an. Denn nichts anderes wäre ja der Fall, wenn ich reines Grün sofort als das Wesen aller Facetten von Grün begreifen würde bzw. wenn dieses Schema meine Wahrnehmung von Grün immer schon wie eine Brille (apriori) vorprägen würde.

Verstehen zeigt sich vielmehr in bestimmten Weisen der Anwendung bzw. des Umgangs, die sich am deutlichsten durch Beispiele in ihrem Gebrauch vermitteln lassen. Es geht also nicht um Standpunkte oder kausale Voraussetzungen einer Verstehensperspektive, sondern radikal um Weisen des praktischen Vollzuges, also des Tätigseins. Die Praxis gewinnt hier gegenüber jeder Form von Theorie einen Eigenwert, der sich selbst offensichtlich nicht wieder theoretisieren lässt. Ich kann also nicht über Praxis reden, ohne sie selbst erfahren zu haben. Wittgenstein bleibt dieser Einsicht methodisch insofern treu, als dass er seine „Philosophischen Untersuchungen" nicht systematisch in thematisch abgegrenzte Kapitel teilt. Sein Werk lebt didaktisch vielmehr davon, dass er immer wieder aufs Neue mit bestimmten Beispielen und Paradoxien *verschiedene* Perspektiven und Sichtweisen auf Probleme und Themen aufzeigt. Hierbei geht es nicht darum, die theoretische Vielschichtigkeit von Problemen (etwa der Frage nach dem, was „Wissen" oder „Verstehen" ist) bloß formal aufzuzeigen. Stattdessen soll der Leser den Beispielen Wittgensteins praktisch im Denken und im Bezug auf reale Erfahrungen folgen und aus dieser Tätigkeit des Lesens, Durchdenkens und Interpretierens heraus ein Verständnis für die angesprochenen philosophischen Problemfelder entwickeln.

---

5   Ursprünglich bezieht sich die sogenannte „Umgangsthese" auf eine technisch-pragmatische Interpretation der §§ 14-18 von Martin Heideggers „Sein und Zeit". Das grundlegende praktisch-besorgende Verhältnis des Menschen zur Welt wird hierbei als technisch-instrumenteller Umgang ausgelegt. (Genauere Erläuterungen zur Umgangsthese bei Martin Heidegger finden sich in den Aufsätzen von Armando Chiappe und Bernhard Irrgang in diesem Sammelband.) Die Umgangsthese von Ludwig Wittgenstein ist nun an dieser Stelle der PU insofern nicht-instrumentell, als dass bei seinen Analysen der sprachlich-kommunikative Umgang im Mittelpunkt steht. Ein expliziter Bezug zum materiell-instrumentellen Werkzeuggebrauch fehlt an der zitierten Stelle. Es soll jedoch nicht ausgeschlossen werden, dass sich in anderen Passagen der „Philosophischen Untersuchungen" eine instrumentelle Umgangsthese nachweisen lässt. Dass Wittgenstein überhaupt eine „Umgangsthese" vertritt, begründet sich weniger durch den systematischen Status von Sprachpraxis in seinen Überlegungen, als vielmehr durch die sich hieraus ergebenden Konsequenzen für den Status menschlicher Subjektivität. Dies wird sich genauer im Abschnitt II. des vorliegenden Aufsatzes zeigen.

Was wissen wir, wenn wir verstehen?

Was bedeutet das für den Begriff „Wissen"? Was weiß ich, wenn ich den Umgang mit Beispielen verstehe? In *75.* verknüpft Wittgenstein die „Gebrauchskonzeption der Exemplifikation" mit Überlegungen zum Status des Wissens. Seine Überlegungen zu den Grundlagen des Verstehens (Hermeneutik) werden an dieser Stelle mit epistemologischen Gedanken (also Fragen nach den Bedingungen des Entstehens und der Begrifflichkeit von Wissen) zusammengeführt. Hierbei geht es Wittgenstein vor allem um die Frage nach der Sagbarkeit von Wissen:

> „Was heißt es: wissen, was ein Spiel ist? Was heißt es, es wissen und es nicht sagen können? Ist dieses Wissen irgendein Äquivalent einer nicht ausgesprochenen Definition? So daß, wenn sie ausgesprochen würde, ich sie als den Ausdruck meines Wissens anerkennen könnte?"[6]

Müsste ich also das Implizite einfach nur explizit machen, also das nicht Ausgesprochene und nicht Formalisierte aussprechen oder formalisieren, um es zu wissen? Nein, denn auch in diesem Fall vertritt Wittgenstein eine, diesmal epistemologisch begründete, Umgangsthese. Im Kern greift diese ebenfalls auf eine „Gebrauchskonzeption der Exemplifikation" zurück:

> „Ist mein Wissen, mein Begriff vom Spiel, ganz in den Erklärungen ausgedrückt, die ich geben könnte! Nämlich darin, dass ich Beispiele von Spielen verschiedener Art beschreibe; zeige, wie man nach Analogie dieser auf alle möglichen Arten andere Spiele konstruieren kann; sage, dass ich das und das wohl kaum mehr ein Spiel nennen würde; und dergleichen mehr."[7]

Mein Wissen von etwas liegt also nicht in der Formulierung eines wahren, gerechtfertigten Satzes begründet, von dem ich überzeugt bin. Vielmehr weiß ich etwas, wenn ich es *mit Beispielen treffend einem Anderen zu verstehen geben kann.* Insofern treffen sich an dem Punkt Epistemologie und Hermeneutik, wobei der Status des Wissens vorrangig durch praktische Kriterien bestimmt wird und erst zweitrangig durch theoretische. Wittgenstein unterscheidet hierbei in *78.* im Zusammenhang mit der Frage nach der Sagbarkeit bzw. Explizierbarkeit von Wissen drei Wissensformen:

> „Vergleiche: wissen und sagen:
> [1] wie viele m hoch der Mont-Blanc ist –
> [2] wie das Wort >Spiel< gebraucht wird –
> [3] wie eine Klarinette klingt.
> Wer sich wundert, dass man etwas wissen könne, und nicht sagen, denkt vielleicht an einen Fall wie den ersten. Gewiß nicht an einen wie den dritten."[8]

---

6   S. PU, S. 282.
7   S. PU, S. 282f.
8   S. PU, S. 284 (Die Nummerierung in eckigen Klammern stammt von mir, M. F.).

Im ersten Fall führt Wittgenstein einen expliziten Wissensbegriff ein, der auf ein Konzept von propositionalem Wissen verweist. Die Höhe des Mont Blanc kann ich klar aussprechen, also explizieren. Hierzu muss ich nur über die formale Semantik des Zahlenwertes verfügen und diese reproduzieren. Wir können hier auch von „knowing that" sprechen. Beim zweiten Beispiel handelt es sich um ein Gebrauchswissen, also eine Art „knowing how". In Anlehnung an die „Umgangsthese des Verstehens" (bzw. auch die „Gebrauchskonzeption der Exemplifikation") können wir hier von einem Umgangswissen[9] sprechen. Ich verfüge demnach über eine Könnerschaft, durch die ich eine Anwendung gelingend zu realisieren weiß. Was ich hierzu nicht wissen muss, ist eine konkrete Semantik wie in Beispiel [1]. In Beispiel [3] unterscheidet Wittgenstein hiervon weiterhin eine Art Wahrnehmungswissen. Wir können dies „perzeptives Wissen" nennen. Hiermit wird die Gewissheit bezeichnet, aus der heraus wir zielsicher einen sinnlichen Reiz durch Erfahrungen einer konkreten Quelle, also in Wittgensteins Beispiel der Klarinette, zuordnen können.

Bei den Beispielen [2] und [3] handelt es sich im Gegensatz zu Beispiel [1] um nicht sagbares, also implizites[10], Wissen. Sowohl meine Könnerschaft im

---

9   Im Gegensatz zu einer technisch-intrumentellen Verwendung des Begriffs „Umgangswissen", etwa bei Bernhard Irrgang (Irrgang 2001), muss darauf hingewiesen werden, dass Wittgenstein hier den Umgangsaspekt sprachlich-pragmatisch erfasst (vgl. hierzu auch Anm. 10).

10   Wissenschaftstheoretisch kann eine Unterscheidung zwischen explizierbarem und nicht explizierbarem Wissen getroffen werden. Dieses nicht explizierbare Wissen ist implizit bzw. still. Wenn man so will, geht es hier um das Wissen, welches wir nicht zu sagen wissen. Wir wissen etwas, dass sich nicht darstellen lässt. Wir können hier auch von subsidiärem Wissen sprechen. Die These vom impliziten Wissen geht auf Michael Polanyi zurück, der in seinem Werk „Personal Knowledge" (London 1958) eine Konzeption von „tacit knowledge" vertreten hat, die auf eine durch Alltagsphänomene verursachte Unterscheidung von Könnerschaft (know how) und know that verweist (vgl. Ritter, Gründer, Gabriel 2005, Sp. 897). In seinem Werk „Implizites Wissen" von 1966 verweist Polanyi weiterhin darauf, „dass wir mehr wissen, als wir zu sagen vermögen" (s. Polanyi 1985, S. 14). Bernhard Irrgang begreift in Anlehnung daran Technikphilosophie phänomenologisch-hermeneutisch vor dem Hintergrund des impliziten Wissens. Er spricht in diesem Zusammenhang von „Umgangswissen": „Der hier erarbeitete Interpretations-Vorschlag geht von einer Neuinterpretation des technischen Wissens als Teil des technischen Handelns aus. Die Wissenschaftstheorie technischen Wissens hat diesen Aspekt des Umgangswissens nahezu vollständig vernachlässigt. Ein hermeneutisches Konzept technischen Wissens und Verstehens geht von diesem impliziten Wissen aus und entwickelt auf dieser Basis ein Verständnis technischen Handelns, basierend auf einer Phänomenologie des Werkzeuggebrauchs bzw. des Umgangs mit natürlichen Prozessen im instrumentellen Verstehen als implizitem Umgangswissen" (s. Irrgang 2001, S. 15f.). Obwohl im Zusammenhang mit implizitem Wissen oft auf Polanyi als Quelle verwiesen wird, so scheint doch Wittgenstein in seinen „Philosophischen Untersuchungen" bereits in den 1930er Jahren ein ähnliches Konzept entwickelt zu haben. Nur der Terminus „implizites Wissen" fehlt in Wittgensteins Ausführungen.

Gebrauch der Sprache, als auch meine Gewissheit, dass dieser Ton von einer Klarinette stammt, kann ich sprachlich nicht eindeutig formulieren. Die Höhe des Mont Blanc hingegen weiß ich, einmal auswendig gelernt, klar und eindeutig mit der Angabe „4.810 Meter" zu formulieren. Eine Tabelle soll die drei Wissensformen zusammengefasst gegenüberstellen:

	Formulierung Wittgensteins in PU 78.:	Welche Wissensform bezeichnet das jeweilige Beispiel?	Handelt es sich hierbei um explizites oder implizites Wissen?	Lässt sich dieses Wissen sagen?
1	„wieviele m hoch der Mont-Blanc ist"	propositionales Wissen	explizit (Zahl kann angegeben werden)	Ja, semantisch eindeutig.
2	„wie das Wort >Spiel< gebraucht wird"	Umgangswissen	implizit (im Sinne des Beherrschens einer Könnerschaft bzw. Kompetenz)	Nein, es offenbart sich durch gelingenden Gebrauch.
3	„wie eine Klarinette klingt"	perzeptives Wissen	implizit (im Sinne von Gewissheit über sinnliche Wahrnehmung)	Nein, es setzt konkrete sinnlich-körperliche Erfahrung voraus und bleibt immer an diese gebunden.

II. Paragraphen 143. - 156.

Der Weg zum Begriff „Technik" I: wieder vom Verstehen zum Wissen

Doch worin liegt hierbei die Verbindung zur Technik? Wittgenstein liefert einen Hinweis in *150.*, dem nun nachgegangen werden soll, um die Gedanken zum „Verstehen" mit Hilfe einer zweiten Sequenz aus den „Philosophischen Untersuchungen" weiter zu führen. Hierzu sei mit *143.* begonnen:

> „Betrachten wir nun diese Art von Sprachspiel: B soll auf den Befehl des A Reihen von Zeichen niederschreiben nach einem bestimmten Bildungsgesetz. Die erste dieser Reihen soll die sein der natürlichen Zahlen im Dezimalsystem. – Wie lernt er dieses System verstehen?"[11]

---

11 S. PU, S. 312.

Wieder fragt Wittgenstein, ob dem „Verstehen" das Begreifen eines Systems zu Grunde liegt. Exemplarisch dient hierzu die Auseinandersetzung mit der Art und Weise, wie das korrekte Fortsetzen von Zahlenreihen erlernt wird:

> „146. Wenn ich nun frage: >Hat er das System verstanden, wenn er die Reihe hundert Stellen weit fortsetzt?< Oder – wenn ich in unserm primitiven Sprachspiel nicht von >verstehen< reden soll: Hat er das System inne, wenn er die Reihe bis *dorthin* richtig fortsetzt? – Da wirst du vielleicht sagen: Das System innehaben (oder auch: verstehen) kann nicht darin bestehen, dass man die Reihe bis zu *dieser*, oder bis zu *jener* Zahl fortsetzt; *das* ist nur die Anwendung des Verstehens. Das Verstehen selbst ist ein Zustand, woraus die richtige Verwendung entspringt."[12]

Auch hier spielt die Auseinandersetzung zwischen dem Verhältnis von Verstehen und Anwenden, sowie den formalen Grundlagen des Verstehens eine Rolle. Diesmal betrachtet Wittgenstein hierzu algebraische Ausdrücke:

> „Und an was denkt man da eigentlich? Denkt man nicht an das Ableiten einer Reihe aus ihrem algebraischen Ausdruck? Oder doch an etwas Analoges? – Aber da waren wir ja schon einmal. Wir können uns ja eben mehr als *eine* Anwendung eines algebraischen Ausdrucks denken; und jede Anwendungsart kann zwar wieder algebraisch niedergelegt werden, aber dies führt uns selbstverständlich nicht weiter."[13]

Wieder taucht der Umgangsaspekt auf. Ich bin also in der Lage, mit ein und demselben algebraischen Ausdruck in unterschiedlicher Art und Weise umzugehen, ihn also verschiedenfach anzuwenden bzw. zu gebrauchen. Wende ich ihn nicht korrekt an, so habe ich das System, wie ich eine Zahlenreihe erfolgreich fortsetzen soll, nicht verstanden:

> „Die Anwendung bleibt ein Kriterium des Verständnisses."[14]

Anschließend verknüpft Wittgenstein auch in dieser Sequenz die hermeneutische Frage nach den Grundlagen des Verstehens mit der epistemologischen Frage nach den Grundlagen des Wissens:

> „Du meinst also: du weißt die Anwendung des Gesetzes der Reihe, auch ganz abgesehen von einer Erinnerung an die tatsächlichen Anwendungen auf bestimmte Zahlen. Und du wirst vielleicht sagen: >Selbstverständlich! denn die Reihe ist ja unendlich und das Reihenstück, das ich entwickeln konnte, endlich.<"[15]

Wittgenstein verbindet die Frage im Folgenden mit der Betrachtung von Anwendungswissen (Umgangswissen):

> „148. Worin aber besteht dieses Wissen? Laß mich fragen: *Wann* weißt du diese Anwendung? [...] Weißt du sie, wie du auch das ABC und das Einmaleins weißt; oder nennst du >Wissen< einen Bewusstseinszustand oder Vorgang – etwa ein An-etwas-denken, oder dergleichen?"[16]

---

12 S. PU, S. 313f.
13 S. PU, S. 314.
14 S. Ebd.
15 S. Ebd.
16 S. Ebd.

Die Beantwortung führt Wittgenstein zu *150.*, also zu der Stelle, an der die entscheidende Ineinanderführung der Begriffe „Verstehen", „Wissen" und „Technik" erfolgt. Hierzu formuliert Wittgenstein in *149.* Überlegungen zum Status des menschlichen Bewusstseins, die ihn aus der Tradition cartesianischen bzw. transzendental-philosophischen Denkens im klassischen Bewusstseinsparadigma heraustreten lassen. Seine starke Betonung des Umgangsaspektes bzw. Anwendungsaspektes rückt ihn nicht nur in die Nähe zum frühen Heidegger, sondern legt sogar eine Interpretation nahe, die Wittgenstein als einen frühen postphänomenologischen[17] Autor erscheinen lässt, wenn man bereit ist, sich auf eine phänomenologische Deutung Wittgensteins einzulassen.

Der Weg zum Begriff „Technik" II: die Rolle der Subjektivität

Betrachten wir *149.* Satz für Satz und folgen wir Wittgensteins Gedanken im Detail:

> „Wenn man sagt, das Wissen des ABC sei ein Zustand der Seele, so denkt man an den Zustand eines Seelenapparates (etwa unsres Gehirns), mittels welches wir die *Äußerungen* dieses Wissens erklären."[18]

Es geht also darum zu wissen, wie das ABC funktioniert bzw. in welcher Reihenfolge die Buchstaben im Alphabet korrekt angeordnet werden. Dieses Wissen äußert sich in bestimmten Anwendungen. Also zum Beispiel darin, dass ich in einem Telefonbuch schnell und zielsicher den Namen „Müller" zwischen „L" und „N" ausfindig machen kann. Wie erklären wir nun diese Äußerung bzw. Anwendung des Wissens des ABC? Wir sagen: unsere Seele befindet sich in einem bestimmten Zustand, der uns diese Äußerung ermöglicht. Was ist nun die-

---

17 Der Begriff „Postphänomenologie" geht auf den nordamerikanischen Technikphänomenologen Don Ihde zurück. Ihde folgend handelt es sich hierbei um das Programm einer Phänomenologie, die nicht subjektzentriert ist (vgl. Ihde 2003, S. 8). Wenn man unter Subjektzentriertheit ein Merkmal modernen europäischen Denkens seit Descartes mit einem wesentlichen Gewicht auf der Einheitlichkeit dieses Subjekts in seinem transzendentalen Standpunkt versteht, dann bezieht sich das „Post-" hier eher auf eine moderne Spielart der Phänomenologie, als auf die Phänomenologie als Schule selber. Eine Postphänomenologie nach Ihde muss also den modernen Hintergrund klassischer Phänomenologie verlieren und mit diesem die Idee eines transzendentalen Subjektes (vgl. Ebd., S. 9). Wenn es so etwas wie ein postphänomenologisches Subjekt gibt, dann ist es das umgehende Subjekt leiblicher Handlungen (vgl. Ebd., S. 12). In Anlehnung an Merleau-Ponty ersetzt Ihde zunächst das entrückte, transzendentale Subjekt durch existentielle Leiblichkeit (vgl. Ebd., S. 11). „Bodies, while not transcendental, are both gendered and cultured" (s. Ebd., S 12). Don Ihde sucht so außerdem die Mitte zwischen den Leibesbegriffen von Merleau-Ponty und Foucault, indem er die Vereinigung von materieller und kultureller Dimension leiblicher Existenz anstrebt (vgl. Ebd., S. 11-14). Menschliche Körperlichkeit erfährt so in ihrer jeweiligen kulturellen Einbettung eine elementare Aufwertung.

18 S. PU, S. 314f.

ser Seelenzustand? Wittgenstein unterstellt, dass „man" in diesem Fall an einen Seelenapparat denken würde, also eine Art Maschine, die eine materielle Basis hat. Als Beispiel nennt er das menschliche Gehirn.

> „Einen solchen Zustand nennt man eine Disposition."[19]

Als Disposition für die Erklärung der Äußerungen des Wissens des ABC würden wir demnach den entsprechenden materiellen Zustand des Seelenapparates (Gehirn) bezeichnen, ohne den diese Erklärung nicht möglich wäre.

> „Es ist aber nicht einwandfrei, hier von einem Zustand der Seele zu reden, insofern es für den Zustand zwei Kriterien geben sollte; nämlich ein Erkennen der Konstruktion des Apparates, abgesehen von seinen Wirkungen."[20]

Für den Zustand, mit Hilfe dessen wir die Äußerungen unseres Wissens des ABC erklären wollen, gibt es zwei Kriterien. Nämlich zum einen die Wirkungen, die er hervorbringt. Das ist nichts anderes, als die Äußerungen, Anwendungen, Erkenntnisleistungen usw., die aus unserem Wissen des ABC entspringen. Nun bleibt der Zustand nach Wittgenstein aber an die Erkenntnis der Konstruktion bzw. der Bauweise des ihm zu Grunde liegenden Apparates zurückgebunden, und zwar jenseits der konkreten Äußerungen, Anwendungen, Erkenntnisleistungen usw. Liegt dem also die materielle Basis des menschlichen Gehirns zu Grunde, so benötigen wir für die Erklärung der Äußerungen des Wissens des ABC grundlegende Erkenntnisse über die Konstruktion und Funktionsweise des menschlichen Gehirns. Man könnte nun annehmen, dass diese Überlegungen den Fragehorizont Wittgensteins gerade für cartesianische, psychologistische oder transzendentalphilosophische Gedanken und Interpretationen öffnen. Es läge auf der Hand zu fragen, wie geistige und körperliche Substanz zusammenhängen, welche Apriori unseren Anschauungen zu Grunde liegen, oder nach welchen logischen Prinzipien unser Gehirn Erkenntnisleistungen vollzieht. Auf diesem Fundament aufbauend müsste dann weiterhin gefragt werden, nach welcher Methode wir nun selber, in den Schablonen und Brillen unserer eigenen Gehirne befangen, die Funktion unseres Seelenapparates objektiv erkennen können. Doch genau das scheint nicht im Sinne Wittgensteins zu sein. Denn wenn es tatsächlich diese beiden Kriterien des Zustandes des Seelenapparates geben sollte, so kann es sich nach Wittgenstein nicht mehr um einen Zustand der Seele handeln (sondern um eine konkrete grammatisch verfasste Redeweise über den Zustand der Seele). Warum? Die entscheidende Begründung formuliert er in der folgenden Klammerbemerkung des Absatzes:

> „(Nichts wäre hier verwirrender als der Gebrauch der Wörter >bewusst< und >unbewusst< für den Gegensatz von Bewußtseinszustand und Disposition.)"[21]

---

19 S. PU, S. 315.
20 S. Ebd.
21 S. Ebd.

Verwirrend wäre demnach folgendes: Die Disposition für die Erklärung der Äußerungen des Wissens des ABC (also der entsprechende materielle Zustand des Seelenapparates (Gehirn)) bezeichnen wir als „unbewusst". Sie liegt unterbewusst bzw. nicht wahrgenommen unseren Äußerungen, Anwendungen und Erkenntnissen zu Grunde. (Woraus sich die Frage ergibt, wie wir diese Dispositionen erkennen und reflektieren können.) Dem entgegen bezeichnen wir mit „bewusst" die Wahrnehmung(sinhalte) bzw. auch Widerfahrnisse der Äußerungen des konkreten Zustandes, in dem sich der Seelenapparat (Gehirn) befindet.

Diese grundlegende, für die abendländische Philosophie der Neuzeit prägende Dichotomie, lehnt Wittgenstein mit folgendem Hinweis ab:

> „Denn jenes Wortpaar [bewusst und unbewusst] verhüllt einen grammatischen Unterschied."[22]

Für Wittgenstein ist Grammatik also eine grundlegendere Instanz der Erklärung bzw. Begründung, als der Status dessen, was das Wort „Bewusstsein" selber in seiner grammatischen Verfasstheit bezeichnet.[23] Demnach fragt Wittgenstein nicht nach der Bedeutung der Physiologie des menschlichen Gehirns oder der Bedeutung bestimmter Verstandeskategorien oder reinen Anschauungsformen für unser Erkennen. Zur Beantwortung der Frage nach der Möglichkeit von menschlicher Subjektivität, Selbsterkenntnis und Fremderkenntnis schlägt Wittgenstein einen anderen Weg ein. Sein Augenmerk gilt nicht der Frage nach der Physiologie oder den Naturanlagen, die uns Subjektivität oder Erkennen überhaupt erst ermöglichen, sondern er sucht methodisch einen Zugriff über die *Äußerungen* menschlicher Subjektivität bzw. menschlicher Erkenntnisleistungen.

Dementsprechend sucht Wittgenstein auch nicht ein System, das menschlichem Verstehen oder Wissen zu Grunde liegt. Der Schlüssel liegt vielmehr im Begreifen der Bedeutung von unausgesprochenen Anwendungsweisen. Demnach kann die Frage nach der „Technik" bei Wittgenstein auch keine Wesensfrage sein. Um zu begreifen, was Technik ist, benötigen wir keine Erkenntnisse über das Wesentliche der Technik, sondern einfach zuerst ein Begreifen derjenigen Anwendungen unserer Sprache, in denen der Begriff „Technik" alltäglich und intuitiv vorkommt. Hieraus lässt sich dann ein Verständnis von Technik ableiten, das transzendentales Bewusstsein nicht mehr voraussetzt, sondern den Begriff des „transzendentalen Bewusstseins" ursprünglicher durch das methodische Fundament alltäglicher Sprache auf derselben Begründungsebene sieht.

Die grundlegende methodische Frage lautet also nicht: Was müssen wir über den Status menschlichen Bewusstseins sicher wissen, um hieraus einen Begriff von „Technik" begründen zu können? Die grundlegende methodische Frage lau-

---

22   S. Ebd.
23   Diese elementare Bedeutung der Grammatik für menschliches Selbst- und Weltverstehen wird beispielsweise von Thomas Rentsch als „Existenziale Grammatik" gedeutet (vgl. Rentsch 2003).

tet vielmehr: Was wissen wir immer schon unausgesprochen über Technik, wenn wir mit dem Wort „Technik" alltäglich umgehen?

Aber was kennzeichnet nun die grammatische Verfasstheit der Worte „bewusst" und „unbewusst"? Es geht Wittgenstein nicht um die Systeme, Konzepte und Gedankengebäude, die man auf Grundlage der sprachlichen Unterscheidung in „bewusst" und „unbewusst" errichten könnte. Vielmehr scheint die entscheidende Frage darauf abzuzielen, ob und wie die Worte „bewusst" und „unbewusst" überhaupt das bezeichnen können, was sie bezeichnen sollen. Zu fragen wäre demnach nicht, was Denker wie Descartes oder Kant in ihren Schriften formuliert haben, sondern was sie sich vorgestellt haben, als sie ihre Worte in dieser Weise niedergeschrieben haben. Entsprechend ist also zu fragen, was wir sehen, wenn wir das Wort „Technik" verwenden. Hierzu ist es nicht relevant, irgendwelche Annahmen über menschliche Subjektivität oder menschliches Bewusstsein zu formulieren. Denn die Worte „Subjektivität" und „Bewusstsein" sind ebenfalls wieder grammatisch in Sprachpraxen eingebettet, die entweder in ihrer Anwendung Bezüge zum Wort „Technik" aufweisen oder nicht. Entscheidend bleibt aber, dass die sprachliche Anwendung als Äußerung menschlicher Subjektivität methodisch relevanter ist als die formalen sprachlichen Systeme, in denen die Begriffe „Subjektivität" und „Bewusstsein" klassisch eingebettet sind.

Was ist Technik?

Worin nun genau der grammatische Unterschied besteht, den das Wortpaar „bewusst" und „unbewusst" verhüllt, bleibt in *149.* offen. So führt Wittgenstein zwar den problematischen grammatischen Unterschied an diesem Punkt nicht aus, jedoch verweist er im Kontrast hierzu auf eine grammatische Gemeinsamkeit. Diese führt den Fokus seiner Argumentation in *150.* zunächst zurück auf den Status der Begriffe „Verstehen" und „Wissen":

> „Die Grammatik des Wortes >wissen< ist offenbar eng verwandt der Grammatik der Worte >können<, >imstande sein<."[24]

Wenn wir also von und über Wissen reden, dann lässt sich hiermit eher bezeichnen, was wir können bzw. wozu wir imstande sind. Offenbar scheinen Bezeichnungen zum Status unserer Bewusstseinsinhalte oder der Konstruktion und Funktion unseres kognitiven Apparates den Punkt nicht zu treffen. Jedoch erschöpfen sich die grammatischen Verwandtschaften von „Wissen" hierin noch nicht:

> „Die Grammatik des Wortes >wissen< ist offenbar [...] auch eng verwandt der des Wortes >verstehen<. (Eine Technik >beherrschen<.)"[25]

Durch unseren sprach-praktischen Vorbegriff von dem, was Technik ist, offenbaren sich Bezüge zum Begreifen von dem, was „wissen" und „verstehen" ist.

---

24 S. PU, S. 315.
25 S. Ebd.

Ich kann also nur begreifen, was Technik ist, wenn ich begreife, *wie* ich verstehe, und wann ich etwas *wie* weiß. Hiermit formuliert Wittgenstein begründet auf der Basis alltäglich-sprachlichen Umgangs eine notwendige Ineinanderführung von Hermeneutik (Fragen nach Begriff, Voraussetzungen und Methoden des Verstehens), Epistemologie (Fragen nach Begriff, Systematik und Methoden des Erlangens von Wissen) und Technikphilosophie. Wird berücksichtigt, dass alltäglich-sprachlicher Umgang vor allem ein körperlicher Umgang ist, ich mich also durch die Anwendung meiner Stimmbänder, weiterhin aber auch durch Körpersprache, Mimik und Gestik artikuliere, so gewinnt nun der gesamte menschliche Körper an Bedeutung für sprachliche Anwendungen bzw. Ausdrücke von Subjektivität. Bedenken wir weiterhin, dass technische Praxis selber immer auch eine körperliche Praxis ist – schließlich werde ich ohne meine Hände nie in der Lage sein, einen Hammer oder ein Auto zu bedienen – so ergibt sich hieraus eine notwendige Verbindung von sprachlicher Praxis und technischer Praxis als körperliche Ausdrucksformen menschlicher Subjektivität. Führen wir dies zurück auf die grammatischen Gemeinsamkeiten von „Wissen", „Können", „Verstehen" und „Technik", wie sie Wittgenstein in *150.* darlegt, so scheint es sich bei diesen Worten in erster Linie um sprachliche Ausdrucksweisen menschlichen Körperwissens zu handeln. Ich verstehe also eine Anwendung, wenn ich eine Technik im Umgang mit meinem Körper beherrsche (sei dies nun eine Geste, ein verbaler Laut oder ein handwerklicher Vorgang). Hierzu entwickele ich eine Könnerschaft, wodurch sich zeigt, dass ich etwas über meinen Körper weiß. Dieses Körperwissen ist implizit, ich kann es also nicht aussprechen, sondern es zeigt sich in gelungenen Anwendungen. Konsequenter Weise entwickelt Wittgenstein auch einen entsprechenden Begriff von implizitem Wissen, wie in Absatz I. des vorliegenden Aufsatzes dargestellt.

Dass es Wittgenstein nicht nur um gelungene sprachlich-kommunikative Anwendungen geht, sondern auch um körperliche Praxis mit technischen Artefakten, wird treffend durch folgendes Zitat illustriert:

> „Ich denke tatsächlich mit der Feder, denn mein Kopf weiß oft nichts von dem, was meine Hand schreibt."[26]

Wittgenstein geht hier sogar so weit, den ganzen Vorgang des Denkens aus dem menschlichen Kopf heraus und hinein in die Schreibfeder (also das technische Artefakt) zu verlegen. Auch hier taucht die Frage nach „Wissen" auf. Offensichtlich weiß die Hand manchmal mehr als der Kopf. Dieses Beispiel lässt sich aus der Selbsterfahrung heraus belegen. Schließlich denkt man in den ersten Schuljahren noch ständig über die Schreibfeder und die Bewegungen der Hand nach. Jahre später haben wir ein intensives Körperwissen über die Bewegungen von Hand und Schreibfeder entwickelt, wodurch wir im Stande sind, Hand und

---

26 S. Wittgenstein 1993, S. 160.

Feder gelingend anzuwenden. Wir beherrschen eine Technik, was ein Zeichen unseres Verständnisses der Anwendung des Schreibens ist.

Was ist Technikhermeneutik?

Unter „Technikhermeneutik" können wir also eine Metapher begreifen, die andeutet, wie sich im Beherrschen einer Technik (Kunstfertigkeit) ein praktisches Verständnis im Umgang mit unserem menschlichen Körper offenbart. Insofern ist eine „Technikhermeneutik" immer eine „leibliche Hermeneutik"[27], mit entscheidender Relevanz für epistemologische Problemstellungen. Wie sich gezeigt hat, ist zur Begründung eine Ineinanderführung von Überlegungen über Sprache und Technik nötig, die zwangsläufig Fragen nach der Begründung von menschlicher Subjektivität nach sich ziehen.

Benutzen wir für „Technikhermeneutik" das Synonym „Technikverstehen" bzw. „Verstehenstechnik", so müssen wir nach Wittgenstein auf der einen Seite festhalten, dass ein Begreifen von „Technik" nicht ohne ein Begreifen von „Hermeneutik" möglich ist. Auf der anderen Seite ist das Wort „Technikhermeneutik" alleine aber noch nicht hinreichend, um zu begreifen worum es geht, wenn wir von „Technik" oder „Hermeneutik" sprechen. Wittgenstein hat gezeigt, dass „Verstehen" und „Technik" nie ohne „Wissen" möglich sind. Insofern ist eine „Technikhermeneutik" nur als Epistemologie unter Rückgriff auf menschliche Körperlichkeit (bzw. Leiblichkeit) möglich. Wird dies beachtet, so müsste eigentlich ganz korrekt statt von „Technikhermeneutik" von „leiblich-hermeneutischer Technikepistemologie" die Rede sein. Ob ein Begreifen von „Technikhermeneutik" bzw. der hiermit verbundenen Methode dadurch erleichtert wird, sei erstmal dahin gestellt.

In jedem Fall war es das zentrale Anliegen des vorliegen Aufsatzes, die Verbindungen zwischen Hermeneutik, Epistemologie und Technikphilosophie im Zusammenhang mit zwei Auszügen aus Ludwig Wittgensteins „Philosophischen Untersuchungen" aufzuzeigen.

Was können wir festhalten?

- Wir wissen mehr, als wir sagen können.
- Trotzdem erschließt der alltägliche Umgang mit Worten immer noch mehr Einsichten in das, was menschliche Subjektivität ist, als sprachlich vorgefertigte Systeme. Dies ist insbesondere der Fall, wenn diese Systeme auf einer Unterscheidung zwischen „bewusst" und „unbewusst" aufbauen.
- Entscheidend ist hierfür ein implizites Körperwissen, dass sich in gelungenem, praktischem Umgang mit Sprache und technischen Artefakten zeigt.

---

27 An dieser Stelle sei statt „körperlicher Hermeneutik" von „leiblicher Hermeneutik" gesprochen, um den grammatischen Horizont der Anwendung des Wortes „Technikhermeneutik" für leibphilosophische Technikphilosophie zu öffnen, in der das Wort „Körper" im Begriff „Leib" erweitert und eingebettet wird (vgl. hierzu auch Anm. 17).

- Begründet durch grammatische Gemeinsamkeiten lassen sich „Wissen", „Verstehen" und „Technik" als Formen von „Könnerschaft" ausweisen.
- Hierdurch kann „Technik" nie nur das reine technische Artefakt sein, sondern muss immer auch die körperliche Praxis im Umgang mit einem Artefakt einschließen.
- Durch diese körperliche Praxis wird überhaupt erst ein Verstehen ermöglicht. Hierfür ist es nicht notwendig, ein grundlegendes System formal oder kausal zu begreifen.
- Die „Gebrauchskonzeption der Exemplifikation" bezeichnet die Weise, in der Wittgenstein den gelingenden Umgang mit Beispielen beschreibt, durch den ein „Verstehen" erzeugt bzw. vermittelt wird.
- Verstehen ist nicht ohne Wissen möglich und umgekehrt.
- Verstehen ist nicht ohne Technik möglich und umgekehrt.
- Wissen ist nicht ohne Technik möglich und umgekehrt.

Literatur

Ihde, Don 2003: *Postphenomenology – Again?*, Centre for STS Studies, Working Paper No. 3 2003. Aarhus.
Irrgang, Bernhard 2001: *Philosophie der Technik. Bd. 1. Technische Kultur. Instrumentelles Verstehen und technisches Handeln.* Paderborn u. a.
Polanyi, Michael 1985: *Implizites Wissen.* Frankfurt am Main.
Rentsch, Thomas 2003: *Heidegger und Wittgenstein. Existential- und Sprachanalysen zu den Grundlagen philosophischer Anthropologie.* Stuttgart2.
Ritter, Joachim, Karlfried Gründer und Gottfried Gabriel (Hg.) 2005: *Historisches Wörterbuch der Philosophie.* Band 12: W-Z. Basel.
Wittgenstein, Ludwig 1993: *Wiener Ausgabe.* Bd. IV. hg. von Michael Nedo. Wien/New York 1993 ff.
Wittgenstein, Ludwig 2006: *Philosophische Untersuchungen.* In: Ders.: Werkausgabe Band 1. Frankfurt am Main. S. 224-578.
Zimmerli, Walther Ch. 2004: *Technik und Philosophie – 125 Jahre, und wie weiter?* In: Kornwachs, Klaus (Hg.) 2004: *Technik – System – Verantwortung.* Technikphilosophie Bd. 10. Münster. S. 665-678.

Verstehen

Visualisierungstechnologie und „Mixed Hermeneutics".
Technikhermeneutik zwischen Philosophie der Technik, Wissenschaftstheorie und Erkenntnistheorie

Steffen Steinert

„The principal hermeneutical question concerning technology is: what role do technologies play in the way in which human beings interpret reality [...]"[1]

I. Einleitung

Es soll hier der Versuch unternommen werden zu zeigen, dass die Praxis der Naturwissenschaften nicht nur peripher, sondern in ihrem Kern ein hermeneutisches Unternehmen ist. Und daran sind die verwendeten Instrumente, Apparate und Gerätschaften nicht unschuldig. Besonders die sogenannten Visualisierungstechnologien werden in diesem Beitrag genauer in den Fokus genommen. Es wird sich im Verlauf unserer Untersuchung herausstellen, dass tief eingebettet in der naturwissenschaftlichen Praxis genuin hermeneutische Elemente zu finden sind, die sich technikhermeneutisch herausarbeiten lassen. Diese hermeneutischen Elemente und Dimensionen werden dazu beitragen, die naturwissenschaftliche Praxis besser verstehen zu können. Sie liefern darüber hinaus einen Einblick in die Reichweite, aber auch in die Grenzen naturwissenschaftlicher Praxis. Damit versteht sich dieser Text auch als ein kleiner Baustein einer Brücke über den vermeintlichen Graben zwischen Geistes- und Naturwissenschaften.

Für die anschließende Betrachtung wird folgende Vorgehensweise gewählt: Zuerst erfolgen einige terminologische Klärungen. Insbesondere soll geklärt werden, was hier unter Hermeneutik und den oben erwähnten Visualisierungstechniken zu verstehen ist. Außerdem werden in diesem Zusammenhang auch einige Bestimmungsstücke der Technikhermeneutik dargestellt. Im darauf folgenden Abschnitt wird es um das „Alltagsgeschäft" der Naturwissenschaften gehen: die wissenschaftliche Praxis. Es geht hier darum nachzuweisen, dass und vor allem wo hermeneutische Praxis auch innerhalb der Naturwissenschaft zu finden ist, selbst wenn sie auf den ersten Blick nicht sofort ersichtlich ist. Dabei betrachten wir zum Ersten die Ebene der Instrumente und Apparate: Die hermeneutischen Dimensionen, die hier also im Vordergrund stehen, sind eng mit Technik und technischer Praxis verbunden. Im nächsten Schritt wird die hermeneutische Dimension untersucht, die sich aus den Auslegeleistungen der forschenden Wissenschaftler ergibt. Diese beiden zuvor getrennt behandelten Stu-

---

1   S. Verbeek, P. P.: *What things do. Philosophical Reflections on Technology, Agency, and Design*, 2. Aufl., University Park 2005, S. 128.

fen oder Ebenen werden dann in einer Art Synthese zusammengeführt, die ein besonderes Licht auf die naturwissenschaftliche Apparatepraxis werfen soll.

II. Verstehen, Interpretieren und Visualisieren

Es ist festzustellen, dass das Wort „Hermeneutik" immer noch von einem Nebel der Unbestimmtheit umgeben ist. Unter Hermeneutik wollen wir hier eine *Theorie* (im weitesten Sinne) der Interpretation und des Verstehens fassen, die entweder normativ-methodischen oder phänomenologischen Charakter haben kann. In ihrer normativ-methodischen Ausprägung lassen sich technische Regelanweisungen für das richtige Interpretieren finden. Auf der phänomenologischen Seite haben wir es mit einer Analyse der Interpretation bzw. des Verstehens zu tun. Der Hermeneutik geht es also nicht vorrangig darum zu lehren, wie man interpretieren soll, sondern zu zeigen, wie tatsächlich interpretiert und ausgelegt wird.

Theorie des Verstehens deutet schon an, dass Verstehen, Auslegen und Interpretieren *reflexiv* betrachtet werden. Man macht sich Gedanken *über* etwas – nämlich über die Prozesse des Verstehens und Interpretierens. Wenn im Folgenden also von hermeneutischen Elementen oder hermeneutischer Dimension die Rede ist, wird damit zum Ausdruck gebracht, dass es sich im Licht einer Hermeneutik um Elemente handelt, die eine verstehende oder interpretierende Form haben.

Es bleibt nun, den nicht minder vagen Begriff der Interpretation oder des Verstehens etwas klarer zu fassen. Für den Zweck der vorzunehmenden Untersuchung der hermeneutischen Dimensionen der Naturwissenschaft, die eng mit Technologien der Visualisierung zusammenhängen, wird im Folgenden die Tätigkeit des Interpretierens als eine Art Übersetzungsleistung begriffen. Interpretation findet überall dort statt, wo etwas Unverständliches oder als fremd Empfundenes in die Sphäre des Verstehbaren geholt wird. Oftmals ist mit Hermeneutik auch eine kunstvolle Praxis gemeint. Eine Kunst des Auslegens und Verstehens,

„[...] die überall dort gefordert ist, wo der Sinn von etwas nicht offen und unzweideutig zutage liegt."[2]

Sowie:

„Das Interpretieren ist somit ein Verständlichmachen oder ein Übersetzen von fremdem Sinn in Verständliches [...]."[3]

---

2   S. Gadamer, H.-G.: *Klassische und philosophische Hermeneutik*, in: Ders.: Gesammelte Werke Bd. 2, Wahrheit und Methode - Ergänzungen, Register, Tübingen 1999, S. 92-117.
3   S. Grondin, J.: *Einführung in die philosophische Hermeneutik*, 2. überarb. Aufl., Darmstadt 2001.

Mit dieser Übersetzungsleistung von etwas Unvertrautem in etwas Vertrautes beschäftigt sich die Hermeneutik.[4]

Was hat es nun aber mit Technikhermeneutik auf sich? Die doch recht simple Antwort lautet: Es handelt sich dabei um eine Hermeneutik der Technik, Technik somit als Objekt der hermeneutischen Betrachtung. Technikhermeneutik erschließt die lebensbedeutsame Sphäre der Technik. Sie öffnet damit den philosophisch-hermeneutischen Überlegungen das Tor zu den Naturwissenschaften, die sich größtenteils zu Recht unter das Schlagwort „Technoscience"[5] subsumieren lassen. Der Begriff „Technoscience" kennzeichnet die starke technische Textur der modernen Naturwissenschaften. Diese zeigt sich heute mehr denn je als hochspezialisierte und komplexe Form technisch vermittelter Praxis, eine durch Apparate und Instrumente getragene Erfahrung. Zweifler mögen nur einen kurzen Blick durch die Türen und Fenster der Labore werfen. Wollen wir die Praxis der Naturwissenschaften verstehen, so müssen wir uns den kleinen und größeren technischen „Helfern" des Forschers zuwenden – den Apparaten:

> „Ein adäquates Verständnis von Technik, Technologie und Technoscience ist dazu die allererste Voraussetzung. D. h. nicht unbedingt, dass wir ihre Funktionsweise möglichst genau verstehen lernen, das ist Aufgabe der Ingenieure und der Technikwissenschaften. Sondern meint eine Philosophie und eine neue Technikhermeneutik, die die Bedeutung der Technik in ihrem Gebrauch herausstellen und uns den Sinn bzw. Unsinn von Techniken in ihrem Gebrauch vor Augen führen."[6]

Demnach muss im Sinne einer Technikhermeneutik geprüft werden, welche Rolle der Technik in der naturwissenschaftlichen Praxis zukommt. Und dass es sich dabei um eine sehr bedeutende Rolle handelt, ist im Zeitalter des CERN mit seinem Large-Hadron-Collider[7] und den Neurowissenschaften mit bildgebenden Verfahren wie fMRT (funktionelle Magnetresonanztomographie) und CT (Computertomographie) mehr als augenfällig. Die Untersuchung der Rolle der Apparate innerhalb der wissenschaftlichen Praxis ist ein Bestimmungsstück der Technikhermeneutik. Dieses Bestimmungsstück einer Technikhermeneutik wird im

---

4   Siehe dazu auch: Lenk, H.: *Philosophie und Interpretation. Vorlesungen zur Entwicklung konstruktivistischer Interpretationsansätze*, Frankfurt/M. 1993, S. 15: „[...] die Kunst der Auslegung, die Hermeneutik, wie sie auch genannt wird, die Kunst der Übertragung, der Deutung, der Interpretation." oder Schneider, N.: *Erkenntnistheorie im 20. Jahrhundert. Klassische Positionen*, Stuttgart 1998, S. 95.

5   Vgl. Ihde, D.: *Expanding Hermeneutics. Visualism in Science*, Evanston 1999, hier S. 151.

6   S. Irrgang, B.: *Grundriss der Technikphilosophie. Hermeneutisch-phänomenologische Perspektiven*, Würzburg 2009, S. 11.

7   CERN ist die europäische Organisation für Kernforschung, die in der Nähe von Genf den sogenannten Large Hadron Collider (LHC) installiert hat. Dabei handelt es sich um einen Teilchenbeschleuniger, der mehr oder weniger die Form eines Ringes hat. Für mehr Informationen siehe die offizielle Seite des CERN: http://public.web.cern.ch/public/

letzten Abschnitt wieder aufgenommen, sowie um weitere Bestimmungsstücke bereichert.

Damit sind wir bei der noch ausstehenden Charakterisierung der Visualisierungstechnologien (auch Imaging Technologies genannt). Darunter sind im wissenschaftlichen Kontext Technologien (Instrumente, Apparate etc.) zu verstehen, die visuelle Produkte herstellen. Vereinfacht gesprochen übertragen sie Phänomene, die für die menschlichen Sinne nicht zugänglich sind, in eine sinnlich wahrnehmbare Form. Dabei ist diese Form in den meisten Fällen visueller Natur. Beispiele wie die fMRT sollten geläufig sein. Sicher kennen viele die eingefärbten Bilder diverser Gehirne, durch die besonders die Neurowissenschaften große mediale Aufmerksamkeit erfahren.

III. Die hermeneutischen Dimensionen der Naturwissenschaft

Es ist schon fast ein Gemeinplatz, dass naturwissenschaftliche Forschung heutzutage fast ausschließlich im Labor stattfindet. In diesen Laboratorien und Forschungsstätten ist man mit einer Vielzahl wissenschaftlicher Instrumente konfrontiert, an denen „Natur" für die wissenschaftliche Untersuchung vorbereitet – man könnte fast sagen „zugerichtet" – wird. Wir haben es also mit einer Wissenschaft zu tun, die tief eingebettet in technische Praxis ist. Und das führt uns direkt zu dem, was wir hier „Hermeneutik erster Stufe" nennen wollen.

III.a. Visualisierung: Hermeneutik erster Stufe

Neuere Techniken machen es mit Unterstützung der Computertechnologie auch möglich, Bereiche des Farb- oder Klangspektrums sicht- und hörbar zu machen, die den menschlichen Sinnen andernfalls verborgen blieben. Diese Technologien wandeln nichtwahrnehmbare Quellen in für den Menschen zugängliche Phänomene um. „Ersichtlich" wird das an Infrarot- oder Ultraschalltechnologien. Die Phänomene oder Objekte werden von der einen Welt (unsichtbar) in die andere Welt (sichtbar) übertragen und somit überhaupt erst „lesbar" und interpretierbar. Wir haben es bei der Visualisierung mit einer „Über-setzung" zu tun, die nicht von Menschen, sondern von Computern, Apparaten und Instrumenten vorgenommen wird:

> „While all this intrumentation designed to turn all phenomena into visualizable form for a „reading" illustrates what I take to be one of science´s deeply entrenched „hermeneutic practices"[...]"[8]

Visualisierungstechnologie fungiert in der Naturwissenschaft demnach als Bedingung der Möglichkeit, einen nicht-wahrnehmbaren Objektbereich zu erforschen. Die Objekte werden durch diese Techniken erst zu dem gemacht, was sie sind: Wissenschaftliche Phänomene, die es zu erforschen gilt. Die Hermeneutik

---

8   S. Ihde 1999, S. 160.

(oder treffender: hermeneutische Praxis), von der hier die Rede ist, hat es nicht mit Texten zu tun, sondern ist vielmehr „materiell" zu verstehen. Als Übersetzungsleistung, als Übertragung von etwas Unsichtbarem in „unsere" Welt. Die Instrumente bereiten die Realität in ganz spezifischer Weise vor, die eine wissenschaftliche Beobachtung erst ermöglicht. Sie werden dadurch erst zu wissenschaftlichen Objekten. Ganz so wie Hermes in der griechischen Mythologie die Botschaften der Götter den Menschen zugänglich machte. Um in diesem Bild zu bleiben: Die Technik bringt dem Wissenschaftler eine für ihn unzugängliche Welt näher. Wir haben es hier also mit einer „Hermeneutik" *der* Technik zu tun. Vermittelt durch materielle Artefakte, den Instrumenten, Apparaten und Computerprozessoren. Wir müssen das traditionelle Verständnis von Hermeneutik erweitern, um diese hermeneutische Dimension, die ihren Platz mitten im Herzen der Naturwissenschaften hat, zu fassen. Die technologisch vermittelte hermeneutische Praxis liefert einen nicht unerheblichen Beitrag zur Produktion von naturwissenschaftlichem Wissen. Niemand kann sich die heutige Astrophysik ohne Geräte vorstellen, die Gammastrahlung in das sichtbare Spektrum übertragen. Von den vielfältigen visuellen Verfahren in der Medizin und Neurowissenschaft ganz zu schweigen.

Doch ein zweiter Blick offenbart noch mehr als den bloßen Befund, dass es sich bei diesen Visualisierungstechnologien um „hermeneutische Apparate"[9] handelt. Vielmehr spielen sie eine „aktive" Rolle im Prozess der Wissensgenerierung[10]. Und das in zweifacher Art und Weise. Zum einen konstituieren sie nicht nur das Objekt, auf das sich das wissenschaftliche Begehren richtet, sondern auch das Subjekt, den Wissenschaftler, in ganz spezifischer Weise. Und zwar dadurch, dass erst durch die Visualisierung eine Beziehung zwischen Objekt und Subjekt (zu Erforschendes und erforschende Person) hergestellt wird, die durch die technische Struktur, die „Materialität", der Gerätschaften mitgeprägt wird:

> „A hermeneutic technology, after all, provides a representation of reality, which implies that the design of such a technology predetermines which aspect of reality is to be made perceptible by it and in which ways."[11]

Visualisierung lässt den Wissenschaftler eben nicht „alles" sehen, sondern was er sieht, richtet sich nicht unerheblich nach dem Apparat. Vielmehr ist das Verhältnis des Wissenschaftlers zu seinem Objekt technisch „vermittelt":

> „When analyzing the mediating role of artifacts, therefore, this mediation cannot be regarded as a mediation "between" subject and object. Mediation consists in a mutual constitution of subject and object."[12]

---

9   *Hermeneutic device*, siehe: Ebd., S. 149.
10 Damit ist nicht zum Ausdruck gebracht, dass ihnen dadurch irgendeine Form von Handlungsträgerschaft zukommt.
11 S. Verbeek 2005, S. 134.
12 S. Ebd. S. 130.

Für die Visualisierungstechnologien bedeutet dies, dass sie nicht nur die Verbindung zwischen Wissenschaftler und nicht-wahrnehmbarer Sphäre herstellen, sondern sie auch ihn in einer bestimmten Art und Weise konstituieren, indem es nicht völlig in der Hand des Forschers liegt, wie besagte Verbindung gestaltet wird.

Technik dient hier also als "Mittler" (Medium) zwischen Wissenschaftler und Objektsphäre. Dabei sind die beiden Pole Subjekt und Objekt jedoch nicht fix oder gegeben:

> „Humans and the world they experience are the products of technological mediation, and not just the poles between which the mediation plays itself out."[13]

Diese vermittelnde und konstituierende Rolle der Technik sollten wir in Erinnerung behalten, denn sie wird im Abschnitt „Mixed Hermeneutics" noch eine Rolle spielen.

Die zweite aktive Rolle der Visualisierungstechnik besteht in ihrer Transformation der Erfahrung. Diese hat immer die Struktur einer Verstärkung und Reduzierung (amplification/reduction)[14]. Gewisse Aspekte der Wahrnehmung werden durch Technik verstärkt. So etwa im Fall eines Fernglases, welches die Fernsicht verbessert. Allerdings wird die Welt durch ein Fernglas auch nur in Ausschnitten wahrgenommen. Somit erfolgt also auch eine Verminderung (reduction) der Wahrnehmung. Die Transformation bei bildgebenden Verfahren besteht darin, dass sie dem Wissenschaftler nicht das zugänglich machen, was er mit bloßem Auge sehen würde, sondern nur das, was ihm die Technik vorinterpretiert liefert. Ein Gehirn mit bloßem Auge betrachtet ist beispielsweise ein anderes, als visualisiert durch ein fMRT.

Dabei erfährt nicht nur die Wahrnehmung des Wissenschaftlers eine Transformation, sondern auch das in Frage stehende Objekt durch die Visualisierung selbst. So wird bei der sogenannten „Quick Freezing"-Technologie die Probe schlagartig eingefroren, um Momentaufnahmen von Prozessen zu erhalten[15]. Damit wird das, was in der Natur eigentlich ein Prozess ist, transformiert in ein statisches Bild. Die Probe erfährt dadurch nicht nur eine räumliche Transformation, in dessen Verlauf ihre Lage und Größe verändert werden. Sie erfährt auch eine zeitliche Transformation, weil eine Art „Stillleben" erschaffen wird. Damit sind die Ergebnisse von Visualisierungsprozessen mehr als nur originalgetreue Kopien dessen, was in der Natur abläuft, sondern:

> "[…] sind Dokumente eines Verarbeitungsprozesses und sie visualisieren zu guten Teilen nicht nur einfach das, was in der Technik sichtbar zu machen ist, sondern auch diese Technik selbst. So werden etwa bei den vereinfachenden Aufnahmen zu

---

13 S. Ebd.

14 Vgl. Ebd. S. 231, sowie Ihde, D.: *Bodies in Technology*, Minneapolis 2002, S. 93.

15 Vgl. Rosenberger, R.: *Quick Freezing Philosophy. An Analysis of Imaging Technology in Neurobiology,* in: Selinger/Riis/Berg-Olsen (Hrsg.): *New waves in the Philosophy of Technology*, Houndmills, Basingstoke, Hampshire 2009, S. 65–83, hier S. 71.

Stoffwechselprozessen im Hirn komplexe räumliche Bilder des Hirns errechnet, in denen ein komplexer Datensatz im Rechner in ein Bild umgesetzt wird, das dem Anatomen und Physiologen vertraut ist."[16]

Das bisher Beschriebene ergibt bis jetzt folgendes Bild: Auf der ersten Stufe werden folglich durch Instrumente der Visualisierung Sphären visuell zugänglich gemacht, die sich ohne Technik dem Menschen nicht erschließen – mit allen dabei auftretenden Transformationen. Die Ergebnisse dieses Vorgehens (Bilder oder andere Visualisierungen wie Graphen etc.), stehen jedoch in den seltensten Fällen für sich selbst. Vielmehr müssen diese Apparate als sogenannte „readable instruments"[17], also lesbare Technologien, aufgefasst werden. Sie vermitteln die gewünschte Information nur einem erfahrenen „Leser" oder besser Beobachter. Sie verlangen nach Deutung und Interpretation, frei nach dem Motto: „Das Bild ist nur so gut, wie sein Betrachter". Während wir es bei der ersten Stufe mit etwas zu tun haben, was man instrumentelle-visuelle Hermeneutik nennen könnte, scheint auf der zweiten Stufe das Tor zu einer anderen hermeneutischen Dimension geöffnet, welche über die rein technischen Aspekte hinausgeht. Diese Form der Hermeneutik hat außerdem eine größere Nähe zur traditionellen Hermeneutik mit ihrer Fixierung auf Texte und Sprache.

III.b. Hermeneutik zweiter Stufe: Der Wissenschaftler als Interpret

Dass es sich bei der durch Technik ermöglichten Praxis wirklich um eine hermeneutische handelt, wird im Folgenden durch Rückgriff auf zwei Denkfiguren aus der hermeneutischen Tradition verdeutlicht, die man wohl als Klassiker bezeichnen könnte: der Zirkel des Verstehens und die Rede von den Vor-Meinungen eines jeden Verstehensprozesses. Wobei hier zu beachten ist, dass beide nicht ohne weiteres voneinander zu trennen sind. Zum Zirkel des Verstehens schreibt Hans-Georg Gadamer:

> „Die hermeneutische Regel, dass man das Ganze aus dem Einzelnen und das Einzelne aus dem Ganzen verstehen müsse, stammt aus der antiken Rhetorik und ist durch die neuzeitliche Hermeneutik von der Redekunst auf die Kunst des Verstehens übertragen worden. Es ist ein zirkelhaftes Verhältnis, das hier wie dort vorliegt. Die Antizipation von Sinn, in der das Ganze gemeint ist, kommt dadurch zu explizitem Verständnis, dass die Teile, die sich vom Ganzen her bestimmen, ihrerseits auch dieses Ganze bestimmen."[18]

Und weiter:

---

16 S. Breidbach, O.: *Naturbilder und Bildmodelle. Zur Bilderwelt der Wissenschaften*, in: I. Hinterwaldner/M. Buschhaus (Hrsg.): *The pictures image: Wissenschaftliche Visualisierung als Komposit*, München 2006, S. 23–44, hier S. 33.

17 Vgl. Heelan, P.: *Natural Science as a hermeneutic of instruments*, in: Philosophy of Science, 50, 1983, S. 181-204.

18 S. Gadamer, H.-G.: *Vom Zirkel des Verstehens*, in: Ders.: Gesammelte Werke Bd. 2, Wahrheit und Methode- Ergänzungen, Register, Tübingen 1999,S. 57-66, hier S. 57.

„So läuft die Bewegung des Verstehens vom Ganzen zum Teil und zurück zum Ganzen. [...] Einstimmung aller Einzelheiten zum Ganzen ist das jeweilige Kriterium für die Richtigkeit des Verstehens."[19]

Alle Einzelheiten müssen sich zu einem Ganzen, dem Sinn, zusammenfügen lassen, sonst ist ein Scheitern des Verstehens unausweichlich. Was hat nun dieser Gedanke, der sich auf Texte und andere Arten menschlicher Sinn-Veräußerung bezieht, mit unseren Visualisierungstechnologien zu tun? Die Beantwortung dieser Frage soll nachfolgend an einem aktuellen Beispiel klargemacht werden. Die modernen Neurowissenschaften liefern fundamentale Einsichten in die Arbeitsweise und die Anatomie des menschlichen Gehirns. Nicht zuletzt Dank des technischen Fortschritts auf dem Gebiet der bildgebenden Verfahren (fMRT, Kernspin, EEG usw.), ließen sich Gebiete des Kortex (Gehirnrinde) identifizieren, die für bestimmte Kontroll- und Koordinationsfunktionen verantwortlich gemacht werden. Jedoch zeigt sich dabei eine klare Grenze:

„Auch dann, wenn eine bestimmte Hirnregion wahrscheinlich für eine bestimmte Funktion verantwortlich ist, können wir nicht sagen, diese Hirnstruktur führe die Funktion allein aus. Letztlich funktioniert das Gehirn immer als Ganzes."[20]

Auf dieses Ganze muss sich offenbar das Interesse des Neurowissenschaftlers richten, wenn er zu einem angemessenen Verständnis der Gehirnprozesse kommen will. Für die neurowissenschaftliche Forschung ist es natürlich unabdingbar, immer tiefer in die unteren Ebenen der Neuronen und Synapsen vorzudringen, um von da aus letztlich das Wirken der gebildeten Neuronennetze und Gehirnstrukturen zu klären. Jedoch stößt jene Fixierung auf den einzelnen Teilaspekt eines Ganzen schnell an seine Grenze. Im Falle der Neuronennetze lässt sich das sehr anschaulich zeigen. Neuronale Netze leisten Aufgaben, die das einzelne Neuron nicht bewältigen kann. Da das Netz hierarchisch organisiert ist, wird auf höherer Stufe Kontrolle über die niedrigere ausgeübt. Vom Teil – dem Neuron – ausgehend, ist somit ein Verständnis des Netzwerkganzen nicht zu erreichen.[21] Je mehr man sich auf die einzelnen Teile konzentriert, desto schneller geht der Blick für das Ganze verloren. Es scheint daher sinnvoll, vom Gehirn als einem „globalen Arbeitsraum" zu sprechen, für dessen Verständnis man das

---

19 S. Ebd.
20 S. Zimbardo, P./Gerig, J. R.: *Psychologie*, 7. überarb. Aufl., Berlin, Heidelberg, New York 1999, hier S. 72.
21 Dass sich das Ganze nicht aus seinen Teilen erklären lässt, ist auch unter dem Begriff Emergenz bekannt. So ist zum Beispiel die Bedeutung eines Satzes ein emergentes Phänomen, da sie sich nicht aus den einzelnen Wörtern ableiten lässt. Auch die verschiedenen Eigenschaften von H2O sind nicht aus den Bestandteilen der Verbindung zu erklären. Der Begriff der Emergenz ist auch in der Beschreibung des Gehirns immer bedeutsamer geworden, Siehe dazu Irrgang, B.: *Gehirn und leiblicher Geist*, Stuttgart 2007, S. 45. Zur Kritik der Emergenz in den Neurowissenschaften siehe Janich, P.: *Kein neues Menschenbild*, Frankfurt 2009, S. 168-174.

Ganze im Blick behalten muss.[22] Somit scheint auch in den durch-visualisierten Neurowissenschaften der Forscher vor die Aufgabe gestellt, die bereits von der philosophischen Hermeneutik für das Verstehen ausgewiesen wurde und dem Wissenschaftler von seinen Apparaten nicht abgenommen wird: Die Aufgabe des beständigen Hin- und Herpendeln, vom Teil zum Ganzen und wieder zurück, bei dem sich das Verstehen des Ganzen (Gehirn) nicht in dem Verstehen der Teile (Neuronen usw.) erschöpft. Die Teile lassen sich nur im Hinblick auf das Ganze sinnvoll zusammenfügen.

Doch kommen wir nun zum Punkt der Vor-Meinungen, die auch Vor-Verständnis genannt werden. Die Einsicht der philosophischen Hermeneutik ist, dass alles Verstehen (eines Sinnes, Textes, des Anderen, etc.) immer von Vor-Meinungen geprägt ist, die im Verborgenen in das Verstehen hineinwirken. Eine aufrichtige Hermeneutik hat die Aufgabe, diese Vor-Meinungen oder Vor-Urteile zu Bewusstsein zu bringen, um von da aus zu einem angemessenen Verständnis zu gelangen. Wieder einmal können wir es hier mit Gadamer halten, der schreibt:

> „Es gilt der eigenen Voreingenommenheit inne zu sein, damit sich der Text selbst in seiner Andersheit darstellt und derart in die Möglichkeit kommt, seine sachliche Wahrheit gegen die eigene Vormeinung auszuspielen."[23]

Das methodische Verstehen muss bestrebt sein, seine Antizipationen nicht einfach zu vollziehen, sondern muss sie sich bewusst machen, um sie kontrollieren zu können. Auch Heidegger hat das früh erkannt und in seiner Terminologie den „Blickstand"[24] genannt, der zusammen mit der daraus motivierten „Blickrichtung" und „Sichtweite" die hermeneutische Situation des Interpreten bildet.[25] Von dieser hermeneutischen Situation hängt jede Auslegung letztlich ab. Durch die „Blickrichtung", die sich aus dem „Blickstand" ergibt, bestimmt sich im Vorhinein, „als was" der Gegenstand für die weitere Auslegung erfasst wird.

Auch für die Naturwissenschaften lässt sich so etwas wie ein Blickstand oder Vor-Meinungen ausmachen. Der Dilthey'schen Diktion folgend muss festgestellt werden, dass auch das den Naturwissenschaften zukommende „Erklären" nie abschließend sein kann, sondern stets etwas als akzeptierten Hintergrund voraussetzen muss. Eine Art unumgängliches Vorverständnis, ohne das keine Wissenschaft auskommt. Ganz allgemein lässt sich ohne viel Mühe erken-

---

22 Vgl. Naccache, L./Dehaene, S.: *An der Schwelle des Bewusstseins*, in: Spektrum der Wissenschaft, Mai 2005, S. 50-60, hier S. 57.

23 S. Gadamer 1999, hier S. 61.

24 Vgl. Heidegger, Martin: *Phänomenologische Interpretationen zu Aristoteles*, Stuttgart 2003, besonders S. 5-8.

25 Das Beispiel aus der Wissenschaftstheorie, das dem Begriff des „Blickstandes" von Heidegger besonders nahe kommt, ist sicherlich Thomas Kuhns Rede von den „Paradigmen". Ein „Paradigma" definiert Probleme und die dazugehörigen Regeln der Problemlösung. Siehe Kuhn, T.: *Die Struktur wissenschaftlicher Revolutionen*, Frankfurt/M. 1976.

nen, dass schon in der akademischen Ausbildung durch Praktika und Übungen
eine Situation geschaffen wird, in der die Regeln einer Disziplin und der Umgang damit vermittelt werden. Daraus entsteht ein fachspezifisches Vorverständnis, welches wiederum in einem verbindenden Horizont der Weltsicht gipfelt,
der jedoch nicht mit den Methoden der Erfahrungswissenschaften (allein) erfass-
bar ist. Dazu bedarf es eines hermeneutischen Lichts, das jene Hintergründe und
den Überlieferungszusammenhang jeder Wissenschaft erhellt.[26]

Aus dem Vorhergehenden ergibt sich die Einsicht, dass sich Vor-Meinungen
nicht ausschalten lassen, um zu einer Art „reinem" Verständnis zu kommen.
Vielmehr stellen sie eine unabkömmliche Bedingung dar, um überhaupt verstehen zu können. Der Verstehende bringt immer seine historisch gewachsenen
Voraussetzungen in die Interpretation ein. Nur so ist Verstehen überhaupt möglich. Gadamer spricht hier von einem „produktive[n] Beitrag des Interpreten"[27],
der diesem allerdings nicht ohne weitere Anstrengung bewusst wird:

> „Der Ausleger weiß nicht darum, daß er sich selbst und seine eigenen Begriffe in die
> Auslegung mit einbringt. [...] Der Ausleger bedient sich nicht der Worte und Be-
> griffe wie der Handwerker, der die Werkzeuge in die Hand nimmt und fortlegt. Wie
> müssen vielmehr die innere Durchwebtheit alles Verstehens durch Begrifflichkeit
> erkennen [...]."[28]

Der erst durch die bildgebenden Verfahren eröffnete Raum instrumentell-tech-
nisch geschaffener Bilder verlangt dem Wissenschaftler eine ganz eigene Art
des interpretativen Zugangs ab: Die Auslegung und Interpretation von – in diesem Fall wissenschaftlichen – Bildern. Beim Deuten und Interpretieren dieser
Bilder scheint der Wissenschaftler eine hermeneutische Begabung ganz eigener
Art an den Tag legen zu müssen. Diese Bilder lassen sich nicht einfach wie Texte behandeln, bei denen der Sinn durch die Worte hindurch gesucht werden soll.
Vielmehr müssen Bilder auf eine ganz andere Art „gelesen" werden. In Abgrenzung zur traditionellen Hermeneutik liegt dem Wissenschaftler hier nicht der
Text eines fremden Autors vor, sondern er ist selbst zu gewissem Grad der Urheber, der „Autor" der Visualisierungen. Allerdings sitzt er mit seinen Gedanken
nicht allein in einem stillen Studierzimmer. Denn er schafft diese Bilder durch
den aktiven Umgang mit modernster Technologie: den bildgebenden Verfahren.
Dieser aktive Umgang, dieses Erschaffen, macht die Technik und den Wissenschaftler zu Partnern der Bildkonstitution.

Der Wissenschaftler nimmt sich bei der Deutung also in doppelter Weise in
die Interpretation hinein. Zunächst gehen seine Vor-Meinungen, sein Vorwissen
und seine Annahmen in den technischen Umgang mit den Instrumenten ein (a).

---

26 Vgl. Poser, H.: *Wissenschaftstheorie. Eine philosophische Einführung*, Stuttgart 2001,
    S. 209-229.
27 S. Gadamer 1999, S. 109.
28 S. Gadamer, H.-G.: *Wahrheit und Methode. Grundzüge einer philosophischen Herme-
    neutik*, 6. Aufl., Tübingen 1990, hier S. 407.

Weiterhin sieht er sich in die Lage versetzt, das Endergebnis interpretieren zu müssen (b). Auch beim zweiten Schritt ist er nicht frei von Annahmen und Vermutungen verschiedenster Art. In beiden Schritten muss er nicht nur über das theoretische Wissen seines Faches verfügen, er muss auch das nötige technische Wissen für den richtigen Gebrauch seiner Instrumente besitzen. Außerdem muss er die Art und Weise kennen, wie seine Instrumente aus den eingehenden Daten visuelle Bilder entstehen lassen. Für die richtige Deutung eines wissenschaftlichen Bildes ist eine gewisse (jedoch nicht die vollständige!) Kenntnis der technischen Entstehungsbedingungen unerlässlich, um überhaupt erfassen zu können, was der Apparat dem Auge gerade darbietet. Für die hermeneutische Aufgabe, die er zu bewältigen hat, darf der Wissenschaftler nicht nur Theoretiker, sondern muss auch Praktiker mit technischem Know-How sein – ein regelrechter „Bildhandwerker".

Ein Beispiel aus der neurowissenschaftlichen Forschung soll das bisher Gesagte stützen. Dass die hermeneutische Dimension der Naturwissenschaft keine Erfindung der Philosophen ist, die sich die Probleme, die sie behandeln, erst erschaffen, zeigt die Universität von Pittsburgh. Sie veranstaltete in den Jahren 2006 und 2007 so genannte „Brain-Interpretation"-Wettbewerbe.[29] Dabei sollten die teilnehmenden Wissenschaftler aus Gehirnscans die jeweiligen filmischen Szenen rekonstruieren, welche die Probanden sich zum Zeitpunkt der Scans ansahen. Einfach gesprochen ging es also um die Interpretation der Beziehung zwischen Visualisierungen der Gehirnaktivität mittels funktioneller Magnetresonanztomographie und der subjektiven Erfahrung der Testperson. Ziel des Wettbewerbs war es, verschiedene Wege zu ergründen, wie sich Gehirnkarten besser „lesen" lassen, um damit schlussendlich die neurowissenschaftliche Forschung voranzubringen. Das Beispiel zeigt, dass auch Naturwissenschaftler (in diesem Fall aus dem Bereich der Neurowissenschafen) durchaus zugeben, dass ihre Forschung höchst interpretative Elemente enthält. Bei einer genaueren Untersuchung dieser „Gehirn-Interpretation", lassen sich auch die oben angerissenen beiden Ebenen der Interpretation (a) und (b), mit all den technischen Komponenten finden.

Was bedeuten diese abstrakten philosophischen Überlegungen nun für die naturwissenschaftliche Praxis mit ihrer technologischen Textur? Das wird deutlich, wenn man sich vor Augen führt, dass beide Stufen der Hermeneutik nur zu theoretischen Zwecken getrennt werden können. Womit wir es aber in der naturwissenschaftlichen Praxis zu tun haben, ist ein Hybrid aus beiden Komponenten. Etwas, das als „Mixed Hermeneutics" bezeichnet werden könnte.

---

29 Vgl. Bahnsen, U./Schramm, S.: *Wir sehen, was Du siehst*, in: Die Zeit, 06.03.2008, Nr. 11, S. 34.

IV. „Mixed Hermeneutics" und Zirkel 2.0

Es ist klar, dass der Wissenschaftler durch die Bedienung und Ausrichtung der Instrumente und Gerätschaften als der Urheber der Bilder bezeichnet werden kann. Das ist jedoch nur die halbe Wahrheit, wie wir bereits oben gesehen haben. Die Technik spielt dabei eine wichtige konstitutive Rolle. Sie ist in einem gewissen Sinne „aktiv" an der Generierung von Bildern beteiligt:

> "Technologies are not neutral instruments or intermediaries, but active mediators that help shape the relation between people and reality. This mediation has two directions: one pragmatic, concerning action, and the other hermeneutic, concerning interpretation."[30]

Die hermeneutische Vermittlung zwischen Mensch – in unserem Fall Wissenschaftler – und der Welt wurde bereits unter dem Schlagwort „Hermeneutik erster Stufe" beschrieben. Die Verbildlichungs- oder besser Visualisierungstechniken machen ihm eine Welt zugänglich, die für ihn mit der reinen „Mangelausstattung" seines Körpers nie zugänglich wäre. Wie wir gerade gesehen haben, richtet sich die Interpretationsleistung und Auslegung nach erfolgreicher Sichtbarmachung genau auf diese instrumentell erlangten Bilder. Es ist klar, dass der Bezugspunkt der Interpretation der zweiten Stufe dasjenige ist, was die Apparate liefern, Auslegungen sich also auf das beziehen, was erst die Instrumente sichtbar machen. Damit haben die Geräte erheblichen Einfluss auf die Interpretationen der naturwissenschaftlichen Praxis:

> "Many of our actions and interpretations of the world are co-shaped by the technologies we use."[31]

Aber genauso wichtig ist es auch, dass die Ergebnisse der Geräte und Instrumente nicht unabhängig von dem sind, was sich auf der zweiten Stufe abspielt. Vielmehr haben wir es auch hier wieder mit einer Zirkelstruktur zu tun, die beide Seiten beständig vorantreibt.

In den Ausführungen zur „Hermeneutik zweiter Stufe" wurde gezeigt, dass sich der Wissenschaftler in interpretierender Absicht auf sein Gerät (präziser: auf das dargebotene Bild) bezieht. Ihm geht es dabei jedoch um etwas ganz anderes. Er will etwas über die „wahren" Phänomene erfahren, die sich in der Welt (Natur) abspielen. Obwohl er in einer hermeneutischen Beziehung zu dem steht, was ihm das Gerät zeigt, geht sein Erkenntnisinteresse eigentlich darüber hinaus. Das stellt ihn wiederum vor ein bedeutendes hermeneutisches und nicht zuletzt technisches Problem:

---

30 S. Verbeek, P. P.: *Morality in Design: Design Ethics and the Morality of Technological Artifacts,* in: Kroes/Light/Moore/Vermaas (Hrsg.): *Philosophy and Design: From Engineering to Architecture*, Dodrecht 2008, S. 91–103, hier S. 94.

31 S. Ebd. S. 93.

„The location of the technical problem in hermeneutic relations lies in the connector between the instrument and the referent. Perceptually, the user's visual (or other) terminus is upon the instrumentation itself. To read an instrument is an analogue to reading a text. But if the text does not correctly refer, its reference object or its world cannot be present."[32]

Was bleibt dem Wissenschaftler also anderes übrig, als ausgehend von seinen Interpretationen das Gerät immer wieder neu einzustellen und zu kalibrieren, um das „eigentliche" Phänomen in den „Blick" zu bekommen. Dieses Hantieren am Instrument hat dabei wiederum Einfluss auf die von der Technik gelieferten Bilder und Visualisierungen. Also auf das, was sie dem Wissenschaftler über die Welt verraten. Daraus ergibt sich eine gemischte oder vermengte Hermeneutik, bei der sich beide Seiten in ständiger Verschränkung und Umklammerung, fast wie bei einem Tanz, fortwährend antreiben. Ohne dass man jedoch genau festlegen könnte, wer führt.

Das wirft aber ein epistemologisches Problem auf, das nicht so leicht beizulegen ist. Da der Forscher (im Falle der Visualisierungstechnik) keine andere Möglichkeit hat, die Natur anders als „vermittelt" über seine Apparate zu untersuchen, kann es keinen weiteren Prüfstein für die Korrektheit der Bilder geben – außer wieder neue und andere Bilder. Der „hinter" den Bildern befindlichen Natur kann er nur gerecht werden, wenn er seine Kompetenzen im Umgang mit den Geräten verbessert, um zu immer „besseren" Bildern zu gelangen. Das hat jedoch den eigenwilligen Beigeschmack eines Konstruierens, das den Forscher einmal mehr als „Bildhandwerker" kennzeichnet:

"The irony of contemporary high-technology instrumentation is this: scientific instruments can more clearly, more precisely, and more profoundly deliver data/images than in any previous era of human history. But they do this by means of higher degrees of active construction, intervention, and transformation than in any time of human history as well. There is something of an inverse proportional law at play – the better the data/image, the more constructed it has been."[33]

In der auf Instrumente angewiesenen wissenschaftlichen Praxis liegt aber noch eine andere verborgene Zirkelstruktur. Denn bei der Ausübung von Experimenten scheinen die historisch gewachsenen Vor-Urteile der Wissenschaftler eines Fachbereiches oft einen erheblichen Einfluss auf den erfolgreichen Ausgang eines bestimmten Experiments zu haben. Experimentieren ist kein willkürliches Spiel mit Apparaten und Instrumenten, sondern immer angeleitet von darauf bezogenen Vor-Meinungen. Damit soll aber nicht der traditionellen Annahme einer Theoriebeladenheit des Experiments das Wort geredet werden, da es durchaus Instrumentfunktionen gibt, die nicht der Überprüfung von Theorien dienen.[34]

---

32   S. Ihde, D.: *Technology and the Lifeworld*, Bloomington 1996, hier S. 87.
33   S. Ihde 2002, S. 136.
34   So lassen sich neben der unbestrittenen Funktion der Datenlieferung zur Theorieüberprüfung mindestens drei weitere Funktionen unterscheiden: produktive Funktion (Erfahrungserweiterung), repräsentierende Funktion (Phänomenstukturierung) und konstruie-

Aber selbst wenn es nicht dem Testen von Theorien gilt, ist das Experiment immer in einen Forschungsrahmen eingebettet, der sich aus Vorwissen, Überzeugungen oder bloßen Gewohnheiten zusammensetzt. Nur durch diese Einfassung in einen bestimmten Kontext ist erfolgreiches Experimentieren überhaupt möglich. Ein simples Beispiel verdeutlicht die Abhängigkeit des Experiments von dem Vorwissen des Experimentators: Bei den sogenannten „erkundenden" (exploratory) Experimenten stellt sich wie bei jedem Experiment die Frage, welche und wie viele Parameter zu verändern sind. Die Möglichkeiten sind dabei fast unbegrenzt. Ein Wissenschaftler wird jedoch nie blind drauflos variieren, denn:

> „[...] previous experience in the field or in related ones provides some ideas about where to start [...]"[35]

Es lässt sich also eine immerwährende Abhängigkeit des Experiments feststellen. Wenn nicht durch explizite Theorien und Hypothesen, die es zu prüfen gilt, so doch in jedem Fall in Bezug auf das Vor-Wissen und die Vor-Urteile der experimentierenden Wissenschaftler. Der Erfahrungshintergrund ist das Fundament, auf dem alle weitere Forschung eines Bereiches bauen kann, auch ohne sich explizit auf dieses zu berufen. Besagtes Vorwissen bezieht sich aber nicht nur auf Annahmen oder Erwartungen, sondern schließt auch den praktischen, technischen Umgang mit den Apparaten selbst ein. Experimentierpraxis ist stark an die Kompetenzen und Fähigkeiten des Wissenschaftlers gebunden. Hier liegt ein „implizites Wissen" in Form eines „Könnens" vor, das sich nicht in Worte fassen lässt.[36] Der Wissenschaftler muss sich auf die richtige Handhabung und Einstellung seiner Mittel verstehen, um durch instrumentell-visuelle Gerätschaften überhaupt die entsprechenden Phänomene sichtbar machen zu können (Hermeneutik erster Stufe). Das verlangt ein nicht geringfügiges Maß an technischer Kenntnis und Know-How. Das entstehende Bild, der Graph oder das Diagramm, müssen von ihm anschließend interpretiert, gedeutet und in seiner Bedeutung eingeordnet werden (2. Stufe). Diese zwei Stufen stehen nun, wie bereits festgestellt wurde, nicht unabhängig nebeneinander, sondern bedingen sich wechselseitig und beeinflussen auch die Interpretation des Endproduktes[37]:

---

rende Funktion (Beherrschung der Bedingungen). Siehe dazu Heidelberger, M.: *Die Erweiterung der Wirklichkeit im Experiment*, in: Mitteilungen des Zentrum für interdisziplinäre Forschung (ZiF) Bielefeld 2, 1997.

35 S. Steinle, F.: *Experiments in History and Philosophy of Science*, in: Perspectives on Science 10/ Nr. 4, 2002, S. 408-429, hier S. 408.

36 Die Ausarbeitung des Konzepts des impliziten Wissens geht auf Michael Polanyi zurück. Er untersucht menschliches Erkennen ausgehend von der Tatsache, das wir „mehr wissen, als wir zu sagen wissen". Implizites Wissen (Kompetenzen, Können, aber auch Ahnungen usw.) bildet einen unentbehrlichen Bestandteil auch der wissenschaftlichen Forschung. Aus diesem Grund würde die Beseitigung aller persönlichen Elemente des Wissens zu einer Zerstörung desselben führen. Siehe dazu Polanyi, Michael: *Implizites Wissen*, Frankfurt/M. 1985.

"Wissenschaftliche Bilder im Allgemeinen lassen sich charakterisieren als „Resultate einer Kaskade von Wechselwirkungen (primärer und sekundärer Art), deren zugehörige Theorie die Beschreibung des eigentlich interessierenden Phänomens mitbestimmt. [...]

Das Verständnis der Wechselwirkung und der Reaktion der eingeschobenen Sekundärwechselwirkung fließt in die Interpretation des entstandenen Bildes ein."[38]

Es ist demnach nicht ganz unangemessen, von einem hermeneutischen Zirkel (Zirkel 2.0) zu sprechen. Durch die Deutung des instrumentell erzeugten Bildes (des Graphen usw.) werden neue Kenntnisse über das „dahinter" liegende Phänomen gewonnen. Dieser Zuwachs an Wissen weist dem Wissenschaftler gleichzeitig die Richtung, in die er seine Forschungen vorantreiben will. Etwa indem er Unregelmäßigkeiten oder Unbekanntes entdeckt und diesen nachgehen möchte. Dafür muss er wiederum seinen instrumentellen Umgang verfeinern, neue Justierungen und Einstellungen vornehmen. Dies führt weiter zu einem Zuwachs an technischer Kompetenz im Gebrauch der Instrumente, was erneut die Visualisierung der ersten Stufe beeinflusst, welche wieder nach Interpretation verlangen – und so fort. Jede Stufe ist aber im Falle einer Unregelmäßigkeit auf der anderen Stufe unmittelbar mitbetroffen. Um in obiger Tanz-Analogie zu bleiben: Ein falscher Schritt des einen Tänzers hat auch Auswirkungen auf den Mittänzer. Dadurch ist der ganze Tanz, das ganze Ergebnis, in Mitleidenschaft gezogen.

V. Fazit

Die vorliegende kurze technikhermeneutische Analyse der Visualisierungstechnologien hat uns auf vielfältige hermeneutische Elemente innerhalb der Naturwissenschaften verwiesen. Dabei konnten bei Weitem nicht alle angesprochen oder in gebührendem Ausmaß behandelt werden. Jedoch wurde dem Hauptbestimmungsstück einer Technikhermeneutik Rechnung getragen. Wir erinnern uns hierfür an das Zitat der ersten Seiten: Eine Technikhermeneutik muss:

„[...] die Bedeutung der Technik in ihrem Gebrauch herausstellen [...]."[39]

Technikhermeneutik kommt also zum einen die Aufgabe zu, die Rolle und den Beitrag der Technik im wissenschaftlichen Prozess kenntlich zu machen und zwar in ihrem hermeneutischen Eigenrecht. Zum anderen muss sie aber auch die vielfältigen Wechselwirkungen zwischen Technik und Wissenschaftler herausarbeiten. Die Rolle der Visualisierungstechnologien in der Forschung ist funda-

---

37 Durch den schon erwähnten starken „Konstrukt"-Charakter ist es nicht unangemessen, von einem Produkt zu sprechen.

38 S. Diebner, H. H.: *Bilder sind komplexe Systeme und deren Interpretationen noch viel komplexer: Über die Verwandtschaft von Hermeneutik und Systemtheorie*, in: I. Hinterwaldner/M. Buschhaus (Hrsg.): *The pictures image: Wissenschaftliche Visualisierung als Komposit*, München 2006, S. 282–300, hier S. 285.

39 S. Irrgang 2009, S. 11.

mental: Sie machen Phänomene zugänglich, die ohne sie dem Forscher nie zugänglich wären. Damit verändert sie aber auch das Forschen selbst sowie die Interpretationen des Wissenschaftlers von der Welt/ Natur (hier als die Welt, auf die sich seine Apparate beziehen). Was die Wechselwirkungen zwischen Technik und Wissenschaftler angeht, haben wir gesehen, dass sich die Forschung mit instrumentell-visuellen Hilfsmitteln als eine Form „gemischter" Hermeneutik kennzeichnen lässt. In dieser „Mixed Hermeneutic" kommt sowohl den interpretativen Leistungen des Wissenschaftlers, als auch den hermeneutischen Aspekten seiner Apparate eine bedeutende Rolle zu. Dabei ist zu beobachten, dass Technik dem Wissenschaftler keineswegs die interpretativen Elemente seiner Forschung aus der Hand nimmt und ihm glasklare Ergebnisse liefert. Vielmehr fordert sie seine Fähigkeiten der Auslegung und der Interpretation heraus.

Das vorliegende Kapitel trägt aber noch einer anderen bedeutenden Charakteristik der Technikhermeneutik Rechnung:

> „Technikhermeneutik ist die Suche nach einer angemessenen Sprache über Technik. Sie muss explizites wie implizites Wissen einschließen."[40]

Wir sind im Verlauf der Untersuchung darauf gestoßen, wie stark im Forschungsprozess explizites Wissen in Form von technischer Kenntnis sowie implizites Wissen in Form von Know-How oder Kompetenzen gefordert sind. Zum impliziten Wissen beispielsweise muss nicht nur das „Umgehen-Können" mit Apparaturen gerechnet werden, sondern auch die Vor-Meinungen, versteckten Annahmen und Erwartungen, die den Forscher bei seiner Arbeit leiten. Somit dürfte hier deutlich geworden sein, dass eine Technikhermeneutik immer schon über die bloße Beschäftigung mit Technik hinausweist. Denn Technik steht nie für sich allein, sondern ist immer eingebettet in einen „Verweisungszusammenhang". In unserem Fall in Gestalt der Wissenschaft mit ihren Zielen, Vorstellungen und verborgenen Annahmen.

Die Zirkelstruktur (Zirkel 2.0), die sich zwischen Wissenschaftler und Gerät aufspannt, besteht zu einem wesentlichen Teil aus technischen Handgriffen, Verfeinerung von Einstellungen und Kalibrierung, welche wiederum Auswirkungen auf die erstrebte Visualisierung haben. Mithin sind die technischen Kompetenzen und das „handwerkliche" Geschick des Wissenschaftlers bedeutend, um die Rolle der Technik in den Wissenschaften zu verstehen. Wissenschaftliche Forschung ist zu einem Großteil technisches Handeln. Damit ist auch einem dritten Kennzeichen einer Technikhermeneutik genüge getan:

> "Es geht in der Technik um technisches Können. Technische Konstruktionen oder Erfindungen stehen damit nicht im Vordergrund der Technikhermeneutik, sondern technisches Handeln in philosophischer Rekonstruktion als Interpretationskonstrukt in seinen verschiedenen Ansätzen [...]."[41]

---

40 S. Ebd.
41 S. Irrgang, B.: *Einleitung: Die Krise der Technikphilosophie und die transzendentale Frage nach technischer Gestaltung*, in: Irrgang, B. und Corona, N. (Hrsg.): *Technik als*

Es scheint sich also bestätigt zu haben, was schon Gadamer über die Naturwissenschaften sagte:

„[...] dass aller Welterfahrung die hermeneutische Dimension zugrunde liegt und daher auch in der Arbeit der Naturwissenschaften eine Rolle spielt [...]."[42]

Unsere technikhermeneutische Untersuchung der Visualisierungstechnologien bestätigt diese Einsicht. Wie wir gesehen haben, erweist sich die Technikhermeneutik als besonders fruchtbar, wenn es darum geht, das Bild der Naturwissenschaften zu erhellen. Technikhermeneutik liegt somit nicht nur an der Schnittstelle zwischen Technikphilosophie und Erkenntnistheorie, sondern greift auch auf die Wissenschaftstheorie aus.

Literatur

Bahnsen, U./Schramm, S.: *Wir sehen, was Du siehst*, in: Die Zeit, 06.03.2008, Nr. 11, S. 34.

Breidbach, O.: *Naturbilder und Bildmodelle. Zur Bilderwelt der Wissenschaften*, in: I. Hinterwaldner, M. Buschhaus (Hrsg.): *The pictures image: Wissenschaftliche Visualisierung als Komposit*, München 2006, S. 23–44.

Diebner, H. H.: *Bilder sind komplexe Systeme und deren Interpretationen noch viel komplexer: Über die Verwandtschaft von Hermeneutik und Systemtheorie*, in: I. Hinterwaldner, M. Buschhaus (Hrsg.): *The pictures image: Wissenschaftliche Visualisierung als Komposit*, München 2006, S. 282–300.

Gadamer, H.-G.: *Wahrheit und Methode. Grundzüge einer philosophischen Hermeneutik*, 6. Aufl., Tübingen 1990.

Gadamer, H.-G.: *Klassische und philosophische Hermeneutik*, in: Ders.: Gesammelte Werke Bd. 2, Wahrheit und Methode - Ergänzungen, Register, Tübingen 1999, S. 92-117.

Gadamer, H.-G.: *Vom Zirkel des Verstehens*, in: Ders.: Gesammelte Werke Bd. 2, Wahrheit und Methode - Ergänzungen, Register, Tübingen 1999, S. 57-66.

Grondin, J.: *Einführung in die philosophische Hermeneutik*, 2. überarb. Aufl., Darmstadt 2001.

Heelan, P.: *Natural Science as a hermeneutic of instruments*, in: Philosophy of Science, 50, 1983, S. 181-204.

Heidegger, M.: *Phänomenologische Interpretationen zu Aristoteles*, Stuttgart 2003.

Heidelberger, M.: *Die Erweiterung der Wirklichkeit im Experiment*, in: Mitteilungen des Zentrum für interdisziplinäre Forschung (ZiF) Bielefeld 2, 1997.

Ihde, D.: *Bodies in Technology*, Minneapolis 2002.

Ihde, D.: *Expanding Hermeneutics. Visualism in Science*, Evanston 1999.

Ihde, D.: *Technology and the Lifeworld*, Bloomington 1996.

Irrgang, B.: *Grundriss der Technikphilosophie. Hermeneutisch-phänomenologische Perspektiven*, Würzburg 2009.

Irrgang, B.: *Gehirn und leiblicher Geist*, Stuttgart 2007.

Geschick. Geschichtsphilosophie der Technik, Dettelbach 1999, S. 9-51, hier S. 12.
42   S. Gadamer 1999, hier S. 114.

108   Steffen Steinert

Irrgang, B.: *Einleitung: Die Krise der Technikphilosophie und die*   *transzendentale Frage nach technischer Gestaltung*, in: Irrgang, B. und Corona, N. (Hrsg.): *Technik als Geschick. Geschichtsphilosophie der Technik*, Dettelbach 1999, S. 9-51.

Janich, P.: *Kein neues Menschenbild: Zur Sprache der Hirnforschung*, Frankfurt 2009.

Kuhn, T.: *Die Struktur wissenschaftlicher Revolutionen*, Frankfurt/M. 1976.

Lenk, H.: *Philosophie und Interpretation. Vorlesungen zur Entwicklung konstruktivistischer Interpretationsansätze*, Frankfurt/M. 1993.

Naccache, L./Dehaene, S.: *An der Schwelle des Bewusstseins*, in: Spektrum der Wissenschaft, Mai 2005, S. 50-60.

Polanyi, M.: *Implizites Wissen*, Frankfurt/M. 1985.

Poser, H.: *Wissenschaftstheorie. Eine philosophische Einführung*, Stuttgart 2001.

Rosenberger, R.: *Quick Freezing Philosophy. An Analysis of Imaging Technology in Neurobiology*, in: Selinger/ Riis/ Berg-Olsen (Hrsg.): *New waves in the Philosophy of Technology*, Houndmills, Basingstoke, Hampshire 2009, S. 65–83.

Schneider, N.: *Erkenntnistheorie im 20. Jahrhundert. Klassische Positionen*, Stuttgart 1998.

Steinle, F.: *Experiments in History and Philosophy of Science*, in: Perspectives on Science 10/ Nr. 4, 2002, S. 408-429.

Verbeek, P. P.: *Morality in Design: Design Ethics and the Morality of Technological Artifacts*, in: Kroes/ Light/ Moore/ Vermaas (Hrsg.): *Philosophy and Design: From Engineering to Architecture*, Dodrecht 2008, S. 91–103.

Verbeek, P. P.: *What things do. Philosophical Reflections on Technology,*   *Agency, and Design*, 2. Aufl., University Park 2005.

Zimbardo, P./Gerig, J. R.: *Psychologie*, 7. überarb. Aufl., Berlin, Heidelberg, New York 1999.

Neues Erbe.

Hermeneutik und Genetik

David Pinzer

Dieser Beitrag beschäftigt sich mit neueren Konzepten zur Erklärung der Entwicklung von Lebewesen. Im weitesten Sinne stehen die neuen Herausforderungen und Konzepte der Wissenschaft der Genetik[1] im Mittelpunkt. Die Möglichkeiten hermeneutischer Methoden sollen dabei skizziert und bei der Gratwanderung zwischen Grundlagen- und Konzeptebene auch angewendet werden. Was verbirgt sich eigentlich hinter dem „Mythos Gen"? Es wird auch um Kausalität und Regulation bei Vererbungsprozessen gehen, und um die Frage, ob dabei rein reduktionistische Erklärungsweisen auf der molekularen Ebene hinreichend sind. Man wird sehen: Erklärungen hängen (auch) in der Genetik von den Fragestellungen sowie den Methoden ab – und damit vom Interpretationshorizont des Wissenschaftlers. Die Thematik von Genetik und Molekularbiologie bringt notwendigerweise eine Fülle an Begriffen und Konzepten mit sich, die für den ungeübten Leser wahrscheinlich nicht immer leicht zu verfolgen sein werden.

Genetik und Hermeneutik

Vererbungsphänomene sind immer noch mit Fragen verbunden. Kernprobleme der modernen Biologie, wie die individuelle Entwicklung oder *Ontogenese*, konnten bisher nicht ausreichend molekularbiologisch geklärt werden, wie die relativ wenig neuen Erkenntnisse des populären Humangenomprojektes zeigen.[2] Auch das Kernstück der Genetik, quasi das Elementarteilchen der Molekularbiologen, das Gen, hat sich – von der Öffentlichkeit weitgehend unbemerkt – in einer Wolke schwammiger Konzepte von materiellen Strukturen sowie funktionalen Ad-hoc-Definitionen beinahe aufgelöst.[3]

Klassische Erklärungskonzepte der Genetik (und der Entwicklungsbiologie insgesamt) gehen reduktionistisch vor, indem komplexe Phänomene und Prozes-

---

1 Die Wissenschaften, die sich mit Entwicklung und Vererbung beschäftigen, sind weniger homogen, als hier vielleicht der Eindruck erweckt wird und umfassen die Molekular-, die Zell-, Epi-, Populations- und Entwicklungsgenetik. Der Einfachheit halber werden sie hier mit dem Begriff „Genetik" zusammengefasst.

2 Die größte Überraschung des im Jahre 2003 beendeten Humangenomprojektes HUGO bestand vielleicht in der relativ geringen Zahl der gefundenen proteincodierenden menschlichen Gene, die nach neuester Schätzung bei nur knapp 19 000 liegt. Vgl. auch Kegel, Bernhard: *Epigenetik. Wie Erfahrungen vererbt werden*, Köln 2009, S. 42-58.

3 Vgl. Fogle, Thomas: T*he Dissolution of Protein Coding Genes in Molecular Biology*, in: Beurton, Peter J./Falk, Raphael/Rheinberger, Hans-Jörg (Hrsg.): *The Concept of the Gene in Development and Evolution. Historical and Epistemological Perspectives*, Cambridge 2000, S. 3-25, hier: S. 6.

se wie die ontogenetische Entwicklung der Organismen auf einfachere, meist molekulare, Ebenen zurückgeführt werden. Dabei wurde mittels informationistischer, semiotischer und kybernetischer Theorieversatzstücke[4] eine Heuristik der Informationen, der Programme und Gene etabliert. Diese „informationistische Gentheorie" führte die Wissenschaft erfolgreich durch die vergangenen Jahrzehnte, indem sie Teile des „Systems Organismus" (z.B. „das Gen") instrumentalisierte, wird aber zunehmend als zu simplifizierend erkannt. Neue Impulse zur Erklärung von organismischer Entwicklung und Vererbung gehen von interaktionistischen Vorstellungen aus, die eine Interdependenz und wechselseitige Kausalität der Einflußfaktoren des hochkomplexen Systems Organismus in den Mittelpunkt rücken. Generell hat sich die Palette der untersuchten Faktoren dabei erweitert – was früher unter „Umwelt" subsumiert wurde, wird heute akribisch differenziert. Das bedeutet, dass die Priorität der Mikroebene zumindest in Teilen aufgegeben wird zugunsten umfassenderer Erklärungsansätze. In den Laboren der Wissenschaftler bahnt sich seit Jahren eine stille Revolution an, die bisher sowohl in den Medien als auch in der Wissenschaftsphilosophie weitgehend unbeachtet bleibt.

Es stellt sich die Frage, was eine philosophische Perspektive im Sinne einer Technikhermeneutik bei diesem scheinbar innerdisziplinärem Diskurs zu leisten imstande ist, da die benannten Phänomene fest der Hemisphäre der Naturwissenschaften zugeordnet werden. Dass aber Bedarf an geisteswissenschaftlicher Bearbeitung besteht, ergibt sich spätestens daraus, dass die (onto)genetischen Prozesse nicht nur Gegenstand abstrakter Forschung sind, sondern die Lebenswelt und jeden einzelnen Menschen betreffen. Die Erklärungen aus den genetischen Wissenschaften werden oftmals als Bedrohung und Verheißung zugleich empfunden.[5] Dabei braucht es die philosophische Auseinandersetzung nicht nur, um übergreifende Konzepte zu erstellen und zu prüfen und zwischen Wissenschaft und Lebenswelt zu vermitteln, sondern um das Phänomen der Entwicklung überhaupt adäquat – und das heißt: multiperspektivisch – zu begreifen.

Eine hermeneutische „Durchleuchtung" ließe sich – ohne hier den Anspruch auf Vollständigkeit zu erheben – auf vier Ebenen durchführen:

1. Zunächst könnte die Metapher von der codierten Information in den Genen auf eine zu kurz greifende hermeneutische Fährte locken. Aber interessant ist eine hermeneutische Perspektive hier nicht eigentlich deshalb, weil die Genetik schon seit jeher mit lebensweltlichen Begriffen und Konzepten arbeitet, die aus der Kommunikations- und Informationstheorie bzw. Semiotik stammen. Immer wieder wird von Codierung, von Buchstaben, Texten, Worten und Information im Zusammenhang der Genetik gesprochen, und das nicht zur Hilfe für Lai-

---

4   Vgl. Sarkar, Sahotra: *Information in Genetics and Developmental Biology: Comments on Maynard Smith*, in: Philosophy of Science 67/2000, S. 208-213, hier: S. 209.
5   Vgl. dazu Tina-Louise Eissa in diesem Band.

en, sondern in wissenschaftlichen Fachpublikationen.[6] Darauf sowie auf die mit der unkritischen Übernahme der Textmetapher entstandenen Unzulänglichkeiten ist von vielen Autoren bereits eingegangen worden[7] (im anglo-amerikanischen Sprachraum z.B. Evelyn Fox Keller, Lily Kay, Susan Oyama, Russell D. Gray, Peter E. Griffiths und Sahotra Sarkar; im deutschsprachigen Gebiet z.B. Christoph Rehmann-Sutter, Christian Kummer, Hans-Jörg Rheinberger und Peter Janich) und soll hier nicht im Zentrum des Interesses stehen. Es soll aber festgehalten werden, dass sich die Genetik durch die geborgten Metaphern des Lesens und Übersetzens zwar selber in einen hermeneutisch-textuellen Kontext rückt – an welchem aber eine texthermeneutische Betrachtung im Sinne einer bloßen Metaphernkritik viel zu kurz greifen würde.

2. Darüber hinaus macht sich jedoch ein Trend „zu den Dingen selbst", in dem Falle: zu den Molekülen und Zellen, bemerkbar, der seinerseits neue hermeneutische Horizonte eröffnet. Die biologischen Entitäten zeichnen sich durch die Besonderheit aus, dass sie historisch verfasst sind, dass sie also raumzeitlich existieren und hier eine prozessuale sukzessive Veränderung – nämlich ihren Entwicklungswerdegang – durchlaufen, der für sie ganz wesentlich ist und den sie reproduktiv weitergeben. Wie keine andere Naturwissenschaft besitzen die Gegenstände und Aussagen der biologischen – und damit auch der genetischen – Wissenschaften einen historischen Charakter, was sie für hermeneutische Herangehensweisen zugänglich macht, insofern ihre Historizität von Bedeutung ist.

3. Da es sich bei der Hermeneutik um die Kunst der Auslegung und des Verstehens handelt, ist klar, dass sie bei den Handlungen der Forscher ansetzen muß. Menschliche Handlungen tragen die Signatur unseres Verstehenshorizontes. Die genetischen Phänomene werden stets durch den Wissenschaftler interpretiert, und im Falle der Molekularbiologie müssen die zu beobachtenden Phänomene in Verkörperung isolierter Teilchen und Prozesse zunächst einmal mit-

---

6   Vgl. Janich, Peter (a): *Was ist Information? Kritik einer Legende.* Frankfurt/Main 2006, S. 96f.

7   Keller, Evelyn Fox: *Das Leben neu denken. Metaphern der Biologie im 20. Jahrhundert,* München 1998;Dies.: *Das Jahrhundert des Gens,* Frankfurt/Main 2001; Kay, Lily E.: *Das Buch des Lebens. Wer schrieb den genetischen Code?* München, Wien 2001; Oyama, Susan: *The Ontogeny of information. Developmental systems and evolution,* Cambridge 1985; Sarkar, Sahotra: *Biological Information: A skeptical look at some central dogmas of Molecular Biology,* in: Ders.(Hrsg.), *The philosophy and history of molecular biology: New perspectives.* Dordrecht, Voston, London 1996, S. 187-231; Atlan, Henri: *DNS –Programm oder Daten? Oder: Genetik ist nicht in den Genen,* in: Weigel, Sigrid (Hrsg.): *Genealogie und Genetik. Schnittstellen zwischen Biologie und Kulturgeschichte,* Berlin 2002, S. 203-222; Rehmann-Sutter, Christoph: *Zwischen den Molekülen. Beiträge zur Philosophie der Genetik,* Tübingen 2005; Kummer, Christian: *Philosophie der organischen Entwicklung,* Stuttgart, Berlin, Köln 1996; Rheinberger, Hans-Jörg: *Epistemologie des Konkreten. Studien zur Geschichte der modernen Biologie,* Frankfurt/Main 2006; Janich 2006a.

tels aufwendiger Technik hergestellt werden – hier werden Verstehensleistungen impliziter und expliziter Art investiert. Das heißt, Kenntnisse der Biowissenschaften werden mit technischen Apparaten ermittelt und bedürfen der Interpretation durch den Forscher.[8] Das aber bedeutet: Leitbilder des Denkens fußen immer auf Interpretationsleistungen von empirischen Daten. Diese Interpretationen werden in Thesen und Heuristiken verdichtet, die wiederum für die Durchführung weiterer Forschungen und Experimente leitend sind. Am Beispiel der Umwälzungen auf dem Gebiet der Genetik lässt sich somit exemplarisch verfolgen, wie Interpretationen Einfluß nehmen auf unser Weltbild und wie ein verändertes Weltbild die Voraussetzungen schafft für Neuinterpretationen bekannter Phänomene. Vererbung wird als Phänomen in der Züchtung seit tausenden Jahren praktisch angewandt, ohne das explizites naturwissenschaftliches Wissen über die zugrunde liegenden Vorgänge bestanden hätte. Mit dem 20. Jahrhundert vollzog sich eine radikale Entwicklung, die auf neuartigen Methoden der Forschung, wie z.B. der Elektronenmikroskopie oder der Röntgenkristallographie, beruhte und zunächst in eine Verkürzung qua Genozentrismus mündete: Die hermeneutische Dimension der neuen technischen Apparate und Verfahren führte in ihrer extremsten Form zu einer Interpretation des Menschen als einen Sklaven seiner Gene.

Doch während sich die klassische Molekularbiologie als ein Kind jener Zeit beinahe ausschließlich an der DNA orientierte, mehrten sich Fälle, die aus ihrem Erklärungsschema herausfielen – was auch der zunehmenden Präzisierung der Instrumente und Methoden zu verdanken ist – und ihrerseits die Entwicklung anderer Interpretationen stimulierten bzw. den Forschungsfokus auf andere Teile des Vererbungsprozesses lenkten. Damit wurde nicht nur der ungeheuren Komplexität und Dynamik ontogenetischer Prozesse Rechnung getragen, sondern durch die Berücksichtigung der Interaktivität der einzelnen Teilprozesse auch die Notwendigkeit zu umfassenderen Erklärungsansätzen erkannt.

Die Suche nach dem Wesen des Lebens trägt somit den jeweiligen Stempel der historisch wechselnden Auffassungen darüber, was Leben ist oder zumindest in seinem Kern ausmacht. Dieses Verständnis aber prägt die wissenschaftliche Praxis und muß sich zugleich in ihr bewähren.

4. Hauptpunkt des Plädoyers für eine „Hermeneutik der Genetik" ist die beinahe triviale Feststellung, dass die Forschung und damit sowohl die Konzipierung von Experimenten als auch die theoretischen Derivate von einem pragmatischen, lebensweltlichen Vorverständnis im Sinne des impliziten Wissens abhängen. Ihr Horizont bildet sich aus der Perspektive eines komplexen Organismus – dem Menschen – selbst und wird erst durch seine herausragende Doppel-Perspektivität (Vollzugs- und Beobachter-Perspektive) ermöglicht. Der Erkenntnisprozeß umfasst beide Perspektiven – die mikroorientierte reduktionistische

---

8   Vgl. dazu den Artikel von Steffen Steinert in diesem Band.

und die notwendig koordinierende Ganzheitsperspektive, die dem Menschen, dem Wissenschaftler aus dem Lebensvollzug bekannt und vertraut ist. Erklärungsweisen in der Wissenschaft als Handlungsanleitungen müssen auf beide Perspektiven zurückgreifen.[9]

Bislang wurde die integrative Perspektive des menschlichen Lebensvollzuges – angereichert durch das auf der Leiblichkeit des Menschen beruhende implizite Wissen[10] – nicht ausreichend berücksichtigt in der wissenschaftstheoretischen Konzeption. Die Vollzugssperspektive, die etwas als ein zusammenhängendes erkennt und somit als „synthetische Perspektive" konstituierend für Forschung ist, wurde im Forschungshandeln zwar investiert, aber nicht explizit gemacht[11], bzw. kam sie in den letzten 50 Jahren als echte heuristische Ergänzung gegenüber der auf die Mikroebene abzielenden Beobachtungsperspektive zu kurz. Neue Ansätze zeigen demgegenüber Möglichkeiten und Versuche eines Umdenkens auf. Hier kann von einem hermeneutischen Prozeß gesprochen werden, der von beiden Richtungen aus vorgeht. Erst die Vollzugssperspektive ermöglicht Schlüsse auf der Mikroebene, indem sie Einzelprozesse als ineinandergreifend und funktional füreinander (als organismisches System) erkennt; im Gegenzug trägt die Mikroebene zum Verständnis der Ganzheit bei. Die Frage lautet, ob dieser hermeneutische Prozeß als Heuristik die genetischen Wissenschaften bereichern kann. Zunächst wird in einem kurzen Rückblick herausgearbeitet, warum ein Wandel der Konzepte überhaupt notwendig erscheint. Eine Einführung in grundlegende Begriffe der Molekularbiologie lässt sich dabei nicht vermeiden.

Gen-Konzepte im Wandel

Die Kunde vom „Alphabet des Lebens", den vier Basen Adenin (A), Cytosin (C), Guanin (G) und Thymin (T), aus denen sich die „Sätze" der Gene (folgerichtig ATGGTGCATCTGACTCCTGAGGA...) zusammensetzen, gehört heute zum *Common Sense*. Vererbung vollziehe sich durch die Gene, die in Form von DNA-Sequenzen Protein-Bauanleitungen für phänotypische Eigenschaften der Lebewesen codierten und in Hierarchien die ganze ontogenetische Entwicklung steuerten. Dieses Credo konzentriert sich im sogenannten „Zentralen Dogma der Molekularbiologie", das der Mitentdecker der DNA, Francis Crick 1958 formulierte: Es fließe Information immer nur von der DNA zu den Proteinen, niemals

---

9   Vgl. Bernhard Irrgang: *Von der Mendelgenetik zur synthetischen Biologie. Epistemologie der Laboratoriumspraxis Biotechnologie*, Dresden 2003, S. 129; Vgl. auch Janich, Peter (b): *Kultur und Methode. Philosophie in einer wissenschaftlich geprägten Welt*, Frankfurt/ Main 2006, S. 262

10 Das Konzept des impliziten Wissens wurde von Michael Polanyi entwickelt, siehe: Polanyi, Michael: *Implizites Wissen*, Frankfurt/M. 1985, siehe auch Gerd Grübler in diesem Band.

11 Vgl. Janich 2006b, S 229, S. 251.

aber habe ein Protein Einfluß auf die DNA.[12] Schon hier stellt sich die Frage, inwiefern bei diesen Vorgängen von „Information" als einem dem Bereich der
menschlichen Kommunikation entnommenen Begriff sinnvoll die Rede sein
kann, da er Teile seiner Herkunft wie z.B. Bedeutung, Missverständnis, Absen-
der und Empfänger und damit eine andere, nicht-naturwissenschaftliche Kategorie – nämlich die menschlichen Handelns – mittransportiert.[13] Durch diese An-
thropomorphisierung der Gene kann ein falsches Verständnis entstehen, nämlich
eines von Genen als Akteure. Inzwischen hat sich die Rede von den „genetischen Informationen" so tief in den Sprachgebrauch eingegraben, dass eine Kor-
rektur fast unmöglich erscheint. Schadensbegrenzung kann darin bestehen, die
Rede von der „Information" auf ihr Wesen als Metapher zurückzuführen – und
den Begriff des „Codes" auf den engen Rahmen der Korrelation von Basentri-
pletts und Aminosäuren zu begrenzen. Angemessener wäre hier freilich der Begriff der biochemischen Passung von Molekülen. Interessanterweise spricht der
Forscher und Biophilosoph Sahotra Sarkar von einer „hermeneutischen Relativität" in Bezug auf die Frage, ob die DNA Informationen enthalte.[14] Denn ob Sequenzen „Informationen" *ent*hielten oder aber von ihrer Umgebung *er*hielten, sei
im Hinblick auf die verschiedenen Ebenen des Systems Organismus unklar. Von
diesem Gedanken ist die direktionale Uneindeutigkeit in der Kausalität der Be-
zugsebenen unbedingt festzuhalten.

Um dem „Geschwätz der Moleküle"[15] eine Struktur zu geben, wurden in der
klassischen Molekularbiologie „genetische Programme" eingeführt, die wie autonome Akteure die organismische Entwicklung steuern sollten[16], indem sie die
„Information" der Gene organisierten. Doch auch die Rede von genetischen Programmen bleibt mit Problemen behaftet: ein Programm ist notwendigerweise
getrennt von der „Hardware" auf der es abläuft und setzt zudem einen Program-
mierer voraus. Im Fall der DNA würde dies platonistische Annahmen bedeuten
und mit der Frage, wie die Information in die Materie hineinkomme, in einen
kaum vertretbaren Dualismus von Materie und Information münden.[17] Nach
Werner Kogge war es ein großes erkenntnistheoretisches Missverständnis in der
Molekularbiologie, zu glauben, dass man mit der Entzifferung der DNA auch
die Lebensprozesse verstehen könnte:

> „Der Grund für dieses Missverständnis liegt in einem Vorurteil: nämlich in der me-
> taphysischen, mit dem Paradigma von Kulturtechniken verwobenen Annahme, dass
> die abgelöste, begrenzte, übersichtliche, kontrollierte Struktur die wesentliche Form,

---

12 Vgl. Müller-Wille, Staffan/Rheinberger, Hans-Jörg: Das Gen im Zeitalter der Postgeno-
    mik. Eine wissenschaftshistorische Bestandsaufnahme, Frankfurt/Main 2009, S. 80.
13 Vgl. Janich 2006a, S. 92ff.
14 Vgl. Sarkar 2000, S. 212.
15 Vgl. Janich 2006a, S. 87.
16 Vgl. Keller, Evelyn Fox: *Decoding the Genetic Program. Or, Some Circular Logic in the
    Logic of Circularity*, in: Beurton, Falk und Rheinberger 2000, S. 159-177, hier: S. 162.
17 Vgl. Thompson, Evan: *Mind In Life*, Cambridge London 2007, S. 182.

die Repräsentation der wahren Strukturen eines Weltbereiches sind. In einem Geist, in dem man dazu neigte, das formal Eindeutige, Überschaubare und Beherrschbare für das Wahre zu halten, musste die Entdeckung, dass die Natur selbst notationale Formen hervorbringt, zu einem formalistischen Überschwang führen, der blind dafür machte, dass nur die hochgradig metaphysische Annahme einer semiotischen Struktur, die zugleich ihr eigener Gebrauch ist, die Idee plausibilisiert, mit der Kenntnis der DNA auch schon die Kenntnis über die Lebensprozesse zu besitzen."[18]

Die hier monierte Dominanz des Formalen in der Erklärung von Entwicklung teilt Jason S. Robert in drei Thesen auf, die noch in Teilen der modernen Molekularbiologie präsent seien[19]:

1. Genetischer Informationismus (Gene enthielten vorgeformte, arttypische Informationen über den Organismus)
2. Genetischer Animismus (es gebe Programme, die die Entwicklung steuern)
3. Genetische Priorität (Gene seien „Erstverursacher", der Phänotyp nur ein zweitrangiges Produkt)

Die Genetik enthält demnach erstaunlich naiv-metaphysische Ansätze, die sich in einer Art Mythisierung des Gens bündeln, welche durch den relativ großen Erfolg der gentechnischen Praxis vor kritischer Revision weitgehend geschützt scheint. Die drei genannten Thesen wurden in den letzten Jahren von verschiedenen Seiten ausführlich beleuchtet[20] und können in der hier gebotenen Kürze nicht ausführlich diskutiert werden. Vor allem der Gen-Informationismus wurde bereits intensiver Kritik unterzogen. Werner Kogge spricht deshalb vom Abschied von der Idee „*einer textuellen Repräsentation des Lebendigen im Lebendigen.*"[21]

Doch gerade die – ebenfalls metaphysische – Annahme des Primates der Gene vor allen anderen Faktoren, die der 3. These von der „genetischen Priorität" entspricht, scheint nach wie vor ungebrochen und vor allem in diversen Medienberichten aktuell. Einige sogenannte genozentristische Ansätze gehen soweit, alle Eigenschaften des Lebendigen in der Biologie als Epiphänomene der Gene zu erklären[22] – prominentestes, aber bei weitem nicht einziges Beispiel da-

---

18   S. Kogge, Werner: *Spurenlesen als epistemologischer Grundbegriff: Das Beispiel der Molekularbiologie*, in: Krämer, Sybille/Kogge, Werner/Grube, Gernot: *Spur. Spurenlesen als Orientierungstechnik und Wissenskunst,* Frankfurt/ Main 2007, S. 182-221, hier: S. 204.

19   Vgl. Robert, Jason S.: *Embryology, Epigenesis and Evolution: Taking Development Seriously.* New York 2004, nach Stotz, Karola (a): *Geschichte und Positionen der evolutionären Entwicklungsbiologie*, in: Krohs, Ulrich/Toepfer, Georg (Hrsg.): *Philosophie der Biologie – Eine Einführung*, Frankfurt/Main 2005, S. 338-356, hier: S. 347.

20   Für eine Übersicht einiger führender Autoren siehe Fussnote 8.

21   S. Kogge in Krämer/Kogge/Grube 2007, S. 201.

22   Vgl. Stotz a) in Krohs/Toepfer 2005, S. 347; zum Genozentrismus vgl. auch Thompson 2007, S. 170-173.

für ist Richard Dawkins.[23] Doch Neuentdeckungen genetischer Phänomene, die sich ab den 1970er Jahren häuften, drängen zu einer Überarbeitung des Konzeptes einer „einfachen" Vererbung, die nur auf der reinen DNA beruht und alles aus ihr heraus erklären möchte. Insbesondere folgende Phänomene lassen sich mit den klassischen Konzepten nur schwer vereinbaren[24]:

- Es gibt keine Korrelation zwischen der Größe des Genoms als Gesamtzahl aller Gene (als proteincodierende und regulatorische Basenabschnitte verstanden) und der Komplexität des Organismus, denn einige Farnarten haben mehr Gene als der Mensch.

- Die Gen-Protein-Korrelation weicht auf, denn Gene (als DNA-Sequenzen verstanden) allein können die Proteinbildung nicht hinreichend bestimmen. Im Prozeß der Proteinsynthese erfahren die Moleküle vielfältige Transformationen, von der Zusammenstellung der RNA-Schablonen bis hin zur räumlichen Faltung der fertigen Proteinketten.

- Bei weitem nicht alle DNA im Genom ist funktional, sondern sie besteht zu ca. 98 Prozent aus sog. Introns, junkDNA und Transposonen, d.h. DNA besteht zum Großteil aus redundanten, nicht-codierenden und scheinbar nutzlosen Nukleotiden und nur zu einem geringen Teil aus Sequenzen, die proteinbildende Funktion haben; ein großer Teil dient jedoch der Regulation.

- Die Primärabschrift der DNA im Zellkern, die RNA (Ribonukleinsäure) wird von der Zelle prozessiert und transformiert, d.h. die Basenketten werden vor der Proteinsynthese verändert. Der Vorgang des Auseinandertrennens und Zusammenfügens von RNA heißt Spleißen. Dies ist zum einen notwendig, weil die erwähnten Introns entfernt werden müssen, zum anderen aber existiert hier eine Ebene der komplexen Kombinatorik, weil ein und dieselbe RNA-Abschrift verschieden aufgetrennt und wieder zusammengefügt werden kann, wobei Elemente ausgelassen werden können. Dies führt bei der Proteinsynthese zu Leserasterverschiebungen und damit zu verschiedenen Aminosäuren bzw. Proteinen; die RNA kann also alternativ gespleißt werden, derselbe DNA-Abschnitt als Schablone für verschiedene Proteine dienen.

- Es werden einzelne Basen auf der fertig gespleißten RNA punktgenau ausgetauscht (sog. RNA-Editing), was auch hier zur Synthese andere Proteine führt.

- Die Zelle und der Organismus regulieren die Expression von DNA-Sequenzen mittels chemischer Markierungen aus Enzymen an der DNA (Methylierung und Acetylierung), was einen epigenetischen, reversiblen Mechanismus darstellt. Andere Typen der epigenetischen Vererbung betreffen Markierungen an Histon-Spulen und Nukleosomen. Dabei kann die Umwelt (von

---

23 Vgl. Dawkins, Richard: *Das egoistische Gen*, ergänzte u. überarb. Auflage, Heidelberg, Berlin, Oxford 1994.

24 Vgl. Sarkar, Sahotra: *Genomics, Proteomics, and Beyond* in: Sarkar/Plutynski 2008, S. 58-73, hier: S. 62f., vgl. auch Müller-Wille/Rheinberger 2009, S. 84-86.

der Zellumgebung bis zum Ökosystem) offenbar Einfluß auf Vererbungsprozesse nehmen, ohne die DNA-Sequenz selber zu modifizieren, und dieses
Muster kann sogar weitervererbt werden.[25]

In dieser Aufzählung wurde versucht, in Kürze das komplexe Bild der Genetik
wiederzugeben, das uns neue Entdeckungen vermitteln.[26] Der Gen-Begriff ist ins
Wanken geraten, da die Korrelation der Sequenzen eines bestimmten DNA-Ab-
schnittes mit einem Körperprotein nicht eindeutig ist und sich eben nicht aus einem DNA-Strang vorhersagen lässt[27] – geschweige denn genaue phänotypische
Eigenschaften des Organismus.

Kopien der DNA in Form von RNAs werden von verschiedenen Orten des
DNA-Strangs bzw. der Chromosome zusammengestellt und manche wieder
verworfen.

> „Demnach beruht die schwere molekularbiologische Fassbarkeit des Gens darauf,
> dass das Gen (...) sich aus genetischen Elementen rekrutiert, die (...) weitgehend
> über das gesamte Genom verstreut sein können."[28]

Immer wieder wird von der zellulären Maschinerie eingegriffen und das RNA-
Transkript modifiziert, bevor es als Schablone für die Bildung von Aminosäuren
dient – ein Gen wird erst im Kontext erzeugt und prozessiert, ist also eher ein In-
teraktionsprodukt als Ausgangspunkt einer Kette.[29] Diese Erkenntnis bedeutet
eine wichtige Neuerung, denn das Gen ist also genauso durch seine Dynamik
wie durch seine Sequenz charakterisiert.

Somit stellt der gängige Genbegriff eigentlich einen Mix aus materiellen
Strukturen und Prozessen dar. Zwar überwiegt laut einer empirischen Studie aus
dem Jahr 2004 unter Molekularbiologen die Auffassung von Genen als Strukturen mit einer Funktion, und nicht die von Genen als definierte Funktionen, die
mehr oder weniger mit einer Struktur korrespondieren, aber dennoch sind Gene
heute weder die materielle noch die funktionale Einheit der Vererbung, sondern
es herrscht ein Pluralismus der Konzepte.[30] Die Funktion jeden Gens ist flexibel
und kontextabhängig – sogar die physische Definition eines „Gens" hängt vom
zellulären Kontext ab.[31] Denn Gen-Definitionen, die an der Expression oder am

---

25 Vgl. Kegel 2009, S. 80-152; vgl. Spektrum der Wissenschaft Dossier: *Das Neue Genom*,
    1/ 2006.

26 Die Liste der neuentdeckten Phänomene ist hier unvollständig; sie wird außerdem immer
    länger. Literatur dazu findet sich bei Kummer 1996, S. 168, Jablonka, Eva: The Systems
    of Inheritance, in: Oyama/Griffiths/Gray 2001, S. 99-116; Thompson 2007, S. 166-218;
    Kegel 2009; Spektrum der Wissenschaft Dossier: Das Neue Genom, 1/ 2006.

27 Vgl. Sarkar in Ders. 1996, S. 199f.

28 Vgl. Beurton, Peter: Genbegriffe, in: Krohs/Toepfer 2005, S. 195-211, hier: S. 208.

29 Vgl. Ebd.

30 Vgl. Stotz, Karola/Griffiths, Paul E./Knight, Rob: How biologists conceptualize genes:
    an empirical study, in: Studies in History and Philosophy of Biological and Biomedical
    Sciences 35/ 2004, S. 647-673, hier: S. 649-651.

31 Vgl. Stotz (a) in Krohs/Toepfer 2005, S. 347.

RNA-Transkript festgemacht werden, vernachlässigen entweder die auf das fertige RNA-Transkript wirkende transformierende Kraft der Cytochemie oder aber die Ereignisse im Vorfeld, die bestimmen, welche Sequenzen überhaupt zu einem RNA-Transkript zusammengestellt werden.[32] Dieser prozessuale Charakter der Gene führt zu Schwierigkeiten, sie als materielle Strukturen zu identifizieren – und damit scheinen Entscheidungen, ob Produkte eines DNA-Lokus ein oder mehrere Gene darstellen, teilweise willkürlich zu sein.[33] Neuentdeckte molekulare Prozesse werden oft unter den Gen-Begriff subsumiert, bleiben aber in ihrer Abgrenzung sehr ungenau, so dass zu fragen ist, ob der Gen-Begriff seine heuristischen Grenzen erreicht hat.[34]

Thomas Fogle spricht deshalb von Genen als Sammelbegriff disparater molekularer Phänomene, weist aber dennoch auf die Nützlichkeit dieses umstrittenen Konzepts hin, da es den Wissenschaftlern weitgehende Flexibilität erlaube.[35] Auch Hans-Jörg Rheinberger betont trotz aller Kritik am Gen-Begriff wiederholt, dass die Unschärfe der Grenzen des Gen-Begriffs fruchtbar für wissenschaftliche Forschung sei, da unpräzise Konzepte eine Entwicklung zulassen und damit „operationales Potential" bewiesen.[36] Er meint, der Genozentrismus sei deswegen erfolgreich, weil Gene praktische und erfolgreiche Ansatzpunkte für die Erforschung der Prozesse böten und nicht, weil sie ein homogenes Erklärungsbild abliefern könnten. Seine These lautet, daß der Genozentrismus somit nicht ontologisch, sondern epistemologisch begründet sei – und dass eine ontologische Erklärung der Prozesse nach einem wissenschaftlichen Pluralismus verlange.[37] Dieser Pluralismus im Gen-Begriff zeigt sich z.B. bei Lenny Moss, der die DNA als modulare Schablone, als Ressource für den Organismus konzipiert und dabei die Unterschiede der Konzepte herausstreicht, indem er sie in *Gene-P* und *Gene-D* unterscheidet.[38] *Gene-P* steht für DNA-Sequenzen, die wir als kausale Ursache für Phänotypen im Mendelianischen Sinne nehmen (Gene als Platzhalter für Eigenschaften), während *Gene-D* durch die molekulare Struktur definiert seien, auch wenn sie die Eigenschaften des phänotypischen Produkts gar nicht determinierten (Gene als Entwicklungsschablone).[39] Der Wissen-

---

32 Vgl. Fogle in Beurton/Falk/Rheinberger 2000, S. 13-15.

33 Vgl. Griesemer, James R.: *Reproduction and the Reduction of Genetics*, in Beurton/Falk/ Rheinberger 2000, S. 240-285, hier: S. 240 u. 248.

34 Vgl. Fogle in Beurton/Falk/Rheinberger 2000, S. 5.

35 Vgl. Ebd., S. 6.

36 Vgl. Rheinberger, Hans-Jörg: *Gene Concepts. Fragments from the Perspective of Molecular Biology* in Beurton/Falk/Rheinberger 2000, S. 219-239, hier: S. 221. Rheinberger selbst weist darauf hin, daß die Nützlichkeit eines unscharfen Gen-Begriffs bereits 1982 von Philip Kitcher erkannt wurde, in Müller-Wille/Rheinberger 2009, S. 87.

37 Vgl. Rheinberger, Hans-Jörg/Müller-Wille, Staffan: *Gene concepts,* in: Sarkar/Plutynski 2008, S. 3-21, hier: S. 17f.

38 Vgl. Moss, Lenny: *Deconstructing the Gene and Reconstructing Molecular Developmental Systems*, in: Oyama/Griffiths/Gray 2001, S. 85-97, hier: S. 87ff.

39 Vgl. Ebd. sowie Stotz/Griffiths/Knight 2004, S. 651f.

schaftshistoriker Falk Raphael ist der Auffassung, dass es wegen der Vielfach-
belegung des Begriffes bedeutungslos sei, eine Klasse von ontologischen Entitäten wie Gene zu schaffen – außer aus pragmatischen Gründen.[40] Die Priorität der
Gene vor den „Hintergrundbedingungen" in der Forschung ist also eine heuristische, und aufgrund der pluralistischen Konzepte auch eine hermeneutische Entscheidung – die ihre Grenzen hat, wenn es um ontologische Fragen nach den Le-
bensprozessen geht.

Der Molekularbiologe wird also zum Hermeneutiker, indem er den Begriff
„Gen" je nach Kontext verwendet. Wenn Wissenschaftler weiterhin von Genen
sprechen, wenden sie dabei intuitiv eine Hermeneutik an – sie interpretieren
„immer schon" den Zusammenhang ihres Konzeptes und verwenden dabei situa-
tiv und kontextgebunden unterschiedliche Genbegriffe. Diese mögen zwar alle
ihre Berechtigung durch den jeweiligen Verwendungszusammenhang erfahren,
dennoch besitzen sie unterschiedliche heuristische Werte.

Von verschiedenen Seiten wurde inzwischen versucht, neue Metaphern und
Paradigmen zu erarbeiten, die Gene und DNA in einen adäquateren Kontext
stellen und damit Alternativen schaffen: Das Bild der Gene als
„Erstverursacher" wird gekippt, sie werden nicht mehr als übergeordnetes Programm gesehen. Die DNA verliert an prädiktiver Kraft, denn das Netzwerk und
Muster der Genaktivierung und Genexpression ist nicht in den Sequenzen vor-
programmiert, sondern ist im gleichen Maße Konsequenz wie Ursache von Entwicklung – was daraus während der Entwicklung dann entsteht, ist eher ein
nicht-genzentriertes Entwicklungsprogramm.[41]

Enrico Coen benutzt in Bezug auf die ontogenetische Entwicklung das Bild
von „laying down a path in walking"[42], um auszudrücken, dass von präformier-
ter Information keine Rede sein kann, sondern dass sich Entwicklungspfade
während der Entwicklung erst herausbilden – es gebe keine Trennung von Plan
und Ausführung. Dies ist auch der Kerngedanke des alten Epigenesis-Konzep-
tes. *Epigenesis* ist eine bis auf Aristoteles zurückgehende Theorie des progressi-
ven, stufenweisen Erwerbs angepasster Strukturen während der individuellen
Entwicklung eines Organismus, wobei jeder Teilschritt Ausgangspunkt und Ursache für weitere Entwicklung ist, es also keine Indetermination gibt – aber der
erste Entwicklungsschritt nicht das Endergebnis determiniert.[43] Vom Epigenesis-
Konzept leitet sich die oben erwähnte Unterdisziplin der Genetik ab, die sogenannte *Epigenetik*, die sich mit Vererbungs- und Entwicklungsfaktoren beschäftigt, die außerhalb der reinen DNA-Sequenzen liegen. Diese umfassen zum Beispiel reversible und temporäre DNA-Modifikationen mittels biochemischer Mar-

---

40   Vgl. Falk, Raphael: *The Gene – A Concept in Tension*, in: Beurton/Falk/Rheinberger
     2000, S. 317-348, hier: S. 339f.
41   Vgl. Stotz (a) in Krohs/Toepfer 2005, S. 348.
42   S. Coen, Enrico: *The Art of the Genes: How Organisms Make Themselves*, Oxford 1999,
     nach Thompson 2007, S. 180.
43   Vgl. Stotz (a) in Krohs/Toepfer 2005, S. 341.

kierungen und Genregulationsmechanismen über die Steuerung der Zugänglich-
keit des DNA-Strangs.[44] Dabei sucht die Epigenetik den Mittelweg zwischen einem molekulargenetischen Reduktionismus und einem metaphysischen Vitalis-
mus.[45] Beiden – dem allgemeinen historischen Epigenesis-Konzept und der Epigenetik als moderne Wissenschaftsdisziplin – gemeinsam ist, dass sie gegen prä-
formistische Konzepte opponieren.

3. Komplexität und Reduktionismus: Der lange Weg zurück zum Organismus

Diese Ausführungen leiten über zum Problem der Komplexität der ontogenetischen Phänomene und wie biowissenschaftliche Erklärungen dieses handhaben.
Beim Blick auf die Genetik kann bisweilen der Eindruck einer Patchwork-Wis-
senschaft entstehen, die in ihren Spezialdisziplinen einiges auf molekularer Ebene zu erklären imstande ist, der aber eine Basis für übergreifende und allgemeine Erklärungen fehlt, bzw. deren selbstgewählte molekulare Erklärungsebene einem komplexen Phänomen wie Vererbung nicht voll gerecht wird, wenn eine
Unterebene – in diesem Falle die Gene – volle explanatorische Kraft besitzen
soll.[46] Das Hauptwerkzeug der modernen Naturwissenschaften, ein zumindest
methodischer Reduktionismus, der im Falle der Genetik die Tendenz zu einem
Genozentrismus öffnete, wird zudem durch einige biotische Phänomene herausgefordert. Es reift die Einsicht, dass die DNA-Sequenzen allein eine viel zu
schmale Basis für die Erklärung der Entwicklungs- und Vererbungsprozesse bieten. Das Problem für eine formalismuslastige Theorie wie den Genozentrismus
besteht dabei in einer Unterdeterminierung des Explanandum (des Organismus)
durch das Explanans der DNA. Die ca. 20 000 protein-codierenden Gene des
Menschen z.B. können – als „Statthalter" für phänotypische Merkmale gedacht
– aufgrund ihrer geringen Zahl den Organismus in seiner Entwicklung und Regulation nicht im Sinne einer Eins-zu-Eins-Korrelation determinieren. Diese Er-
klärungslücke zwischen molekularen Prozessen und der Komplexität des Organismus[47] wird mit Selbstorganisationskonzepten gefüllt, die historisch mindestens bis Kant zurückreichen.[48]

---

44 Zu den epigenetischen Vererbungsmechanismen vgl. Jablonka in Oyama/Griffiths/Gray
    2001, S. 103-106; vgl. auch Kummer 1996, S. 166-170; Kegel 2009, S. 172f.
45 Vgl. Stotz (a) in Krohs/Toepfer 2005, S. 347.
46 Vgl. Love, Alan C.: *Explaining the Ontogeny of Form: Philosophical Issues,* in Sar-
    kar/Plutynski 2008, S. 223-247, hier: S. 229.
47 Im Zusammenhang mit der Komplexität spricht Hans-Jörg Rheinberger von einer „epis-
    temologische Unschärferelation": so wie Komplexität eines Systems steige, nehme unse-
    re Fähigkeit, genaue und dennoch nichttriviale Behauptungen über sein Verhalten auf zu-
    stellen, ab; vgl. Rheinberger 2006, S. 244.
48 Vgl. Weischedel, Wilhelm (Hrsg.): *Immanuel Kant: Werke in sechs Bänden*, Band V.
    Kritik der Urteilskraft und Schriften zur Naturphilosophie, 5. Auflage Darmstadt 1983,

Zu den Konzepten der Selbstorganisation gesellt sich die Idee der Regulation, die nach Differenzierung in verschiedene Regulationsebenen verlangt. Nach Jahren der fast ausschließlichen Konzentration auf die Mikroebene wächst so der Bedarf, den Fokus wieder auf höhere Ebenen der biologischen Organisation wie Zelle, Zellverbände, Organe und Organismen samt ihrer Umwelt zu weiten. Proklamierer dieses konzeptuellen Wandels sind u. a. Susan Oyama, Eva Jablonka, Evelyn Fox Keller, Lenny Moss und Sahotra Sarkar.[49] Historisch gesehen wird mit diesem Blick aufs Gesamte ein Zirkelschlag vollzogen: Als in den Anfängen der Genetik zu Beginn des 20. Jh. noch Ansätze systemischer Art verfolgt wurden, hatte die organismische Perspektive durchaus ihren Platz. Doch mit der Abspaltung der Disziplin der Genetik von der Embryologie, die sich spätestens in den Jahrzehnten nach dem 1. Weltkrieg vollzog[50], geschah aus den oben genannten epistemischen und heuristischen Vorteilen eine Engführung der Perspektive vom Organismus auf die Gene – bzw. war es diese Fokussierung auf das Gen als Verursacher, welche die Abspaltung forcierte.

> „Die neue Biologie erkannte nur grundsätzlich Mechanismen einer nach oben wirkenden Verursachung an, sie ignorierte die erklärende Kraft einer nach unten wirkenden Verursachung."[51]

So gesehen fungierte die Molekularbiologie auch als ein historisches Programm, dessen Einheit durch bestimmte Techniken, Werkzeuge, Ressourcen und ein gewisses Forschungsethos gestiftet wurde.[52] Dabei ist nicht zu vergessen, daß die Gene lange Zeit nur als theoretisches Postulat bestanden[53] und als materielle Strukturen erst 1953 durch Watson und Crick in der DNA identifiziert wurden – während sie der Wissenschaft heute zumindest als feste Struktur und homogenes Konzept zu entgleiten scheinen.

S. 233-620, hier: S. 485ff.

49 Vgl. Oyama 1985; Jablonka in Oyama/Griffiths/Gray 2001; Keller 1998 und 2001; Sarkar in Ders. 1996; Sarkar 2000; Sarkar in Sarkar/Plutynski 2008; Moss, Lenny: *What Genes Can't Do*, Cambridge 2003.

50 Zur Geschichte von Embryologie und Genetik: Rheinberger/Müller-Wille in Sahotra/Plutynski 2008, S. 3-21, vgl. auch Keller 1998 und 2001. Müller-Wille und Rheinberger 2009, S. 61: „Johannsens Kodifizierung des Unterschieds zwischen Genotyp und Phänotyp hat die Biologie des 20. Jahrhunderts nachhaltig geprägt (...). Man kann mit Sicherheit sagen, dass sie ‚das Gen' als ein epistemisches Objekt etablierte, das in seinem eigenen Raum zu studieren war. Damit war eine ‚exakte, experimentelle Erblichkeitslehre' (...) geschaffen, die sich ausschließlich auf das Transmissionsgeschehen konzentrierte und sich von der Entwicklung von Merkmalen durch die Wechselwirkung inner- und außerorganismischer Faktoren abwandte".

51 S. Irrgang 2003, S. 148.

52 Vgl. Powell, Alexander/Dupré, John: *From molecules to systems: the importance of looking both ways*, in: Studies in History and Philosophy of Biological and Biomedical Sciences 40 (2009), S. 54-64., hier: S. 55.

53 Vgl. Keller in Beurton/Falk/Rheinberger 2000, S. 12f.: es werden vor allem die Forscher Thomas Morgan und Hermann J. Muller genannt; vgl. auch Rheinberger 2006, S. 237.

Die Rückführung des Interesses auf höhere Ebenen geschah sukzessive durch die Entwicklungen in der Molekulargenetik selbst – jene Disziplin, die einst angetreten war, alles in Termini der Mikroebene zu erklären.[54] Es war also der Blick auf die Moleküle, von dem die Hinwendung zum Organismus ausging:

> „Zum einen überdeckte die in den siebziger Jahren aufkommende Gentechnologie mit ihren kommerziellen und medizinischen Aussichten die gleichzeitige Dekonstruktion des klassisch-molekularbiologischen Genbegriffs durch die Forschung selbst; die Gentechnologie setzte einen öffentlichen Gendiskurs in Gang, der sich ungebrochen an das „molekulare Gen" der fünfziger Jahre anschloß. Die Genomforschung, die aus der Gentechnologie der siebziger Jahre resultierte, machte sich diesen öffentlichen Diskurs zur Durchsetzung ihrer Großprojekte zunutze und verstärkte ihn noch; doch die Ergebnisse dieser Projekte unterminierten den kurzfristig populären genetischen Determinismus wiederum und schlossen ihrerseits an die dekonstruktive Richtung der vorangehenden molekularbiologischen Forschung an."[55]

Ab den späten 1970er Jahren wurde im Zuge von Programm- und Regulationstheorien die Bedeutung des Genoms als Gesamtheit des chromosomalen Materials im Zellkern, das nur zum kleinsten Teil aus den identifizierten Genen besteht, erkannt. Danach rückte in den 1990er Jahren im Verlauf des Humangenomprojektes das sog. Proteom als Gesamtheit der Proteine, die eine Zelle mittels ihres Genoms synthetisiert, in den Vordergrund. Aber auch hier macht der Rückgriff der Forschung auf höhere und komplexere Ebenen jenseits reiner DNA-Sequenzen zur Erklärung (onto)genetischer Prozesse nicht Halt. Seit den letzten Jahren wird auch das sogenannte *Epigenom* als Gesamtheit aller regulierenden Methylierungs- und Acetylierungsmuster sowie aller funktionalen RNAs einer Zelle intensiv erforscht.

> „Solche und andere Beobachtungen brachten auch die Verfechter der Genomprojekte seit Ende der neunziger Jahre dazu, von einem anbrechenden Zeitalter der „Postgenomik" zu sprechen (...) und den Blick auf die Zellaktivität als Ganze, ja den Organismus als Ganzes zu richten."[56]

Seit den letzten Jahren wird auch das sogenannte *Epigenom* als Gesamtheit aller regulierenden Methylierungs- und Acetylierungsmuster sowie aller funktionalen RNAs einer Zelle intensiv erforscht. Ein Ende der Ebenen und *–ome* ist indes nicht abzusehen – davon zeugen auch die wissenschaftlichen Projekte ENCODE, das 2007 ins Leben gerufen wurde, um sämtliche DNA-Elemente zu identifizieren und das *Human Epigenome Project* (HEP) mit Startpunkt 2003 zum Kartographieren sämtlicher Methylierungsmuster.[57] Diese Karten stellen indes nur einen ersten Schritt zum Verständnis der Interaktionen der Elemente und Ebenen dar.

---

54 Vgl. Stotz (a) in Krohs/Toepfer 2005, S. 348. vgl. dazu auch Müller-Wille/Rheinberger 2009, S. 92.
55 S. Müller-Wille/Rheinberger 2009, S. 103.
56 S. ebd., S. 102.
57 Vgl. Kegel 2009, S. 69 und S. 262.

Genozentrische Konzepte jedoch und mit ihnen der explanatorische Primat der DNA bei der Entwicklung sind auf dem Rückzug. Der Forschungsfokus verlagert sich auf die Netzwerke und Regulationsketten. Regulation erfolgt in der Zelle oft biochemisch mittels sogenannter Gradienten: Enzyme, die über ihre Konzentration bzw. räumliche Lage in Bezug zum Ausgangsort wirken.[58] Die Schwierigkeit besteht darin, die Kausalfaktoren zu differenzieren und zu identifizieren, da sie im Entwicklungsprozess immer zusammenwirken und sich gegenseitig beeinflussen. Hier steht die Wissenschaft vor neuen Herausforderungen, denn es fehlt ein gemeinsamer Nenner zur Verrechnung der partiellen Kausalbeiträge, eine gemeinsame „Währung", in die sich die verschiedenen Faktoren zum besseren Vergleich konvertieren ließen.[59] Sahotra Sarkar sieht die „Leitphilosophie" des Reduktionismus dadurch herausgefordert: Die neuen Entdeckungen der Molekularbiologie allein könnten zwar den Reduktionismus insgesamt als Methode nicht in Frage zustellen, aber wenn RNA-basierte Netzwerke als Erklärung für Entwicklung und Evolution so zentral seien, wie es sich momentan abzeichne, offenbare dies erhebliche Erklärungslücken.[60]

Doch es ist nicht nur das fehlende Wissen, welche kausalen Einflussfaktoren – Gene, RNAs, Zellkommunikation, Enzyme, Hormone oder Umwelteinflüsse – bei der Ontogenese beteiligt sind, die einem reduktionistischen Konzept Schwierigkeiten bereiten. Selbst bei Bekanntwerden aller Variablen, die am Entwicklungsprozeß beteiligt sind, würden Lücken offen bleiben, denn jeder Genotyp ist durch sein eigenes Interaktionsmuster mit der Umwelt charakterisiert. Jeder Organismus trägt eine eigene raumzeitliche Signatur, die sich biochemisch in epigenetischen Markierungen an verschiedenen Teilen im Genom – am DNA-Strang selber, an den Histon-Spulen und am Chromatin – niederschlägt:

> „(...) es liegt gerade in der Natur der epigenetischen Sache, dass sich die Epigenome von Zellen – die Gesamtheit ihrer epigenetischen Markierungen – von Zelltyp zu Zelltyp, von Gewebe zu Gewebe, von Krankheit zu Krankheit, zwischen Frauen und Männern und in verschiedenen Altersstufen unterscheiden."[61]

Die Wissenschaft hat es also mit individuellen Genomen zu tun, die in Kontakt mit einer Vielzahl von Faktoren wie z.B. der Umwelt stehen. Vertreter der *Developmental Systems Theory* (DST)[62], gehen noch weiter, indem sie eine Aufhe-

---

58 Zum Beispiel hängt die Bildung von Herzen bei Wirbeltieren größtenteils von biochemischen Gradienten und die räumliche asymmetrische Anordnung des Herzens von Spannungsgradienten (elektrischem Potenzial) ab. Auch ist die sogenannte phänotypische Plastizität, also die Tatsache, dass gleiche Genome in Abhängigkeit von Umweltfaktoren zu anderen Erscheinungsbildern führen, als Phänomen z.B. bei eineiigen Zwillingen bekannt. Vgl. dazu Love in Sarkar/Plutynski 2008, S. 229f.
59 Vgl. Ebd., S. 238.
60 Vgl. Sarkar in Sarkar/Plutynski 2008, S. 68.
61 S. Kegel 2009, S. 262f.
62 Einige Vertreter der DST wurden weiter oben schon genannt; vor allem Susan Oyama, Paul E. Griffiths, Russell D. Gray, Robert D. Knight und Lenny Moss.

bung der Unterscheidung von „Genotyp" und „Umwelt" fordern, mit dem Hinweis auf die nur metaphysisch bzw. heuristisch vorhandene Dichotomie.[63]

Die DST betont die Willkür bei der Grenzziehung von intrinsischen und extrinsischen Faktoren – und fordert eine unvoreingenommene Prüfung der Gewichtung der Faktoren. Vertreter der DST sprechen von Parität und Fülle der Einflußfaktoren und lehnen eine kausale Asymmetrie zugunsten der DNA ab.[64] Ihnen geht es darum, das sich entwickelnde Leben als ein umfassendes System darzustellen, welches sich unter Mitwirkung zahlreicher Ressourcen auf Mikro- und Makroebene fortpflanzt – wobei das Zusammenwirken der Faktoren zentral ist, um den Fortbestand des ganzen *Lebenszyklus* zu sichern

Für die Wissenschaft ergibt sich hier die Forderung nach einer positiven Bestimmung davon, wie man nach außergenetischen Einflüssen bei der Ontogenese forschen könnte. Gesucht ist eine Forschungsheuristik, die die sogenannten „Standardhintergrundbedingungen" in den Fokus rückt.[65]

Fazit

Es wird ein Umdenken benötigt, dass zur Erklärung biotischer Organismen auf allen Ebenen geforscht und integrativ oder zumindest pluralistisch gedacht werden muß, von der Genetik über die Genomik, Proteomik und Epigenomik[66] – und noch weiter. Das An- und Abschalten von Funktionen und Bildungsketten ist Teil jeder ontogenetischen Entwicklung und hat prozessualen Charakter. Neben der räumlichen ist also auch die zeitliche Entwicklung zentral geworden für die Molekularbiologie mit ihrer vormals so stark formalistischen Tendenz. Genome und Phänome sind zwei Seiten einer ganzheitlichen Verkörperung. Man kann es auch so formulieren: die Molekularbiologie hat den Organismus wiederentdeckt.[67]

In diesem Wandel lässt sich auch ein hermeneutischer Prozess des Verstehens beobachten, denn auf der Suche nach Theorien zur Entstehung und Entwicklung von Organismen war man zum Kleinsten, nämlich zu den Molekülen vorgedrungen, um dort zu erkennen, dass ein adäquates Verständnis durchaus auf komplexere Ebenen zurückgreifen muß. Die Suche nach den Grundbausteinen des Lebens führt so wieder zum Organismus zurück, allerdings mit einigem Erkenntnisgewinn nicht nur auf praktischer, sondern auch auf theoretischer Seite.

---

63 Vgl. Stotz, Karola b): Organismen als Entwicklungssysteme, in: Krohs/Toepfer 2005, S. 125-143, hier: S. 125ff.

64 Vgl. Stotz (b) in Krohs/Toepfer 2005; Oyama 1985; Oyama, Susan: *Terms in Tension: What Do You Do When All the Goods Words Are Taken?*, in: Oyama/Griffiths/Gray 2001, S. 177-193; Thompson 2007, S. 187-207.

65 Vgl. Love in Sarkar/Plutinsky 2008, S. 240.

66 Vgl. Sarkar in Sarkar/Plutinsky 2008, S. 65f.

67 Vgl. Rheinberger 2006, S. 240.

„Der pragmatische Ansatz verändert die Wissenschaftstheorie der Biologie und bereitet den Boden für eine instrumentelle Hermeneutik des Lebendigen, die von einem prozessbezogenen Organismusbegriff ausgeht."[68]

Ob nun aber eine Zusammenführung verschiedener Konzepte gelingt, ja gelingen kann, oder ob die Vorstellung homogener wissenschaftlicher Konzepte einem Wunschdenken des modernen formalistischen Zeitalters mit seiner Vorliebe für mathematische Lösungen entspringt, muß dahingestellt bleiben. Rheinberger etwa und andere sind der Meinung, dass eine neue Ära der Wissenschaften und Wissenschaftstheorie anbricht, da wir mit pluralistischen Konzepten umzugehen lernen, die sich nicht mehr glatt und widerspruchsfrei auflösen lassen müssen, um Geltung zu besitzen.[69] Dieser Paradigmenwechsel in der Wissenschaftstheorie und -philosophie ist zumindest als eine indirekte Konsequenz der Erforschung der Phänomene des Lebens zu bezeichnen, die im Wandel der Gen-Konzepte zuerst sichtbar wurde. Hier offenbart sich auch die Relevanz einer expliziten philosophischen Hermeneutik der Technik bzw. der Wissenschaften: Das Freilegen der Deutungshorizonte und das Ausweisen einer Multiperspektivität bedeutet einen erkenntnistheoretischen Zugewinn. Ob Gene nun strukturelle oder funktionale Einheiten sind, ob sie materiell gedacht werden oder nur als epistemische Konstrukte – eine pragmatische Herangehensweise müsste den jeweiligen Nutzungshorizont mitbedenken, quasi ad-hoc-Definitionen bilden. Diese dürfen aber nicht beliebig sein und sind es auch nicht, wenn sie in einem hermeneutischen Verfahren klar in ihrem Kontext und ihrer Relevanz herausgearbeitet wurden.

Der Forscher sollte die Kompetenz und die Erfahrung erwerben, den Balanceakt zwischen integrativen Konzepten und systemischen Erklärungen einerseits und der Spezialforschung mit reduktionistischer Heuristik andererseits für ihn fruchtbar zu gestalten; hier ist zweifellos auch Pragmatismus gefragt. Eine technisch orientierte Hermeneutik kann dazu beitragen, statt einer kompromisslosen Entweder-oder eine synoptische Sowohl-als-auch Perspektive zu etablieren, die der Forschung als Instrumentarium nahe gelegt werden kann.

Literatur

Atlan, Henri: *DNS –Programm oder Daten? Oder: Genetik ist nicht in den Genen*, in: Weigel, Sigrid (Hrsg.): *Genealogie und Genetik. Schnittstellen zwischen Biologie und Kulturgeschichte*, Berlin 2002, S. 203-222.

Ders: *Genbegriffe*, in: Krohs, Ulrich/Toepfer, Georg (Hrsg.): *Philosophie der Biologie – Eine Einführung*, Frankfurt/Main 2005, S. 195-211.

---

68 S. Irrgang 2003, S. 113.
69 Vgl. Rheinberger in Beurton/Falk/Rheinberger 2000, S. 225; vgl. Rheinberger/Müller-Wille in Sarkar/Plutinsky 2008, S. 17.

Coen, Enrico: *The Art of the Genes: How Organisms make themselves*, Oxford 1999.

Dawkins, Richard: *Das egoistische Gen*, ergänzte u. überarb. Auflage Heidelberg Berlin Oxford 1994 (1. Auflage 1976).

Falk, Raphael: *The Gene – A Concept in Tension*, in: Beurton, Peter J./Falk, Raphael/Rheinberger, Hans-Jörg (Hrsg.): *The Concept of the Gene in Development and Evolution. Historical and Epistemological Perspectives*, Cambridge 2000, S. 317-348.

Fogle, Thomas: *The Dissolution of Protein Coding Genes in Molecular Biology*, in: Beurton, Peter J./Falk, Raphael/Rheinberger, Hans-Jörg (Hrsg.): *The Concept of the Gene in Development and Evolution. Historical and Epistemological Perspectives*, Cambridge 2000, S. 3-25.

Griesemer, James R.: *Reproduction and the Reduction of Genetics*, in Beurton, Peter J./Falk, Raphael/Rheinberger, Hans-Jörg (Hrsg.): *The Concept of the Gene in Development and Evolution. Historical and Epistemological Perspectives*, Cambridge 2000, S. 240-285.

Irrgang, Bernhard: *Von der Mendelgenetik zur synthetischen Biologie. Epistemologie der Laboratoriumspraxis Biotechnologie*, Dresden 2003.

Jablonka, Eva: *The Systems of Inheritance*, in: Oyama, Susan/Griffiths, Paul E./Gray, Russell (Hrsg.): *Cycles of Contingency. Developmental Systems and Evolution*, Cambridge London 2001, S. 99-116.

Janich, Peter (a): *Was ist Information? Kritik einer Legende*, Frankfurt/Main 2006.

Ders.(b): *Kultur und Methode. Philosophie in einer wissenschaftlich geprägten Welt,* Frankfurt/Main 2006.

Kegel, Bernhard: *Epigenetik. Wie Erfahrungen vererbt werden*, Köln 2009.

Kay, Lily E.: *Das Buch des Lebens. Wer schrieb den genetischen Code?* München Wien 2001.

Keller, Evelyn Fox: *Das Leben neu denken. Metaphern der Biologie im 20. Jahrhundert*, München 1998.

Dies.: *Decoding the Genetic Program. Or, Some Circular Logic in the Logic of Circularity*, in: Beurton, Peter J./Falk, Raphael/Rheinberger, Hans-Jörg (Hrsg.): *The Concept of the Gene in Development and Evolution. Historical and Epistemological Perspectives*, Cambridge 2000, S. 159-177.

Dies.: *Das Jahrhundert des Gens*, Frankfurt/Main 2001.

Kogge, Werner: *Spurenlesen als epistemologischer Grundbegriff: Das Beispiel der Molekularbiologie,* in: Krämer, Sybille/Kogge, Werner/Grube, Gernot: *Spur. Spurenlesen als Orientierungstechnik und Wissenskunst*, Frankfurt/ Main 2007, S. 182-221.

Kummer, Christian: *Philosophie der organischen Entwicklung*, Stuttgart Berlin Köln 1996.

Love, Alan C.: *Explaining the Ontogeny of Form: Philosophical Issues*, in: Sarkar, Sahotra/Plutynski, Anya (Hrsg.): *A companion to the philosophy of biology*. Oxford 2008, S. 223-247.

Moss, Lenny: *Deconstructing the Gene and Reconstructing Molecular Developmental Systems*, in: Oyama/Griffiths/Gray 2001, S. 85-97.

Moss, Lenny: *What Genes Can't Do*, Cambridge 2003.

Müller-Wille, Staffan/Rheinberger, Hans-Jörg: *Das Gen im Zeitalter der Postgenomik. Eine wissenschaftshistorische Bestandsaufnahme,* Frankfurt/Main 2009

Oyama, Susan: *The Ontogeny of information. Developmental systems and evolution*. Cambridge, London, New York, New Rochelle, Melbourne, Sydney 1985.

Dies.: *Terms in Tension: What Do You Do When All the Goods Words Are Taken?*, in: Oyama, Susan/Griffiths, Paul E./Gray, Russell (Hrsg.): *Cycles of Contingency. Developmental Systems and Evolution*, Cambridge London 2001, S. 177-193.

Polanyi, Michael: *Implizites Wissen*, Frankfurt/M. 1985.

Powell, Alexander/Dupré, John: *From molecules to systems: the importance of looking both ways*, in: Studies in History and Philosophy of Biological and Biomedical Sciences 40 (2009), S. 54-64.

Rehmann-Sutter, Christoph: *Zwischen den Molekülen. Beiträge zur Philosophie der Genetik*, Tübingen 2005.

Rheinberger, Hans-Jörg: *Gene Concepts. Fragments from the Perspective of Molecular Biology*, in: Beurton, Peter J./Falk, Raphel/Rheinberger, Hans-Jörg (Hrsg.): *The Concept of the Gene in Development and Evolution. Historical and Epistemological Perspectives*, Cambridge 2000, S. 219-239.

Ders.: *Epistemologie des Konkreten. Studien zur Geschichte der modernen Biologie*, Frankfurt/ Main 2006.

Ders. und Müller-Wille, Staffan: *Gene concepts*, in: Sarkar, Sahotra/ Plutynski, Anya (Hrsg.): *A companion to the philosophy of biology*. Oxford 2008, S. 3-21.

Robert, Jason Scott: *Embryology, Epigenesis and Evolution: Taking Development Seriously*, New York 2004.

Sarkar, Sahotra: *Biological Information: A skeptical look at some central dogmas of Molecular Biology*, in: Ders. (Hrsg.): *The philosophy and history of molecular biology: New perspectives*. Dordrecht Voston London 1996, S. 187-231.

Ders.: *Information in Genetics and Developmental Biology: Comments on Maynard Smith*, in: Philosophy of Science 67/2000, S. 208-213.

Ders.: *Genomics, Proteomics, and Beyond*, in: Sarkar, Sahotra/Plutynski, Anya (Hrsg.): *A companion to the philosophy of biology*. Oxford 2008, S. 58-73.

Spektrum der Wissenschaft Dossier: *Das Neue Genom*,1/ 2006.

Stotz, Karola/ Griffiths, Paul E./Knight, Rob: *How biologists conceptualize genes: an empirical study*, in: Studies in History and Philosophy of Biological and Biomedical Sciences 35/ 2004, S. 647-673.

Stotz, Karola: (a) *Geschichte und Positionen der evolutionären Entwicklungsbiologie*, in: Krohs, Ulrich/Toepfer, Georg (Hrsg.): *Philosophie der Biologie – Eine Einführung*, Frankfurt/Main 2005, S. 338-356.

Dies.: (b) *Organismen als Entwicklungssysteme*, in: Krohs, Ulrich/Toepfer, Georg (Hrsg.): *Philosophie der Biologie – Eine Einführung*, Frankfurt/Main 2005, S. 125-143.

Thompson, Evan: *Mind In Life*, Cambridge London 2007.

Weischedel, Wilhelm (Hrsg.): *Immanuel Kant: Werke in sechs Bänden*, Band V. Kritik der Urteilskraft und Schriften zur Naturphilosophie, 5. Auflage Darmstadt 1983, S. 233-620.

Wissen, Technik, Heil.
Fragen an die weltanschaulichen Funktionen von Wissenschaft und Technik

Gerd Grübler

„Und nun, da die Wissenschaft – die wahre, reine, empirische Wissenschaft – an ihr Ende gelangt ist, stellt sich die Frage, woran sollte man sonst glauben?"[1]

Im Bereich der angewandten Ethik gibt es ein Paradox, das man als konkreten Anlass der folgenden Überlegungen verstehen kann. Gerade dort, wo die Gesellschaft über ganz konkrete moralische Konflikte streitet, und wo eine optimistische Methodik mit einem Zurücktreten fundamentaler Begründungsprogramme rechnet, gerade dort bricht die grundlegende Bedeutung von umfassenden Weltanschauungen und Geschichtserwartungen mit solcher Vehemenz hervor, dass man schon beide Augen verschließen müsste, um deren faktische Existenz und Bedeutsamkeit zu leugnen. Es scheint, dass wir die Denkmöglichkeiten im Bereich der Ethik (wieder) etwas erweitern müssen, um diesem Umstand gerecht werden zu können. Aspekte der Weltanschauung in *angemessener Weise* in den Diskurs der Ethik einzubringen, könnte helfen, die Genese von moralisch zu bewertenden Handlungen aus einer umgreifenden, motivierenden Sinndimension heraus besser zu verstehen. Da solche Aspekte lange Zeit peinlichst vermieden wurden, ist es zunächst einmal die Aufgabe, sich über eine solche ‚angemessene Weise' zu verständigen und begriffliche Konzepte zu prüfen. Vorliegender Text versteht sich als ein tentativer Versuch in diese Richtung.

Die gewählte Methode versteht sich im Kern als hermeneutische Phänomenologie. Das hier speziell ins Auge gefasste Forschungsprogramm könnte man eine Tiefenhermeneutik nennen, der es um sehr fundamentale Verstehensprozesse geht. Der Komplex ‚Wissenschaft und Technik' wird dabei als ein handgreifliches und zugleich für die Moderne dominantes Beispiel gewählt.

Die These von der Lebensweltunbedeutsamkeit

Dass Wissenschaft und Technik uns „in unserer Lebensnot" nichts zu sagen haben, wie es Husserl[2] formulierte, kann als ein Gemeinplatz moderner Philosophie gelten. Weniger verbreitet sind Reflexionen einerseits darüber, dass bzw. ob sie das je wollten und andererseits, ob Husserls Befund, der sich an der internen Inszenierung der positivistischen Methodik der physikalischen Wissenschaften orientierte, für ein auch sozial- und mentalitätsgeschichtlich zu eruierendes

---

1   Horgan, John: *An den Grenzen des Wissens*; Frankfurt a. M. 2000, S. 421.
2   Husserl, Edmund: *Die Krisis der europäischen Wissenschaften und die transzendentale Phänomenologie*; Hamburg 1996, S. 4 f.

Alltagsbewusstsein und Selbstverständnis der Neuzeit und insbesondere der Gegenwart überhaupt stimmt. Für Husserl bestand die Lebensweltunbedeutsamkeit der Wissenschaften in ihrem Schweigen über

> „[...] die Fragen nach Sinn oder Sinnlosigkeit dieses ganzen menschlichen Daseins. [...] Kann aber die Welt und menschliches Dasein in ihr in Wahrheit einen Sinn haben, wenn die Wissenschaften nur [...] objektiv Feststellbares als wahr gelten lassen, wenn Geschichte nichts weiter zu lehren hat, als dass alle Gestalten der geistigen Welt, alle den Menschen jeweils Halt gebenden Ideale, Normen, wie flüchtige Wellen sich bilden und wieder auflösen [...]?"[3]

Aber ist es heute nicht gerade das populäre, wenn auch diffuse Schema ‚Wissenschaft und Technik' das dem Alltag Vieler Halt, Ideal, und Norm gibt? Die Art, wie Wissenschaft und Technik heute in der Öffentlichkeit dargestellt werden, spricht ganz offensichtlich genau dafür. Das Problem, wie es u.a. Husserl gesehen hat, kann so umformuliert werden, dass die Gesellschaft in ihren auf Wissenschaft und Technik gegründeten Leitideen von einem methodisch reflektierten Standpunkt aus unhaltbar ist – sich davon aber nicht beirren lässt und dennoch funktioniert. Die falsche Prämisse dieser Kritik steckt darin, dass man so tut, als würden Wissenschaft und Technik ihre Werte – widermethodisch – der Gesellschaft als Weltdeutungen *von außen* auflasten. Viel wahrscheinlicher aber sind doch Wissenschaft und Technik, in ihrer anschaulichen Gestalt, selbst nur der handgreifliche Ausdruck der Weltdeutung, aus der heraus sie leben. Es kann also gerade nicht darum gehen, die philosophische Banalität, dass empirische Forschung keine Werte auffindet, wieder und wieder nachzureden. Es geht vielmehr darum, sehen zu lassen, wie Naturwissenschaft und Technik als zutiefst wert-volle Institutionen fungieren.

Technik und Wissenschaft als Weg zum Heil

Es soll zuerst sehr kurz auf drei historische Beispiele eingegangen werden, an denen sich belegen lässt, dass Wissenschaft und Technik selbst immer auch als Bewegung hin zu übergeordneten Zielen verstanden wurden, als Weg zum Heil.

Die Geschichte des Wissens[4] zeigt in jeder Epoche die Tendenz, empirisch belegbares Weltwissen, ja Allerweltswissen, auf abstraktere bis hin zu transzen-

---

3 Ebd. S. 5. Habermas sah später „das emanzipatorische Gattungsinteresse als solches" mit der Dominanz von Wissenschaft und Technik als gefährdet an, vgl. Habermas, Jürgen: *Technik und Wissenschaft als Ideologie*; Frankfurt a. M. 1995, S. 89.

4 Wissenschaft und Technik stellen sich nach der heutigen Reflexion als ein untrennbarer Komplex dar, als Technoscience (Latour). Der klassische Topos, Technik sei angewandte Naturwissenschaft, lässt sich damit genau so gut umkehren. Wissenschaft stellt sich als hochgradig auf Technikverwendung angewiesene Praxis dar, deren abstraktere Teile eher als Prototechnologie denn als ‚reines' Wissen zu interpretieren wären. Da dies in der Geschichte nicht immer so gesehen wurde, überwiegt bei den historisch früheren Beispielen die Konzentration auf das Wissen bzw. die Wissenschaft. Die Perspektive dieses Aufsatzes setzt allerdings voraus, dass sich Wissensproduktion gleichermaßen als technische Praxis verstehen lässt.

denten Ebenen zu transponieren. Ist es dort erst einmal angekommen, lässt es die empirische Welt als Chiffre einer höheren Wahrheit erscheinen. So entsteht eine normative Aura, die ein bestimmtes Wissen als suchens- und wissenswert erscheinen lässt und die eine bestimmte Praxis der Wissenssuche motiviert, legitimiert und vor anderen auszeichnet. Diese Aura bewirkt nicht den Glauben an die Unüberbietbarkeit bestimmter Sachaussagen; vielmehr den Glauben an die Ewigkeit bestimmter Ideale und das Essentielle bestimmter Hoffnungen, denen sich die Wissenssuche verpflichtet weiß, die sich allerdings in der jeweiligen Gegenwart nur als relative belegen lassen. Es ist der Glaube an die grundsätzliche Bedeutsamkeit bestimmter Horizonte, zu denen das Wissen auf dem Weg ist, sie zu öffnen.

Ein ausgezeichnetes Beispiel für die weltanschauliche, emotionale und motivationale Funktion der Wissenschaft ist der Mentalitätswandel, der sich im England des 17. Jahrhunderts im Zusammenhang mit der Wissenschaftlichen Revolution vollzog.[5] Das Elisabethanische sowie das Jacobinische Zeitalter wurden vom Pessimismus schwer erschüttert. Dafür spricht das in der Dichtung und Gelehrsamkeit der Zeit allgegenwärtige decay-Motiv, mit dem sich ab der Mitte des 16. Jahrhunderts zahlreiche Autoren auseinandergesetzt haben.[6] Man erlebte die Welt als alt und verbraucht, die Möglichkeiten des Lebens und Denkens als durch einen lange währenden Verfallsprozess depotenziert. Die ‚Neue Wissenschaft' und ihre Technik waren dann das Vehikel eines durchgreifenden Mentalitätswandels vom Pessimismus zum Optimismus und zugleich Erneuerung und Untermauerung von Heilsperspektiven. Und all das vollzog sich nicht gegen das Christentum, sondern stellt eine echte Reformation des religiösen Denkens dar. Nach 1635 tritt das decay-Motiv zurück und wird von der Attitüde der ‚Neuen Wissenschaft' überwunden.[7] Das Erkennen und Aufstellen von universellen Gesetzmäßigkeiten in der Natur, wird zur Gotteserkenntnis und zum Gottesbeweis. Die Akteure der neuen Wissenschaft favorisieren dabei die Idee von Gott als einem perfekten Handwerker. Als Gegenstand der Naturwissenschaften haben sie ein göttliches, perfektes Produkt vor sich und jedes Auffinden einer ‚erstaunlichen Leistung' der Natur bestätigt diese Hintergrundannahme immer wieder. Damit wird der Wirklichkeit ein Aspekt abgerungen – oder sagen wir, es wird ein Aspekt im Übermaß betont und hervorgehoben – der das Potential hat, *alles* zu verändern, *alles* mit anderen Augen zu sehen. Die zentralen Metaphern dieser Konstellation sind die der Zeit typischen technischen Geräte *und die mit ihnen verbundene Praxis.* Dies alles kristallisiert sich in der Metapher des Uhrwerks.

---

5   Vgl. dazu ausführlich Grübler, Gerd: *Erkenntnisskepsis, Geschichtspessimismus und die Neue Wissenschaft im England des 17. Jahrhunderts*; in Zeitsprünge 12 (2008), S. 428-449.

6   Vgl. Harris, Victor: *All coherence gone*; London 1966, S. 86ff. Harris präsentiert wohl nicht weniger als 60 Autoren, die das decay-Motiv in der einen oder anderen Form dargestellt haben.

7   Vgl. Harris: a.a.O. S. 148 ff.

Das ‚nachbauende' Verständnis eines Handwerksproduktes ist Paradigma der neuen Wissenschaft, Naturwissenschaft *ist* Technikwissenschaft. Die historischen Belege sind überreich, dass es diese Wendung in die Physikotheologie, dieser physikotheologische Impuls war, jener emotionale und motivationale Mehrwert der neuen Wissenschaft, der diese in der Mitte des 17. Jahrhunderts so populär gemacht hat und ihr zum Durchbruch verholfen hat. Wissenschaft, Technik und Religion sind dabei eine untrennbare Einheit. Naturphilosophie ist religiöser Akt, ja religiöse Pflicht. Im Erschließen von nützlichen Wirkungen und deren tatsächlicher Anwendung liegt nichts weniger als die Annahme der göttlichen Fürsorge und die rechtmäßige Würdigung der Güte Gottes. Das Seiende wird durch seine Nutzbarmachung als von Gott stammend erwiesen: Nutzbarkeit ist Gottesbeweis. Religion und Naturforschung (einschließlich Technologie) kommen hier völlig zur Deckung. Hierin irgendeinen Gegensatz sehen zu wollen, wäre ganz und gar unmöglich. Theorie und Praxis, das Wahre und das Gute: das Naturwissenschaft-Treiben vereint sie zu einer voll und ganz gerechtfertigten Lebensweise, zum Optimismus und zur Gewissheit, das Richtige zu tun.

Ein anderes sehr anschauliches Beispiel sind zentrale Entwicklungen der Geistes- und Wissenschaftsgeschichte des späten 19. und frühen 20. Jahrhunderts – Entwicklungen, die von den Zeitgenossen gern als ‚Kulturkampf' angesprochen wurden. Das 19. Jahrhundert war von seiner Mitte an von einer großen metaphysischen Verunsicherung befallen, die sich zu seinem Ausgang hin zu einem umfassenden Krisenbewusstsein steigerte. Darin vermischten sich Niedergangsbewusstsein und das Gefühl weltanschaulicher Haltlosigkeit mit euphorischen Fortschrittshoffnungen anhand der technischen Neuerungen.[8] Ähnlich wie im Falle der Wissenschaftlichen Revolution im 17. Jahrhundert hat die Historiographie auch für diese Epoche einen prinzipiellen Gegensatz zwischen religiösen bzw. weltanschaulichen Bestrebungen auf der einen Seite und wissenschaftlich-technischen Impulsen auf der anderen Seite gezeichnet, indem sie den Geschichtsverlauf als Widerspruch zwischen bestimmten Methodenidealen und außerwissenschaftlichen Einstellungen konstruierte. Tatsächlich haben wir es um 1900 mit ähnlichen Phänomenen wie den gerade beschriebenen zu tun. Es werden in der Tat Religion und Weltanschauung im Namen der Wissenschaft bekämpft; aber doch nur deshalb, weil mit der Wissenschaft eine neue, bessere Religion bzw. Weltanschauung vorzuliegen schien. Die Wissenschaft siegt *als* Weltanschauung – nicht *anstatt*. Besonders die Thematisierung der populärwissenschaftlichen Literatur[9] hat in jüngerer Zeit die Einsicht befördert, dass auch

---

8   Vgl. Drehsen, Volker/Sparn, Walter: *Die Moderne. Kulturkrise und Konstruktionsgeist*; in dies. (Hrsg.): *Vom Weltbildwandel zur Weltanschauungsanalyse*; Berlin 1996, S. 11-29.

9   Vgl. Daum, Andreas: *Das versöhnende Moment der neuen Weltanschauung*, in Drehsen, V./Sparn, W. (Hrsg.): *Vom Weltbildwandel zur Weltanschauungsanalyse*; Berlin 1996, 203-215; sowie ders.: *Wissenschaftspopularisierung im 19. Jahrhundert*; München 1998.

um 1900 die massenwirksame Durchsetzung von Wissenschaft und Technik wesentlich auf ihrer Akzeptanz und Faszination als umfassende Weltdeutung beruhte, nicht auf dem Vorliegen einer Spezialistenmethodik. Dass diese Entwicklung *eigentlich* philosophisch nicht haltbar ist, konnten sich die kritischen Philosophen selbstverständlich wiederum mit Recht sagen.[10] Die Heimatlosigkeit, die *sie* angesichts der Verwissenschaftlichung und Technisierung empfanden, war dabei aber gerade keine verallgemeinerbare Haltung. David Friedrich Strauß beispielsweise hat sich explizit bemüht, „zu erfahren, ob uns diese moderne Weltansicht auch den gleichen Dienst leistet, und ob sie uns denselben besser oder schlechter leistet, als den Altgläubigen die christliche".[11] Und seine Antwort fällt durchaus positiv aus. Wissenschaftlich im höchsten Maße ausgewiesene Autoren wie Ernst Haeckel und Wilhelm Ostwald haben diesen Gedanken der Wissenschaft als Religion dann aufgegriffen und massenwirksam verbreitet. Interessant ist Straußens Argumentation, insofern sie ihn schließlich bis zum Einklang des Menschen mit dem Urgrund und der Quelle von Vernunft und Gutem führt.

> „[...] wir betrachten die Welt nicht mehr als das Werk einer absolut vernünftigen Persönlichkeit, wohl aber als die Werkstätte des Vernünftigen und Guten. Sie ist uns nicht mehr angelegt von einer höchsten Vernunft, aber angelegt auf die höchste Vernunft."[12]

Damit wird die Religion poietisch gewendet. Es ist nicht mehr so, dass der Weltprozess von einem höchsten Wesen ausgeht, sondern vielmehr ist er der durch den Menschen aktiv in die Hand zu nehmende Prozess auf dieses Wesen hin. Der Mensch ist Agent des Universums; er ist berufen, zu dessen technisch bewehrter Speerspitze zu werden. Doch warum sollte er das tun? Sind nicht Trost, Unsterblichkeit und Rechtfertigung, kurzum: das Heil, aus dem neuen Glauben verbannt? Sie sind es nur, so könnte man Strauß weiterentwickeln, wenn sie aus einer rein spekulativen Hoffnung auf eine transzendente Realität gespeist werden. Die Plausibilisierung und Verheißung der einstigen Wunscherfüllung ist nun anders zu organisieren.

Auch in der Gegenwart ist die weltanschauliche Bedeutung von Wissenschaft und Technik allzu präsent und das Weltbild von den Wünschen und Hoffnungen der Menschen kaum zu trennen. Als Zeitgenosse wird einem die reißerische, heroisierende Rhetorik populärwissenschaftlicher Sendungen oder Zeitschriften nicht unbekannt sein, ebenso wenig wie die generell hohe mediale Präsenz wissenschaftlich-technischer Themen. Wieder durchdringen sich seriöse Forschung und populärer Wissenschafts- und Technikglaube, wieder geht es um begeisternde Perspektiven. Und wie in allen Epochen handelt es sich bei den

---

10 Vgl. Ziche, Paul: *Die Scham der Philosophen und der Hochmut der Fachgelehrsamkeit*, in ders. (Hrsg.): *Monismus um 1900*; Berlin 2000, S. 61-80.

11 Strauß, David Friedrich: *Der alte und der neue Glaube*; Bonn 1873.

12 Ebd. S. 142 f.

Akteuren um zwar umstrittene, dennoch im fachlichen Sinne achtbare Vertreter ihrer Professionen.

Das ganze Spektrum von ‚Wissenschaft und Technik' hat (bis) heute ganz klar eine implizite normativ-motivierende ‚Sendung'. Besonders dramatisch kommt das anhand der post- oder transhumanen Perspektiven, die Autoren wie Aubrey de Grey[13], Hans Moravec[14], Ray Kurzweil[15] oder Frank Tipler[16] aufmachen, zum Ausdruck. Die technische Realisierbarkeit dieser Entwürfe ist höchst zweifelhaft; sie sollen hier lediglich als stärkster Ausdruck einer dominanten weltanschaulichen Tendenz der Gegenwart genommen werden. In diesen Autoren bricht das Motiv einmal ganz unverstellt hervor und verschafft sich Ausdruck. Die angesprochenen Entwürfe haben das alte Ideal der Naturwissenschaften hinter sich gelassen. Es sind Vorstellungen von Wissenschaftlern, die bekennende Techniker sind, also nicht mehr kosmisch (von einer Ordnung her), sondern kosmetisch (auf eine Ordnung hin) denken. Mit diesem Wandel geht das Interesse zugleich von der Vergangenheit (Wo kommen wir her? Was ist der Ursprung von allem? Ewiger Schöpfergott) auf die Zukunft (Was kann aus uns werden? Was ist das Schicksal des Universums? Werdender Gott) über. Damit werden all die klassischen Fragen nach dem Heil zu Fragen technischen Erfolges, Naturgesetze zu transzendentalpragmatischen Aprioris, Grundlagenforschung zur transzendentalen Technologie, die die Bedingungen der Möglichkeit technologischen Erfolges dokumentiert. Die gesamte Geschichte wird zu einer Zeit der Bewährung, in der es dem Menschen gelingen muss, den Kosmos zu überwinden. Selbstverständlich ist ein solches dauerhaftes Überleben dem Menschen nicht in seiner heutigen Gestalt möglich und eine technische Transformation des Humanen wird von den Autoren gefordert, legitimiert und motiviert.

---

13 Vgl. Grey, Aubrey de: *The foreseeability of real anti-aging medicine*; in Experimental Gerontology 38 (2003), S. 927-934. Ders.: *Life span extension research and public debate. Societal considerations*; in Studies in Ethics, Law, and Technology 1 (2007), http://www.bepress.com/ selt/vol1/iss1/art5. Ders.: *Is the quest to defeat aging ethical?*; http://www.sens.org/files/sens/ RSA-PP.pdf. Ders.: *A strategy for postponing aging indefinitely*; in Stud Health Technol Inform. 118 (2005) 209-19. Die Thesen De Greys wurden in einer Debatte in Technology Review (Feb., Apr. 2005, Jun., Jul. 2006) als zwar spekulativ, nicht aber der wissenschaftlichen Erwägung unwürdig eingestuft.

14 Vgl. Moravec, Hans: *Mind Children. Der Wettlauf zwischen menschlicher und künstlicher Intelligenz*; Hamburg 1990. Ders.: *Computer übernehmen die Macht*; Hamburg 1999.

15 Kurzweil, Ray: *KI. Das Zeitalter der Künstlichen Intelligenz*; München, Wien 1993. Ders.: *Homo s@piens. Leben im 21. Jahrhundert*; München 2001. Ders.: *Im Gespräch: Ray Kurzweil*, F.A.Z. vom 23.02.2008, Nr. 46, S. Z6.

16 Tipler, Frank J.: *Die Physik der Unsterblichkeit*; München 1994.

Das Phänomen erfassen

Gehen wir davon aus, dass wir in diesen knappen Beispielen ein zentrales weltanschauliches Motiv einschließlich seiner geschichtsphilosophischen Implikationen, das Motiv ‚Wissenschaft und Technik', erfassen können, das zahlreichen Debatten der Moderne bis in die Gegenwart hinein unausgesprochen zugrunde liegt. Im Folgenden soll ein Konzept umrissen werden, das geeignet erscheint, das hier gesuchte Phänomen des ‚metaphysischen Mehrwertes' (in diesem Falle wissenschaftlicher und technischer Praxen) zu beschreiben. Es mag auf den ersten Blick befremdlich erscheinen, nach solchen Anschauungen seriös fragen zu wollen. Der Zeitgenosse hat gelernt, mit peinlicher Betroffenheit zu reagieren. Und dennoch sind es solche Anschauungen, die sich bis heute massiv aufdrängen und die, nennt man sie auch nicht beim Namen, dennoch im Untergrund der Diskurse werken.

Begriffe wie Weltbild, Weltanschauung, Religion, Horizont, Mythos, Geschick, Dispositiv oder Ideologie drängen sich hier auf, können aber in diesem Rahmen nicht explizit besprochen werden. Konzentrieren möchte ich mich auf die Interpretation des Konzepts des Glaubens, wie es sich auf der Basis von Michael Polanyis hermeneutischer Wissenskonzeption aufbauen lässt.

Fassen wir die Funktion des gesuchten Phänomens zuvor zusammen: worum es geht, ist eine Sinnstruktur, die das Leben und Streben der Einzelnen wie u. U. auch ganzer Gesellschaften sehr umfassend oder fundamental *ausrichtet*. Diese Sinnstruktur wird ‚bewiesen' durch Strategien und Aktivitäten, die sie in der Welt greifbar, anschaubar, einsehbar machen. Damit wird der Sinn in den Alltag getragen. Die ‚beweisenden' Institutionen können dabei nie willkürlich mit dem Sinn, der normativen Aura, schalten und walten. Dieser Vorrang und die relative Eigenständigkeit des Sinnes werden besonders deutlich an den Übergängen und Krisen, die ja im Zentrum der historischen Beispiele gestanden haben. Der Sinn, den bestimmte gesellschaftliche Ordnungen haben, wird bei deren Infragestellung herausgefordert. Er muss sich dann verbalisieren lassen und dabei wird er selbst konkretisiert. In solchen Prozessen des Befragens und Festklopfens von Ordnungen wird er sich seiner bewusst. In einem derart reflexiven Prozess wird der Sinn, von dem die Akteure der Gesellschaft selbstverständlich *nicht nur* und vor allem *nicht zuerst intellektuell* überzeugt sind, in Form von grundsätzlichen Aussagen über die Welt greifbar. Diese Aussagen sind als solche nicht direkt beweisbar: und dennoch *müssen* sie bewiesen werden, um zu wirken! Für die in den Beispielen angeschnittenen Epochen ergeben sich folgende ‚Formeln'.

a) Christentum: Es gibt einen Gott, der die Welt geschaffen hat.

b) Naturwissenschaft: Der Weltlauf vollzieht sich nach unverrückbaren Gesetzen, deren alternativlose (universale) Wahrheit erkannt werden kann. (Übergangsformel „Physikotheologie" von a nach b: Die Naturgesetze sind die Konstruktionsprinzipien Gottes.)

c) Technoscience: Die Wahrheit wird mittels der Anwendung und Ausdehnung technischer Mittel konstruiert. (Übergangsformel „Positivismus" von b nach c: Die Technik vollzieht sich durch Anwendung der zuvor erkannten Naturgesetze.)

Und nun, etwas spekulativer, das noch unausgesprochene Geschehen der Gegenwart:

d) Technotheologie: Das Seiende wird durch technische Konstruktion, als Produkt, zum verlässlichen Partner der Selbsterlösung im Sinne einer Umschaffung zum werdenden Gott. (Übergangsformel „Posthumanismus" von c nach d: Durch die Anwendung der Technik auf sich selbst überwindet der Mensch seine Endlichkeit.)

Diese Sätze verweisen jeweils auf einen das Leben leitenden und lenkenden (normativen und motivierenden) Sinn, der durch ihre analytische Zerpflückung selbstverständlich nicht gefunden werden könnte. Daher sind im Alltag gar nicht so sehr sie selbst in ihrer Schlichtheit und Angreifbarkeit den Menschen präsent, sondern vielmehr ihre Ableitungen und Implikationen. Wenn es Gott gibt, so bin ich persönlich in guten Händen, dann ist die Welt unter Beobachtung und wir sind nicht allein. Wenn es eine Wahrheit der Natur gibt, dann ist deren Erkenntnis das Ende der Unsicherheit auch über den richtigen Weg unseres Lebens, dann wird es einfach klar werden, was zu tun ist und wer Recht hat. Wenn im Funktionieren der eigenen Konstruktion Halt zu gewinnen ist, dann kann durch uns selbst, nach und nach, *alles* erreicht werden.

Es bleibt nun nichts anderes übrig, als diese Sätze *Glaubenssätze* zu nennen. Worum es geht, ist der Glaube und die Arbeit am Glauben. Es folgt daher eine Auseinandersetzung mit dem Konzept des Glaubens, die anhand von Michael Polanyis Revision des Wissensbegriffes[17] entfaltet werden soll.

Polanyi hält sich an einen Begriff von Wissen, der Kennen und Können umfasst. Propositionales Wissen ist damit lediglich ein Sonderfall. Er geht von der banalen Erfahrung aus, dass wir mehr zu wissen scheinen, als wir sagen können. Dieses Phänomen ‚impliziten Wissens' ist allgegenwärtig und unter anderem an jeder Form von Technikverwendung zu belegen. Polanyis Absicht ist es, *alles* Wissen nach diesem Modell zu verstehen. Für ihn handelt es sich immer wieder um dieselbe Struktur, die sich einerseits an der Erkenntnis, andererseits am Sei-

---

17 Vgl. Polanyi, Michael: *Implizites Wissen*; Frankfurt a. M. 1985. Ders.: *Faith and Reason*; in ders.: *Scientific thought and social reality*; New York 1974, S. 116-130. Ders.: *Knowing and Being*; in ders.: *Knowing and Being*, Chicago 1969, S. 123-137. Ders.: *Scientific beliefs*; in ders.: *Scientific thought and social reality*, S. 67-81. Ders.: *Tacit Knowing. Its Bearing on Some Problems of Philosophy*; in ders.: *Knowing and Being*, S. 159-180. Ders.: *Science and Man's Place in the Universe*, in H. Woolf (Hrsg.): *Science as a Cultural Force*; Baltimore 1964. Ders.: *The Logic of Tacit Inference*; in ders.: *Knowing and Being*, S. 123-137.

enden selbst – als zwei Seiten derselben Medaille – nachweisen lässt. Es besteht dabei ein hierarchisches Verhältnis der Seins- und Erkenntnisschichten, wobei ein umfassender (das Ganze erfassender und zusammenfassender) Erkenntnisprozess auf der nichtthematischen Kenntnis der beteiligten, der impliziten Anhaltspunkte (clues) oder Details (particulars) aufbaut. Diese höhere Einsicht ist dabei qualitativ weder als Summe oder Abfolge der ihr zugrunde liegenden Einzelheiten zu verstehen, noch andererseits von diesen unabhängig. Es handelt sich um eine Art Emergenz, die sich aus der niederen Stufe nicht explizit ableiten lässt. Diese Struktur zeigt sich auf unterster Ebene anhand von Wahrnehmungsprozessen, bei denen rein physische, in der Wahrnehmung selbst unbewusste Prozesse zur Wahrnehmung von etwas als einem konkreten Ganzen führen. Dieselbe Struktur lässt sich bei der Zeichenverwendung und beim Spracherwerb aufweisen. Je anspruchsvoller unsere Leistungen werden, je komplexer die Gegenstände, über die wir etwas wissen bzw. mit denen wir kompetent umgehen wollen, desto größer ist der beteiligte Schatz an untergeordnetem (subsidiary), implizitem Wissen, das wir durch Übung und alltägliche Praxis in uns aufgesogen (assimilating) haben. ‚In uns' ist dabei allerdings gar kein richtiger Ausdruck des Phänomens; es geht hier ja gerade nicht um das klassische Subjekt-Objekt-Schema. Polanyi spricht daher alternativ lieber von einem ‚Ausströmen' (pouring into) unseres Leibes in die immer größer werdende Welt der Dinge, vom Verstehen als einem ‚Bewohnen' der Dinge bzw. ‚Einwohnen' in den Dingen (indwelling).[18] Die Kenntnis der Einzeldinge führt zur Emergenz des Verstehens einer Einheit – und dieses Verständnis wiederum wirft sein Licht zurück auf die Einzelheiten, die es zusammenfasst. Sie werden dann als ‚Komponenten von ...' erkannt und gewürdigt. In dieser Dynamik des Wissens bleiben „alle expliziten Formen des Denkens, seien sie deduktiv oder induktiv, für sich alleine machtlos"[19], weil sie nicht voraussetzungslos beginnen können, sondern stets an implizite Leistungen, Trainings und Praktiken gebunden sind, die sie ‚verschweigen'.

Polanyi parallelisiert dabei nicht nur den Erkenntnisprozess der Naturwissenschaften mit dem der Geisteswissenschaften[20], sondern das Wissen ganz allgemein mit dem Glauben, anstatt es ihm, der Tradition gemäß, gerade gegenüber zu stellen. Das Wissen *ist* eine Art von Glauben, da es aus einer Unterlage emergiert, ohne von dieser im strengen Sinne abgeleitet werden zu können. Jedes explizit ausgesprochene Wissen, jedes Verständnis, ist streng betrachtet eine Art Intuition, die eine u.U. unüberschaubare und unnennbare Menge von einzelnen Erfahrungen zusammenfasst. Es ist eine Einsicht auf höherer Ebene, eine neue Qualität, die sich uns ‚ergibt', die sich ‚einstellt'. Und diese Einsicht bewährt sich dann, parallel einer körperlichen Fähigkeit, im Zwiegespräch mit ihren ‚nie-

---

18 Vgl. *Faith and Reason*, S. 122 f.
19 Ebd. S. 124.
20 Vgl. *Tacit Knowing. Its Bearing on Some Problems of Philosophy*, S. 160.

deren' Implikationen. Durch das Verstehen einer Ganzheit verändert und be-
stärkt sich die Art und Weise, wie wir den Details unserer Welt ‚einwohnen' und
dadurch wiederum verstärkt sich das Verständnis des Ganzen. Es bleibt immer
der qualitative *Sprung* erhalten, der das Verstehen von seiner Basis scheidet.
Eine vollständige Explikation bleibt unmöglich. Entscheidend ist, dass die
Wahrheit eines Wissens an eine bestimmte Lebenspraxis, an individuelle Erfahrungen gebunden wird.

Versuchen wir nun, daraus einen philosophischen Begriff des Glaubens zu
entwickeln. Gehen wir dazu vom häufigsten alltäglichen Gebrauch des Wortes
aus. Sagt man ‚Ich glaube...', so meint man zumeist, dass man etwas für wahr
oder wahrscheinlich hält, das man prinzipiell auch entweder genauer in Erfahrung bringen könnte oder das sich früher oder später noch genauer herausstellen
wird. Hierin liegt nichts weiter als eine gewisse Ökonomie, zu der man gezwungen ist, und deren Entgegensetzung zum Wissen absolut plausibel erscheint.
Hier bewegen wir uns im Bereich des Meinens. Beim Meinen fällt das Glauben
also selber auf. Doch *dieser* Glaube ist nur die Spitze des Eisberges. Es ist *ein*
Glaube, aber führt uns noch nicht zum Kern der Sache. Das Griechische kennt
die beiden getrennten Konzepte πίστις und δόξα, die den Unterschied von Glaube im Sinne von ‚Meinen' und Glaube im Sinne von ‚Vertrauen auf...' stärker
hervorkehren. Wollen wir die eingangs gekennzeichneten weltanschaulichen
Phänomene näher beschreiben, so müsste der Begriff des Glaubens eher ‚um-
greifend' gedacht, in der Bedeutung des Vertrauens oder Zutrauens genommen,
und so vom (selbsteinsichtig-distanzierten) Meinen abgehoben werden. Dies
schließt zwar ein Für-wahr-halten u.U. mit ein, kann aber gerade nicht auf dessen explizite, direkte Beweisbarmachung pochen. Das ist ja genau der Grund,
warum Polanyi Wissen und Glauben parallelisiert und nicht trennt. Bei dieser
Parallelisierung schließt er sich kritisch an Paul Tillich an[21], dessen Definition
des Glaubens uns das andere Extrem im Spektrum des Glaubens, die dem Meinen gerade gegenüberliegende Seite, vorführt:

> „Glaube als Ergriffensein von dem, was uns unbedingt angeht, ist ein Akt der gan-
> zen Person. Er ereignet sich im Zentrum des persönlichen Lebens und umfasst alle
> seine Strukturen. Glaube ist der innerste und umfassendste Akt des menschlichen
> Geistes. Er ist kein Vorgang in einem bestimmten Bereich der Person und keine ein-
> zelne Funktion in der Totalität menschlichen Seins. Alle Funktionen des Menschen
> sind im Akt des Glaubens vereinigt. Andererseits ist der Glaube auch nicht die Ge-
> samtsumme der einzelnen Elemente und Funktionen. Vielmehr transzendiert er jede
> einzelne Funktion ebenso wie ihre Gesamtheit und hat doch entscheidenden Anteil
> an jeder von ihnen."[22]
>
> „Der Glaube hat einen kognitiven Inhalt und ist zugleich Akt des Gefühls und
> Willens; er ist die Einheit aller dieser Elemente im zentrierten Selbst."[23]

---

21 Vgl. *Faith and Reason*, S. 125.
22 Tillich, Paul: *Wesen und Wandel des Glaubens*; Frankfurt a. M., Berlin 1961, S. 12.
23 Ebd. S. 16.

Zudem betont Tillich, dass man den Glaubensinhalt nicht außerhalb des Glaubens haben kann[24], mit anderen Worten: zu dem, was geglaubt wird, kein expliziter Zugang besteht.

Ein ausschließliches Adoptieren dieses theologisch geprägten Glaubensbegriffs würde Polanyis generelle Struktur impliziten Wissens allerdings auf eine einzelne, allumfassende und endgültige Gesamtsynthese reduzieren. Das wäre für den philosophischen Glaubensbegriff genau so wenig wünschenswert wie eine Fixierung auf den Aspekt des Meinens.[25] Tillich geht von einem singulären, resümierenden Glaubensakt aus, der einmal vollzogen wird und der Person darin ihren Abschluss, ihre Ganzheit bringt. Im Konzept Polanyis wäre dieser Glaube zwar die höchstmögliche, aber eben nur eine der möglichen Synthesen, die mit dem Konzept des Glaubens erfasst werden können. Es soll daher nun versucht werden, den Glaubensbegriff auf dieser Basis so zu fassen, dass er alle Aspekte, vom Meinen bis zur umfassenden Weltanschauung, zu umgreifen vermag.

Man könnte den Glauben, nach dem oben über implizites Wissen Gesagten, als eine *gefühlsmäßige Disposition*[26] auffassen, *etwas als etwas*[27] zu verstehen. Dieses Verstehen geht dann mit einer Empfindung von Satisfaktion, einer Selbstverständlichkeit, einem Ruhen in wohliger Gewissheit einher. Der Glaube bleibt, so gesehen, passiv und im Hintergrund. Er muss immer erst ,aufgerufen' werden. Als Disposition wird der Glaube auch niemals vollständig durch faktisches Verhalten offenbar gemacht. Unendlich viele Dinge könnten unseren Glauben im Einzelfall offenbaren, denen wir im Leben aber vielleicht niemals begegnen. Der Glaube ist eher eine Quelle von Reaktionen, Handlungen und Bewertungen, die uns in einem konkreten Einzelfall jeweils als wahr, gut oder richtig erscheinen werden. Und das auf ganz unterschiedlichen Niveaus der Abstraktion bzw. Konkretion, d.h. bezüglich einzelner Dinge oder aber auch gegenüber ganzen Seinsbereichen. Desweiteren können für den Glauben keine Gründe vorgebracht werden. Ein Glaube kann lediglich ,von außen' auf seine Ursachen hin befragt werden; doch dies ist selbst schon wieder von einer bestimmten Deutung des Weltgeschehens abhängig und damit von der Disposition, etwas als etwas zu verstehen, sprich: vom Glauben.[28]

---

24 Vgl. ebd. S. 20.
25 Hinter beiden Optionen einer Totalisierung oder Engführung des Konzeptes stehen letztlich apologetische Interessen, die hier nicht verfolgt werden. Hier gilt es weder, das Wissen vor dem Meinen zu schützen (platonische Tradition), noch den Glauben gegenüber dem Wissen zu immunisieren (theologische Tradition).
26 Vgl. Cohen, L. Jonathan: *An Essay on Belief and Acceptance*; Oxford 1992, S. 4 ff.
27 Wittgenstein thematisiert solche Phänomene unter den Bezeichnungen „Bemerken eines Aspekts" und „sehen als..." (Philosophische Untersuchungen; in ders.: Werkausgabe in acht Bänden, Bd. 1; Frankfurt a. M. 1995, S. 225-580, hier S. 518, 524).
28 Dieser tiefste Grund des hermeneutischen Zirkels, der ,Glaubenszirkel', ist eine methodologische Einsicht von größter Bedeutung, da sie die Möglichkeiten universalistischen Philosophierens radikal beschneidet und vom Gegebensein kultureller Ähnlichkeiten und

Kommen wir nun zu einigen notwendigen Unterscheidungen innerhalb des Konzeptes des Glaubens. Der Glaube (1) als Disposition geht mit dem expliziten (propositionalen) Glauben (2) an Inhalte einher. Er tut das ‚immer schon', denn die uns vertrauten Dinge treffen nicht immer aufs Neue auf einen passiven Glauben, sondern deren Kenntnis ist uns explizit geläufig. Das heißt nicht, dass es hierbei keine Änderungen geben kann; aber es ist auf jeden Fall eine phänomenale Eigentümlichkeit des Daseins, dass es mit einem Schatz von relativ konstanten expliziten Gewissheiten umgeht. Es wäre auch dem Sprachgebrauch sehr zuwider, würden wir als Glauben nur die implizite, unbewusste und stumme Disposition zulassen und das Glauben *an* etwas ausschließen. Polanyis dynamische Betrachtung führt zu der Einsicht, dass beide Aspekte stets zusammenspielen und zur Erhellung des Glaubensbegriffes von keiner Seite abgesehen werden kann.

Das alltägliche Meinen als abgeschwächte Form expliziten Fürwahrhaltens ist wie eine neue Fertigkeit, die noch nicht lange genug geübt wurde. Das explizite Wissen wiederum, der als Proposition ausgesprochene Inhalt, steht am Ende einer langen (Ein-)Übung. Nach jahrelanger Praxis kann man sagen: Ich *weiß*, dass das so und so ist. Eine Einschränkung erschiene dem Sprecher hier abwegig. Der propositionale Gehalt kann wie eine vom Baum abgetrennte Frucht präsentiert werden und damit seinen Glaubenscharakter völlig verleugnen – so wie man es tut, wenn man Wissen und Glauben als Gegensätze behandelt. Diese *Arbeit am Vertrauen*, dass die Welt so ist, wie ich sie erkenne, dass sie das ist, als was ich sie verstehe und anspreche, ist das epistemische Grundgeschehen unserer Existenz. Das Wissen hat notwendig die Tendenz zur Verdeckung seiner Herkunft, zur Verwischung seiner Spuren. In *diesem* Sinne ist der Wissende dümmer als der Meinende – ein der skeptischen Tradition ja seit jeher geläufiger Gedanke.

Während der Glaube (2) im Sinne des Meinens und expliziten Wissens dem genauen Wortlaut nach abgesichert oder widerlegt werden kann, bleibt das Verhältnis der Erfahrung zum Glauben (1) prinzipiell opak. Dieser Glaube wird selbstverständlich – wie sonst?! – anhand der Erfahrung befestigt. Seine Befestigung vollzieht sich als schrittweise *Einlösung* bereits gewährten Vertrauens im *praktischen* Fortgang des Lebens in seiner gewöhnlichen Alltäglichkeit oder auch in systematischer Forschung, und stellt somit eine Art Einübung dar, die letztlich dichter und überzeugender wirkt als jeder nur im Wortlaut vollzogene Beweis, ja liegt jedem Beweis voraus. Dieser Prozess des Glaubens im Sinne einer Arbeit mit und an dem Vertrauen umgreift die Bemühungen um Wissen und Meinen in der Forschung ebenso wie die Technikverwendung im Alltag und er stellt somit eine innerpersonelle Einheit von Kompetenzen sicher.

Der Glaube (1) als gefühlskonnotierte Disposition ist als eine Art Wahrnehmungsvermögen zu fassen, gehört quasi in den Bereich der transzendentalen Äs-

---

Parallelen in der Lebenspraxis abhängig macht.

thetik.[29] Er ist dabei ein ‚Tiefensinn' der Wahrnehmung, dessen Apriori ein gewordenes ist und, in Maßen, immer wandelbares bleibt. Es ist ein erworbenes, personales Apriori, ein faktisches, in jeder konkreten Wahrnehmungssituation wirksames, das dennoch nicht universell ist. Es ist geformt von historischen, kulturellen, sozialen und individuellen Erfahrungen des Einzelnen.

Die meisten Fähigkeiten oder Wissensinhalte sind selbstverständlich komplexe Kombinationen, haben zahlreiche Aspekte und Verweisungen. Zudem ergibt sich eine Schichtung von Glaube (1) und Glaube (2), bzw. Wissen/Meinen und Glaube als Disposition. Der Glaube (1) erscheint als ein Reservoir, in das im Fortgang des Lebens beständig eingezahlt wird, ohne dass uns dieses Reservoir an sich kenntlich oder zugänglich wäre. Vielmehr sind es allein seine Wirkungen auf das Verständnis dieses Lebens und unsere Kompetenzen, an denen wir seine Beschaffenheit ablesen können. Der Glaube (1) bleibt uns eine Blackbox, von der alles abhängt und die dennoch leicht zu übersehen ist.

Das Meinen erhält zunächst eine vage Führung durch einen schon bestehenden Glauben. Doch wo wenig Glaube ist, da ist wenig Wissen; hier gibt es nur distanziertes Für-wahr-halten. Ist das Meinen uninteressiert, wird es keinen weiteren Lernprozess geben. Andernfalls nähren die alltägliche Praxis oder das gezielte Lernen bzw. die professionelle Ausübung beständig einen Glauben, der seinerseits diese Praxis mehr und mehr versichert. Schließlich erwächst aus dem Glauben ein nur noch schwer zu erschütterndes Wissen. Das explizite Wissen bleibt dennoch in jedem Falle von einem vorgängigen Glauben getragen: „der Glaube ist flüssigen Wesens, und [...] trägt das Feste, nämlich alles sichere, feste und festgestellte empirische Wissen."[30]

Folgendes Schema illustriert diesen philosophischen Glaubensbegriff, wobei man sich einen zeitlichen Verlauf von links nach rechts vorzustellen hat:

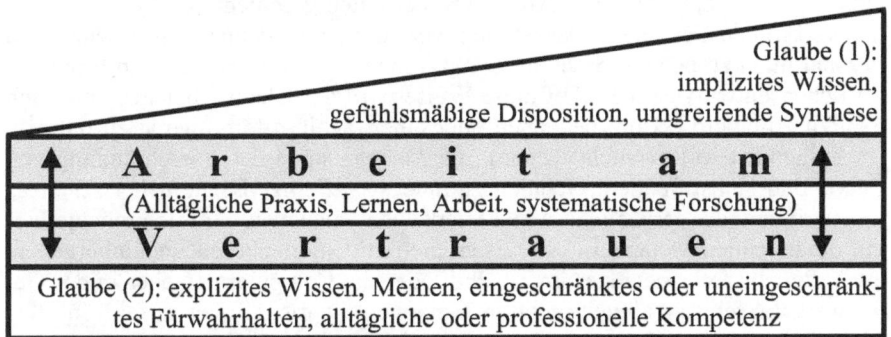

Glaube (1):
implizites Wissen,
gefühlsmäßige Disposition, umgreifende Synthese

A r b e i t a m

(Alltägliche Praxis, Lernen, Arbeit, systematische Forschung)

V e r t r a u e n

Glaube (2): explizites Wissen, Meinen, eingeschränktes oder uneingeschränktes Fürwahrhalten, alltägliche oder professionelle Kompetenz

29 Vgl. Vonessen, Franz: *Glaube als Wahrnehmungskraft*; in Petri, H. (Hrsg.): *Wissen, Glaube, Aberglaube*; Frankfurt a. M. 1992, S. 38-64. und Hick, John: *Religious faith as experiencing-as*; in ders.: *God and the universe of faiths*; Oxford 1993, S. 37-52. (Der Ausdruck ist hier nicht auf das Kant'sche Schema begrenzt.)

30 Vonessen: a.a.O., S. 52.

Damit können weltbildliche Phänomene als ein unvermeidlich sich einstellender Teil oder Aspekt des Glaubens (1) gedeutet werden. Dieser Teil des Glaubens ist dazu geeignet, sehr umfassende Synthesen zu ermöglichen, in dem er dem Seienden im Ganzen eine bestimmte Deutung gibt. Diese Deutungen sind zunächst gefühlsmäßige Dispositionen und als solche wirken sie ‚implizit'. Sie sind also nicht vorrangig theoretische Gesamtdeutungen der Welt, sondern bewirken sowohl als auch resultieren daraus, dass wir gerade die auf diese Weise gedeutete Welt mit Vertrautheit bewohnen. In diesem Falle ist unsere ‚Arbeit' am Vertrauen schlichtweg unser ganzes Leben mit all seinen Aspekten. Die Deutung unserer Welt und das Führen unseres Lebens sind über den Glauben untrennbar parallelisiert. Wir können die Welt nicht ändern, ohne unser Leben zu ändern – und vice versa. Müssen die *dispositionalen* Gesamtdeutungen bzw. ‚Weltanschauungen' (Glaube 1) einmal expliziert und verbalisiert werden, so führt das zu den oben als ‚Glaubenssätze' herauspräparierten paradigmatischen Aussagen (Glaube 2). Doch als ausgesprochene Sätze haben sie wesentlich weniger Kraft als der ihnen zugrunde liegende dispositionale Glaube (1).

Metaphern: Die Sprache des Vertrauens

Wie ist das Verhältnis zwischen den obersten Glaubenssätzen und den verschiedenen Praxen der ‚Arbeit am Vertrauen' näher zu bestimmen? Schauen wir nun, wie der Glaube sich im wirklichen Leben bekannt macht und wie andererseits die Praxis am Vertrauen arbeitet. Es wäre selbstverständlich absolut abwegig, die Sache so darzustellen, als ob die Praxis nur oder hauptsächlich ein Mittel wäre, Sinn zu beweisen. Tatsächlich tut das fast niemand vorsätzlich. Selbst die Institutionen der Sinnverwaltung sprechen diesen Punkt nur selten offen und aufs Ganze bezogen aus. Die Arbeit am Vertrauen geschieht vor Aller Augen – und verbirgt sich dennoch. Das ist nicht verwunderlich, denn Glaubenssätze sind rational nicht zu beweisen; vielmehr muss man dafür sorgen, dass ein bestimmter Lebensentwurf gelingt. Auf diese Weise wird der Glaube ‚belegt', ohne sich explizit zu einem Axiom bekennen oder einen Schluss formulieren zu müssen. Im Folgenden soll versucht werden, die Mechanismen der Verschränkung von Praxis und sinnstiftendem Glauben zumindest auf *einer* Ebene näher sehen zu lassen, indem der sprachliche Aspekt derselben beleuchtet wird. Ich möchte hier auf die leitenden Metaphern verweisen, die mit den Glaubensätzen einhergehen, etwa die Uhrwerksmetapher im 17. Jhd. oder die Computermetapher in der Gegenwart. Es fehlt uns heute nicht an Metapherntheorien[31], aber es fehlt in allen Metapherntheorien der für uns entscheidende Aspekt des ‚metaphysischen Mehrwertes' der Metaphern, den sie für die umfassende Sinnstiftung ja entwickeln. Wie kommt derselbe in die Metapher? Wer im 17. Jahrhundert vom Uhrwerk sprach, der gebrauchte nicht nur eine heuristische Strukturmetapher, son-

---

31 Vgl. zur Einführung Kurz, Gerhard: *Metapher, Allegorie, Symbol*; Göttingen 2004.

dern der versicherte sich der Existenz Gottes. Das Entscheidende ist das Strukturmerkmal: ‚hat einen Uhrmacher'. Alle anderen strukturellen Passungen wie zum Beispiel: die Welt wie die Uhr laufen (scheinbar) von alleine und ihre Bewegungen sind gleichförmig, sind dagegen eher vage. Es dürften sich – aus der Sicht des heutigen Zeitgenossen – genauso viele Beispiele dafür wie dagegen finden lassen. Vielmehr ist es so, dass das Modell Uhr *dazu führt*, den Weltenlauf als gleichförmig zu interpretieren, bzw. solche Phänomene zu thematisieren, die diese Interpretation stützen, sprich: die Welt als Uhr zu sehen. Die Metapher ist zugleich Gönner und Agent der Disposition, etwas als etwas aufzufassen. Die Anwendung der Metapher wird nicht anhand einer umfassenden Prüfung von Strukturanalogien vorgenommen, sondern weil eine zentrale Analogie besteht, werden die anderen gefunden. Solche Metaphern scheinen damit die praktischen Vermittler zwischen beiden Extremen des Glaubens zu sein. Sie sind lebensweltlich anschaulich in den Dingen, die uns in Forschung und Alltag ihnen gemäß erscheinen. Und sie tragen zugleich die Sendung eines umgreifenden Glaubens in sich, einen metaphysischen Mehrwert.

Dieser Metapherntypus sollte einen besonderen Namen bekommen. Man könnte ihn, in Anlehnung an Foucaults Begriff des Dispositivs, als *dispositive Metapher* bezeichnen. Dispositive Metaphern tragen eine bestimmte Normativität in sich, für die zumeist *nur eine* strukturelle Analogie-Passung bestimmend ist. Dieser eine Aspekt ist das rechtfertigende und motivierende Moment. Ihm sind die übrigen strukturellen Analogie-Passungen, die es braucht, um das Modell plausibel zu machen, nachgeordnet; und zwar insofern nachgeordnet, als die Metapher dazu lenkt und anleitet, die Welt dem Modell passend zu interpretieren. Hier findet die wirklich kreative Arbeit am Weltbild statt, hier wird die Welt mit den Themen, die in ihr relevant sind, erschaffen.

Wem es schwer fällt, diese abstrakten Überlegungen überhaupt noch auf die Gegenwart und gegenwärtige Diskurse zu beziehen, richte seine Aufmerksamkeit auf einen gemeinsamen Charakterzug der posthumanen Visionen – und nicht nur dieser. Gemeint ist Eifer, den zahlreiche Autoren darauf richten, den Menschen als Maschine zu deuten. Hören wir Tipler, bei dem die Plausibilität seiner Idee einer Überwindung des Kosmos durch Rechenleistung – wie zumeist – vom Glauben an eine bestimmte Anthropologie abhängig ist:

> „In einem allgemeineren Sinne bedeutet dies, dass wir eine ‚Person' als besonderen (und sehr komplizierten) Typ von Computerprogramm betrachten müssen: Die menschliche ‚Seele' ist nichts anderes als ein spezielles Programm, das in einer Gehirn genannten Rechenmaschine abläuft."[32]

Dieses Vorgehen ist natürlich nicht neu und wenig originell. Doch gerade im Spektrum der Computerwissenschaften einerseits und der Neurowissenschaften andererseits ist dieses Unterfangen ein momentan sehr populärer Topos. Entscheidend ist hier gar nicht, welche Maschine jeweils konkret vor Augen

---

32 Tipler, Frank J.: *Die Physik der Unsterblichkeit*; München 1994, S. 24.

steht. Die Frage ist: wozu das alles? Der Begriff der Maschine (μηχανή, machina) ist ja von jeher auf Artefakte, die zu einem bestimmten Zweck entworfen und hergestellt wurden, oder auch auf technische Kunstgriffe bezogen worden. Insofern ist die Ausweitung des Begriffs auf Menschen eigentlich von vornherein abwegig. Nichtsdestotrotz muss die Übertragung des Begriffs, die oft so vehement verteidigt wird, eine besondere diskursive Funktion haben. Was macht es denn aus, ob ich den Menschen als Maschine bezeichnen kann oder nicht? Was ist der Kern der Motivation dahinter? Nun, wenn alles Maschine ist, dann ist die Technik potentiell allmächtig. Die Maschinenontologie ist nicht Beleidigung, sie ist Optimismus; und wohl der ungebrochenste der europäischen Tradition. Sind wir Maschinen, so lautet die Antwort auf die gute alte Frage ‚Was dürfen wir hoffen?' schlichtweg: ‚Alles!'.

Deuten *und* Werten

Das hauptsächliche Anliegen dieser Betrachtungen bestand darin, die Rolle von Weltbildern besser verstehen und innerhalb ethischer Diskurse konkreter ansprechen zu können. So muss der umrissene philosophische Glaubensbegriff abschließend auf moralische Phänomene bezogen werden.

Werten ist ein Vermögen, eine Kompetenz, die sich in der Begegnung mit Dingen oder Sachverhalten spontan einstellt. Und sie kann sich explizit machen und auf Dauer stellen, indem sie bestimmte Güter oder Übel benennt. Der Begriff des Glaubens muss nun insofern erweitert werden, dass es sich dabei u.a. auch um eine *gefühlsmäßige Disposition* handelt, *etwas als ein Gut/Übel zu bewerten*. Und dieser Glaube wird genährt, ausgebaut und angereichert dadurch, dass wir in der Praxis gelernt haben, *diese* Dinge als Güter/Übel zu behandeln, z.B. zu genießen, zu schätzen, zu ehren, zu verabscheuen, zu hassen und dergleichen. Will oder muss man diese Art Glaubensdisposition in Form von Glaubenssätzen explizit machen, führt das zu einem Sich-bekennen zu *Werten*. Und ähnlich wie bei anderen Formen des Wissens und Könnens ist beim Werten der Prozess der Arbeit am Vertrauen transparent, unsichtbar. Die Werte, zu denen man sich bekennt, erscheinen schließlich als objektive Werte, als Werte an sich.

Wir hätten also wieder einen Glauben (1), hier als Wert-Disposition, und einen Glauben (2), hier als ein Wissen um Güter oder Bekenntnis zu Werten. Und wiederum ist die Bindung an eine konkrete Praxis und gelingende Lebensform essentiell für die Einübung und Ausrichtung des Glaubens. Damit ist nicht gemeint, dass Werthaftigkeit selbst durch Erziehung kontingent entsteht oder auch nicht entstehen könnte. Dass es Güter gibt, bzw. dass wir werten, ist eine transzendentale Bedingung der Möglichkeit des Verstehens überhaupt. Für ein interessiertes Dasein gibt es Güter bzw. ist die Welt auf Güter hin ausgerichtet;

und ein nicht-interessiertes Dasein können wir uns schlichtweg nicht vorstellen.[33] Was kontingent entsteht ist die jeweilige Konkretisierung oder Besetzung der Werte und Güter.

Der (im Selbstverständnis, vom Phänomen her) universale Anspruch von moralischen Urteilen spricht dafür, dass sie Ausdruck sehr umfassender Synthesen sind und damit von kleinen Wandlungen in untergeordneten Lebensbereichen nicht wesentlich beeinflusst werden können. Vielmehr scheinen sie eine Abhängigkeit ‚nach oben' zu haben, also oftmals mit Gesamtdeutungen einher zu gehen bzw. von diesen strukturell abhängig zu sein. Die Frage nach der Richtigkeit von Wertungen, d.h. der Benennung und Bestreitung von Gütern/Übeln, in konkreten Moraldebatten dreht sich sehr oft, ohne dass dies explizit thematisiert würde, um ein bestimmtes Wie des Seienden im Ganzen oder zumindest des in Rede stehen Seinsbereiches – und das begleitet von einem Interesse, das deutlich über die Alltagsverrichtungen hinausgeht, an denen sich der Streit vordergründig entzündet hatte. Dem kann auch die angewandte Ethik als gesamtgesellschaftliche Veranstaltung nicht entkommen.

Nun ist, wie gesagt, der Glaube, der hinter der Benennung von Gütern/Übeln oder dem konkreten Akt des Wertens steht, eingebettet in Lebensformen, sodass der moralische Streit geradezu zwangsläufig über sich selbst hinausweisen muss. Die Heftigkeit der Streitigkeiten verweist darauf, dass in der ethischen Debatte oft ganze Lebensentwürfe (nämlich die der Kontrahenten) zur Disposition stehen. Wer beispielsweise ‚bloß' für oder gegen den Schwangerschaftsabbruch oder die aktive Sterbehilfe oder Tierrechte oder ökologisch motivierte Verhaltensänderungen votiert, wirft dabei zur Rechtfertigung nicht weniger als den eigenen Lebensweg in die Waagschale bzw. stellt den des Kontrahenten zur Disposition.

Damit liegt auch die Relevanz des Glaubens für die Moral auf der Hand: Umfassende Synthesen des Glaubens (1) beziehungsweise ‚Weltanschauungen' müssen zwangsläufig, da geworden im Vollzug eines a priori interessierten Daseins, einen faktischen Bezug zu Gütern reflektieren und damit die Disposition, so und so zu werten, beinhalten. Eine Ethik, die diesen notwendigen Zusammenhang ausblendet, verkennt systematisch die für das Handeln und Argumentieren ausschlaggebenden motivationalen Strukturen und wird so gegenüber der Praxis mehr oder weniger zahnlos bleiben.

Schluss

In diesem Text wurde die in der Neuzeit so weit verbreitete sinngebende Synthese ‚Wissenschaft und Technik' als ein Beispiel und Ausgangspunkt herangezogen und versucht, die Struktur solcher umfassenden Weltbilder anhand eines

---

33 Das Vorhaben „die Welt neutral betrachten" ist pragmatisch selbstwidersprüchlich, da schon die Richtung der Aufmerksamkeit eine Auswahl impliziert.

philosophischen Glaubensbegriffes anschaulich zu machen. In zahlreichen Diskursen der angewandten Ethik sowie der Politik streitet man sich heute *eigentlich* um den Glauben an diesen Komplex. Die charakteristische Fruchtlosigkeit der Debatten ließe sich vielleicht dadurch aufbrechen, dass man die Glaubensinhalte der Kontrahenten aufdeckt und sie damit einer konkreten diskursiven Bezugnahme zugänglich macht. Das wird, gemäß vorstehender Analyse, nicht dazu führen können, dass sich diese Glaubensinhalte dann übersteigen lassen und man sich auf einer gemeinsamen Meta-Ebene wiederfindet. Doch würde es wohl die Selbsterkenntnis und Ehrlichkeit der Debatten entscheidend heben können – ebenso wie das Verständnis des Gegners und letztlich die Toleranz ihm gegenüber.

Doch auch und erst recht dann, wenn man diese lediglich deliberative Haltung aufgibt, und ‚Wissenschaft und Technik' als einen Komplex ansieht, der die Gesellschaft mit mittlerweile recht negativen Nebenfolgen dominiert, ergeben sich aus der Analyse einige Anhaltspunkte dafür, eine im Rahmen der angewandten Ethik oft allzu wirkungslose Gesellschaftskritik wiederzubeleben. Was es dazu bräuchte, möchte ich das Konzept einer *negativen Geschichtsphilosophie* nennen. Ihr geht es nicht darum, Zukunftsperspektiven zu entwerfen, sondern die implizite Geschichtsphilosophie des dominanten Glaubens (in diesem Falle an Wissenschaft und Technik) heraus zu präparieren und der Gesellschaft zur Prüfung vorzulegen. Die Gesellschaft, so würde man dann argumentieren, entwickelt sich, *als ob* sie das und das glaubte. Lasst uns also diesen Glauben thematisieren! Das scheint die einzige Möglichkeit zu sein, an die motivierenden Schichten heranzureichen, von denen die ethischen Diskurse einerseits am Laufen gehalten werden, an denen sie aber andererseits bislang zu oft meilenweit vorbei reden. Eine Tiefenhermeneutik als nicht selbstherrliche Glaubenskritik könnte dabei gute Dienste leisten und verbliebenen aufklärerischen Intuitionen einen wenngleich bescheidenen, so doch immerhin gangbaren Weg weisen.

Literatur

Cohen, L. Jonathan: *An Essay on belief and acceptance*; Oxford 1992.

Daum, Andreas: *Das versöhnende Moment der neuen Weltanschauung*; in Drehsen, V./Sparn, W. (Hrsg.): *Vom Weltbildwandel zur Weltanschauungsanalyse*; Berlin 1996, 203-215.

Drehsen, Volker/Sparn, Walter: *Die Moderne. Kulturkrise und Konstruktionsgeist*; in dies. (Hrsg.): *Vom Weltbildwandel zur Weltanschauungsanalyse*; Berlin 1996, S. 11-29.

Grey, Aubrey de: *The foreseeability of real anti-aging medicine*; in Experimental Gerontology 38 (2003), S. 927-934.

Grey, Aubrey de: *Life span extension research and public debate. Societal considerations*; in Studies in Ethics, Law, and Technology 1 (2007), http://www.bepress.com/selt/vol1/iss1/art5.

Grey, Aubrey de: *Is the quest to defeat aging ethical?*; http://www.sens.org/files/sens/RSA-PP.pdf.

Grey, Aubrey de: *A strategy for postponing aging indefinitely*; in Stud Health Technol Inform. 118 (2005) 209–19.

Grübler, Gerd: *Erkenntnisskepsis, Geschichtspessimismus und die Neue Wissenschaft im England des 17. Jahrhunderts*; in Zeitsprünge 12 (2008), S. 428-449.

Habermas, Jürgen: *Technik und Wissenschaft als Ideologie*; Frankfurt a. M. 1995.

Harris, Victor: *All coherence gone*; London 1966

Hick, John: *Religious faith as experiencing-as*; in ders.: *God and the universe of faiths*; Oxford 1993, S. 37-52.

Horgan, John: *An den Grenzen des Wissens*; Frankfurt a. M. 2000.

Husserl, Edmund: *Die Krisis der europäischen Wissenschaften und die transzendentale Phänomenologie*; Hamburg 1996.

Kurz, Gerhard: *Metapher, Allegorie, Symbol*; Göttingen 2004.

Kurzweil, Raymond: *KI. Das Zeitalter der Künstlichen Intelligenz*; München, Wien 1993.

Kurzweil, Raymond: *Im Gespräch: Ray Kurzweil*, F.A.Z. vom 23.02.2008, Nr. 46, S. Z6.

Kurzweil, Raymond: *Homo s@piens. Leben im 21. Jahrhundert*; München 2001.

Moravec, Hans: *Computer übernehmen die Macht*; Hamburg 1999.

Polanyi, Michael: *Scientific thought and social reality*; New York 1974.

Polanyi, Michael: *Faith and Reason*; in ders.: *Scientific thought and social reality*, S. 116-130.

Polanyi, Michael: *Knowing and Being*; Chicago 1969.

Polanyi, Michael: *Knowing and Being*; in ders.: *Knowing and Being*, S. 123-137.

Polanyi, Michael: *Scientific beliefs*; in ders.: *Scientific thought and social reality*, S. 67-81.

Polanyi, Michael: *Tacit Knowing. Its Bearing on Some Problems of Philosophy*; in ders.: *Knowing and Being*, S. 159-180.

Polanyi, Michael: *Science and Man's Place in the Universe*, in H. Woolf (Hrsg.): *Science as a Cultural Force*; Baltimore: Johns Hopkins 1964.

Polanyi, Michael: *The Logic of Tacit Inference*; in ders.: *Knowing and Being*, S. 123-137.

Polanyi, Michael: *Implizites Wissen*; Frankfurt am Main 1985.

Strauß, David Friedrich: *Der alte und der neue Glaube*; Bonn 1873.

Tillich, Paul: *Wesen und Wandel des Glaubens*; Frankfurt a. M., Berlin 1961.

Tipler, Frank J.: *Die Physik der Unsterblichkeit*; München 1994.

Vonessen, Franz: *Glaube als Wahrnehmungskraft*; in Petri, H. (Hrsg.): *Wissen, Glaube, Aberglaube*; Frankfurt a. M. 1992, S. 38-64.

Wittgenstein, Ludwig: *Philosophische Untersuchungen*; in ders.: Werkausgabe, Bd.1; Frankfurt a. M. 1995, S. 225-580.

Ziche, Paul: *Die Scham der Philosophen und der Hochmut der Fachgelehrsamkeit*, in ders. (Hrsg.): *Monismus um 1900*; Berlin 2000.

Hermeneutics of Historicity

Chandrima Christiansen

"It is always possible to argue against an interpretation, to confront interpretations, to arbitrate between them and to seek for an agreement, even if this agreement remains beyond our reach."

Paul Ricoeur

I.

In the monograph, an attempt is being made to evaluate if hermeneutics of a historical account can make intelligible a larger thesis that is dealing with technology and culture transfer across two continents over a timeline not only spanning centuries, but also civilisations. At the onset, one can also pose the question as to whether or not it would be more sensible to use history as a hermeneutic tool in order to comprehend societal processes dealing with technology, society and thereby technology and culture transfer. The greater playing field of research mentioned above encompasses the understanding of the structures of modern engineering in India that are pre-dominantly the result of European colonisation against a backdrop of evidences of traditional engineering that date back to a time that precedes dark age Europe. The broader study, that takes into account historical inquiries, entails a careful analysis of the sublime subtleties that characterise engineering as a process independent from a notion detrimental of a profession, as well as the growth of engineering as a discipline in institutionalised forms. One encounters here an idea spread over not only continents, but also ideologically generations of diverse cultural history. This diversity of culture on one hand traces the advancement of mankind and civilisation, and on the other narrows to a line of intersection of these cultures on which technology and culture transfer hinges.

Understandably, in order to analyse the culture transfer associated with technology transfer, one has to throw light on the existing engineering environment in the respective civilisations or in other words the cultural entities in play. Evidently, a historical narration posits the two entities against each other. For the purposes of elucidation in this paper, Europe and India shall be considered as the two hubs. The social entities in question developed and prospered in different time frames within diverse societal structures.

II.

History witnesses evidences of engineering marvels belonging to ancient Indian civilisation, as also in the Mesopotamian and Sumerian civilisations that preceded it, along with numerous others in the Egyptian as its contemporary and still others in relatively new cradles of civilisation like the Roman, in the form of structures and architectural wonders that particularly drew attention to architecture and engineering. However, the concept of engineering in the true terms that is to say in a structured curriculum by means of instruction took birth in the form of military schools in France shortly after the early industrial revolution. Against such a backdrop of a wide playing field even in terms of notional identities like 'the engineer' and 'engineering', it becomes imperative to 'interpret' and 'understand' the historicity of events as documented by the historian, who can be referred to as an observer who puts forth events in a chronological order in a spatial and temporal referential framework. One can at this point stop to pose the question as to whether history is indeed only a chronology of events. The answer will be in the negative and this point shall be further elaborated in section IV

The necessity for this endeavour of understanding and interpreting history lies in the fact that there is a requirement to harmonise cultural interpretation of the basic historical premises with their constituent elements and events in order that a historical account is not seen as a redundant accumulation of data, say of two cultures with an impression that runs the risk of being seen as developments in vacuum, without any obvious correlation to suggest any, leave alone technology transfer, interaction of culture!

The two civilisation entities that will be subjected to the main historical inquiry in order to prepare the ground and causality that will link them have now been introduced. The functional relation that shall bind and impose a necessitated understanding will be technological and cultural transfer leading to a conceptualisation of engineering. The two temporal entities then will be unified in a plural world by an inquiry that posits one as the source and the other as a receiver.

III.

The historical inquiry begins with the existential status of engineering and technology in both these temporal entities viz. Europe and India. This existential status can be seen as functions of temporal events ordered and structured by a historical account of that inquiry. The phenomenon of technological and cultural transfer between the social identities that then assume the role of the source and receiver is the ascribed meaningful interpretation by the hermeneutics of Technik and Culture. However, can one still proceed with a safe assumption that the historical account shall be sufficient to base and understand this interpretation and conversely the interpretation could have a stand alone understanding within the contextual framework dealing with the temporal entities? Would it be necessary then to interpret the historical account too within the framework of the phenomenological explanation of the processes that are under study? The answer may not lie in a simple affirmation or a negation. The following sections shall attempt to find a comprehensible answer.

IV.

When one deals with a philosophical question of understanding two historical accounts in order to interpret and further bring about a meaningful conclusion, one immediately is confronted with these two problems a) Varied historical inquiries and accounts b) varies claim towards the authenticity and acceptability of those accounts. In addition Ricoeur[1] explains historical inquiry strives towards being so constituted, that it can be projected as scientific knowledge. The purpose thereby is to exhibit an object of knowledge that responds to a general criteria of objectivity and hence universality. Scientific inquiry on the other hand relating to the natural sciences has a universality of language that dissociates itself from the subjectivity of culture, linguistic and sociological interpretations. Scientific research as Weinryb[2] clarifies is undertaken within a community of scientists and this process involves a pre-supposition of inter-subjective understanding and this entitles them to speak of a '*a priori*' of 'Linguistic Communication'.

Dwelling a little deeper into the essential points of distinction between natural sciences inquiry and historical inquiry leads us to the fact that there is an inherent difference in the objects of study in the sciences and those in humanities. The contemporary hermeneutic school looks upon humanities as being capable of enabling a communication between the inquirer and the object of inquiry. Sciences relying on empirical observations and proceeding further from this *a priori* based experimentation to the formulation of a theory based on experimental inquiry and proof lends itself a certain objectivity and universality of acceptance. Historical inquiry on the other hand reels under the complex inter-phase between social and natural sciences. What then is this inter-phase? As is known, historical accounts have been subjected to scientific inquiry in the recent times by the means of scientific methodologies in order to conclusively prove data regarding the age, material, methods of construction, etc., of objects and artefacts discovered. Scientific tools through the ages have aided historical inquiry in validating claims over physical properties and characteristics of historical objects.

1   Ricoeur, P. 1976: *History and Hermeneutics*, in: The Journal of Philosophy, Volume LXIII, No. 19, (November 4/1976), p. 684.
2   Weinryb, E. 1976: *Hermeneutics and History*, in: Zeitschrift für allgemeine Wissenschaftstheorie VII/2 (1976).

However, methods of science have not been able to conclusively put a stamp of empiricism on the observation of the socio historical methods detailing ways and means of day-to-day human living within the temporal events to which those objects of discovery had been assigned. The world then constructed by such an account of historical inquiry emerges from accounts and interpretations of experiences. Talking of experiences makes sense when one was to explain contemporary history or history from times where there have been evidences of documented history. Here comes the next stumbling block as mentioned in the earlier section that of the varied claims of authenticity or the lack of it. This problem is not a frivolous one considering the fact that historical studies unlike the study of natural sciences has not found a universal language of communication owing to its fundamental nature dealing with human sciences. Considering that even written accounts of history can be problematic, what would then be the nature of discrepancy when the period of history is one when there were no written records and the course of history chartered has been accounted for on the basis of subjective research based on material evidences and imaginative interpretation which are open to debates?

The basic nature of a historical account plagues its inquiry even when it deals with an account relating to science and technology in a society within a pluralistic world that encompasses a multitude of cultures. The language of science may be universal in terms of the laws and theorems that are accepted upon proofs or unproven conjectures based on empirical knowledge and understood by means of induction. However, its development and influences that it has had on society takes place in a sphere that is pertaining to the human sciences and while this can be captured by the humanities as a subject, it cannot be universalised owing to the debated nature of historical findings and accounts.

Therefore, a social research that works with an intersection of engineering and technology with society based on centuries of historical accounts and observations bring out, as Rae and Volti[3] explain, more about engineering achievements than about the people creating them. In addition, the problematic nature of historical reality that Ricoeur[4] calls the 'oddness of history' speaks out as he explains, when this historical reality is brought out in comparison to the physical object that cannot be localised with the 'oddness' of inter-subjectivity. He clarifies that this temporality of historical accompanying one temporal flow by another is just a relation of contemporaneity, which in turn leads to a cross section of a larger 'all encompassing temporality' that takes into account succession as well as co-existence. This elaboration answers in detail the question raised in section I pertaining to the absolute chronological nature of history. Evidently, as premised earlier, the answer is in the negative.

---

3   Rae, J./Volti, R. 2001: *The Engineer in History*; New York.
4   Ibid .

V.

The endeavour until now has thrown some light in the direction elucidating the problematic nature of historical inquiry when one attempts to interrelate and correlate different spatio-temporal scenarios with the intention of studying them within a given perimeter of objectives. In this case the objectives being the technological and cultural transfer.

Taking a step sideways, a brief account of the spatio-temporal historical inquiry that the greater research project is dealing shall now be put across. The purpose of this exercise is to bring forth to the readers the comprehensive vastness in terms of the spatial rendition of events within an evidently extended temporal time line.

A work engaging itself in tracing a conception of engineering across civilisations throws up the paradigmatic dependence of Engineering and Technology and further their interrelation with society that they operate in throws up an arena that renders technology as a product of engineering creation. While one can surely premise forms of engineering mutually exclusive of technology, the counter concept of technology without being grounded in engineering that determines its creation shall be reduced to a theoretic concept without any obvious means of implementation. What then is this link that binds the two? Engineering defined in the simplest way is the art or science of making practical application of the knowledge of pure sciences. In short, engineering can be understood as a skilful or artful contrivance or simply manoeuvring. Technology in contrast is that branch of knowledge that deals with the creation and use of the technical means and interrelation with life society and environment. One can therefore for definitional purposes view Engineering as making practical application of technological knowledge that begins with the creation, takes the path of application and implementation and finally heads towards other innovations of technical means and all these processes are conceived and find nurturing in society that acts both as the creator and the user. The facilitator of this process is then the pivotal player- the engineer. However, society with its infinite formal and informal structures, the process so described by way of a definition is far from being simple to say the least.

VI.

Explanations given by hermeneutics of Technik equip one to go a little further than the definitional stage to grasp the essence of the terms technology and technique or the German form Technik. It would be significant to mention here that the word "technique" the only one present in the English language does not capture the wider sense that is implied by the Greek word 'technè' that loosely means art or craft. Hence, for notional clarity for the current purpose the word

Technik shall be used for the purposes of comprehension. Irrgang[5] has exhaustively explained the subtle complexities encompassed by the terms technology and Technik that throw valuable light on this ongoing discussion. He elaborates that the words technology and Technik are used in various interchangeable contexts making the usage in various contextual references many times manifold than the original meaning. As explained by him, the term technology is derived from the Greek word "technikos" that means skilled-labour, handcrafted, and can be interpreted as a traditional procedure employed by an individual or a guild towards production of their product or products. "Technology" with its primary ascription and association with the term art in the specific sense of the term 'arts and crafts', describes the measures and procedures that aid people to produce useful objects, making optimum use of the laws of nature and materials obtained from nature. Irrgang while describing the meaning of technology in the most basic form considers it to an extent a carrier of what may be seen as a starting point in the process of integrating scientific knowledge. In a framework of the hermeneutics of understanding, as Irrgang explains, the concept of 'anticipation', which can be synonymised as pre-understanding or traditional or pre-structured interpretation of a development path, obtained a new dimension. The importance of sparing a thought at this point on 'anticipation' lies in the fact that the all important hermeneutical situation of understanding is itself dependent on an existent pre-structure of that understanding. The pre-structure is that of a world design that encompasses anticipation. In a day-to-day scenario, this pre-structure that we are talking about is a conceptualisation, anticipation or an expectation of a future behaviour. This manifests as Irrgang opines in a certain future outlook. Therefore, we can theorise that while on one hand, within the perspective of hermeneutics of technology, technology itself can be understood only when we take recourse to technical traditions and technical actions in a context, on the other hand this understanding finds substance only by anticipating a future technological development.

Combining Technik and technology we arrive at the conception of what one may call the technology of the Technik. This conceptualisation[6] emphasises that the strength and the effectiveness of Technik is not determined by taking the singularity of artefacts, rather, these qualities of Technik lie in well structured technical practices that are characterised by technical solutions and processes. Moving from a theoretical and philosophical analysis of technology with its grounding in Technik, to its more practical classification in a socio-cultural and political framework, we find that the origin of technology lies in economy and further derives its importance too in an economical framework. The close connection between technology and economy, was recognised not just in the 18th

---

5   Irrgang, B. 2009: *Grundriss der Technikphilosophie. Hermeneutisch-phänomenologische Perspektiven*; Münster.

6   Irrgang, B. 2008: *Philosophie der Technik*; Darmstadt.

century due to the rise of capitalism, rather has existed since time immemorial through a gradual blending of technological understanding of Technik and positivistic technology, which gradually moved closer to natural sciences.

The engineering sciences[7] led the domination of the paradigms of constructions in the sciences of Technik until the Industrial Revolution then in synchronisation with the concepts of technology of Adam Smith and Karl Marx brought the paradigms of production to the pedestal of dominance. This occurred despite the fact that the consumer revolution of the 18th century was a pre-requisite for the production revolution and was indeed the real force behind the technological development.

VII.

John Rae and Rudi Volti[8] in their classic work tracing the history of the 'Engineer' credit technology as the foundation of civilisations. They eulogise technology as the necessary impetus for development of all other forms of arts and science. In their own words:

> „ [...] it is no exaggeration to say that technology provides the foundation of civilization. Not only does technology allow us to meet our material needs, it also allows us to transcend mere existence by directly and indirectly promoting the advance of science, the arts, and all the other elements of civilized life. At the same time, many technological achievements do more than simply make the development of these cultural spheres possible. Technology's products can have an aesthetic value of their own; a well-designed bridge can appeal to the artistic spirit as much as a literary or musical masterpiece."[Rae/Volti, 2001, p.1]

Notwithstanding the importance of technology, it will not be improper to state here that technology does not create itself just as it is not created in isolation. An agent needs to create and make technology happen. This creator could be an artist, researcher, organiser or simply a skilled worker. This all important character that brings about or makes about technology happen as Volti and Rae state[9] is the 'central player in the cast, the engineer'. Tracing back the origin of the word engineer, Volti and Rae call the engineer a linguistically recent arrival in history. The term historically associated with the person whose occupation involved the designing and building of a temple, palace fortifications, lighthouses, etc was the *architekton* in Greece and *architectus* in Rome. Their scope of work was similar to that of the modern architect but their sphere of engagement was bigger. They elaborate that although Tertullian, one of the early church fathers applied the term *ingenium* (ingenious device) to siege artillery about 200 A.D., the derivative word *ingeniator,* referring to the person who makes the ingenious device appears much later. The period between the late Middle Ages and the

---

7   Ibid 6.
8   Rae, J./Volti, R. 2001: *The Engineer in History*; New York.
9   Ibid 8.

Renaissance, one does encounter the vernacular forms viz. *ingenieur* and *engineer*. At this juncture a point of comparison with the Indian civilisations implores one to spare a thought on the existence or if at all any reference to an engineer in the Indian civilization. The existence of the Sanskrit word *Abhiyanta* or in other words a person who makes devices and processes as early as the Rigvedic period suggests that an idea of a person occupationally engaged in engineering works was very much in prevalence. However, one cannot conclusively state the similarity of occupation that this individual performed in the respective civilisation. Although similarity or sameness of occupation is not implied, any suggestion to the contrary of mutually excluding of functions is not indicated either.

What limits our study today as John Hays[10] points out is the delicate line dividing documented history and the history that is speculative based on collected archaeological evidences and interpretations. For e.g. Mohenjo-Daro and the Harappan civilizations and the pyramids of Egypt. The knowledge that we share on these great constructions still leave room for speculations insofar as the methodologies employed and the occupational nature of the creator of the infrastructural resources of these ancient civilisations were concerned. Nonetheless, they are among the engineering marvels of all times. Hays emphasises that the modern engineer with all the invention and innovation would be confronted by a problem which would require his concentrated effort, if he were to build these even today. Let us step back and visualise the same scenario wherein not only machines, but also simple mechanisms of levers and pulleys are exchanged for crude tools, sledges, ropes and only manpower aided with animal power. We would then be in the scenario that dealt with no engineers but all the same those who built engineering marvels.

In the view of a wide interpretational scope of the word engineer Rae and Volti call the term an elastic one that takes into its purview everyone from operators of locomotives to policy makers who are engaged in 'social engineering'. Therefore, they premise a more restrictive definition coming from Samuel who describes engineering as the "art or science of making practical application of the knowledge of the pure sciences." They draw our attention to the fact that this restrictive definition can be accepted as long as the word science is taken on a broader scope to denote organised empirical knowledge. This word of caution comes in the wake of the fact that throughout history, most of the scientific knowledge was used rather intuitively gained through experience and not through formal educational institutions. They emphasise their stand by pointing out that there are evidences of engineering feats that were carried out with a complete ignorance or scientific methods and on many occasions that these principles were used, they were implemented erroneously.

---

10   Hammond, J. H. 1921: *The Engineer*; New York.

VIII.

Taking a common point of reference to start a meaningful inquiry into the larger thesis one can see the Industrial Revolution that is the capitalised version as Landes[11] refers to, as the point of distinction between the 'until then' agrarian European and Indian societies. Historians as he mentions refer to 'industrial revolution' of various types through history in order to denote some significant and rapidly changing technology. The 'Industrial Revolution' of the 18th century that took place in England saw for the first time a paradigm shift from an agrarian and handcraft oriented self sufficient economy to one that went on to be dominated by Industries and manufacturing. The rise and spread was unequal over continental Europe and the influencing factor on the Indian economy was British colonialism. Landes explains the process of industrialisation in Europe as an "interrelated succession of events"[12] that took place in three areas:

> "1) there was a substitution of mechanical devices for human skills; 2) inanimate power-in particular, steam-took place of human and animal strength; 3) there was a marked improvement in the getting and working of raw materials, especially in what was now known as the metallurgical and chemical industries."[13]

Western thinkers like Irrgang[14] drawing from Landes and Picht consider Industrial Revolution in its entirety as one of the most influential turning point in the history of mankind. Technology had certainly chalked out the cultural implications in Europe and the interpretation of technology had shifted base from what was until then seen as another fact of culture. Now technology had replaced the very sense of culture in the most influential factor that was the economy. The very existence of European societies and their advancements were now a function of technology driven economy.

The account in this monograph is being restricted to a point that only focuses on the existent situations in the spatial entities being considered for the purposes of elucidation. This is necessary because debate ensuing in order to posit the superiority of one culture over the other due to the so called western arrogance in historical accounts is not the main intention here. It would be significant to point out that Indian thinkers like Alvares have strived relentlessly to de mystify a western superiority in terms of engineering and technology that has rendered the degree of technological advancement as the index of superiority of cultures. Arguments towards this discussion are beyond the scope of this chapter.

---

11 Landes, D. S. 2006: *The Unbound Prometheus. Technological Change and Industrial Development in Western Europe from 1750 to the Present*; Cambridge.
12 Ibid 11 p.1.
13 Ibid.
14 Irrgang, B. 2006: *Technologietransfer transkulturell. Komparative Hermeneutik von Technik in Europa, Indien und China*; Frankfurt am Main.

IX.

What is however, significant to draw out from the above mentioned point of contention is that the Industrial revolution of Europe and in particular Britain necessitated an advancement of commerce and industry and thereby the demand of cheap raw material. This hastened the nature of colonisation of India which was limited to monopolisation of trade routes to cultural and political imperialism. Alvares[15] here notes that a process of technology imposition cannot be viewed as technology transfer in the real meaning of the term.

The conceptualisation of European engineering in India came about not merely as a regular merchandise transfer of the ancient times or as a transfer of know-how in modern times. It happened over a period of three hundred years that saw not only the coming in of Europeans as traders but also as colonisers in the post-industrial revolution era. What started as an exercise by the English east India Company in order to obtain complete monopoly of trade with India and the east, changed rapidly with Britain's own social, economic and political development. The trading company used methods of bribery and implemented British Laws to their advantage, which they could not extend to other European nations. These resultant wars in trading areas saw the East India Company operating directly under the British crown and used its political power to systematically overrun indigenous merchandising and rendering weavers and craftsmen jobless and redundant. The effect was starkly visible in the prevalent agrarian rural economy of the land. The business of agriculture now engaged itself towards cash crops that fed British industries and food crops took a back seat that led to large scale famines and impoverishment of the native people. The beginning of the nineteenth century saw Britain as the leading manufacturing and exporting country of the world. The Industrial capitalists having become the dominating forces in the British economy influenced colonial administration and policy in India to be directed necessarily to their interests. It is interesting to note here that in the initial stages, there were no attempts made in the intellectual field to spread modern ideas in India that had at that point swept the west.

The impact of British colonialism on India saw the necessitated conditions for the rise of the modern capitalist industry. Industrial development per sé remained confined to four industries viz. cotton and jute textiles, coal mining and tea plantations. Having thoroughly broken the backbone of artisans and rural economy, policies of the colonial administration worked at capitalising labour and manpower towards its own economic gain. Introduction of railways and roadways came primarily as a necessary tool to administer the vastness of the Indian Territory. The modernisation of Indian culture saw two contradicting

---

15   Alvares, C.A. 1979: *Homo Faber. Technology and Culture in India, China and the West 1500 to 1972*; Bombay.

phenomenon as Chandra, Tripathi and De[16] observe that while the orthodox and the reactionary sections of the society resisted the introduction of modern culture, the upper class blindly aped European mannerisms. Thus, they say that the modern thought remained confined to the realms of clothing and eating, and the true sense of imbibing the culture remained a distant dream in what could be seen as an absence of integrating western thought in Indian culture.

X.

At this point in the essay, one has got an idea about the historical reference points that are being considered, the notional definitions and paradigms that are in play and the spatio temporal span of the study. Hermeneutics of Technik has provided on one count the notational explanation of terms relating to technology and society. It has also been noted that the disagreement related to historical accounts based on cultural interpretations are not the focus of the discussion here. What one needs to go forward from this point is to revert back to the originally posed question as to whether history can be taken as a tool in order to interpret technology and culture transfer or in other words can history be a tool for hermeneutics or one needs to cultivate a hermeneutics of historicity in order to meaningfully interpret and understand the points of inquiry.[17]

History as tool seems problematic given the nature of historical inquiry being open to debates with regards to the methodology and the inability to dissociate the influence of the inquirer in the presentation of the account. Too many individuated interpretational rendition of an historical account mars its credibility as tool in the process of interpretation towards an understanding. If one was to assume for augmentation sake that history is an effective tool in order to understand events as they have happened. How would one explain different understanding of the same event based on two historical accounts? One answer could be that two different theories can be premised. Well, if that were to be the solution then certainly one cannot assert that an understanding of the event has been

---

16 Chandra, B./Tripathi, A./ De, B. 1993: *Freedom Struggle*; Bombay.

17 History in the broad sense of the term as a generalised nomenclature describing a subject is inclusive of historical accounts of processes; cognitive descriptions and epistemological ascriptions of experiences; narratives of inferences based on evidential artefacts and documents; and the interrelated social structures related to the human sciences. One should exercise caution while describing history as a narrative only of the past because an account of the present denoted as 'history of the contemporary world' will point to a paradox in a linguistic sense. However, a more comprehensive suggestion could have history being used to describe human activities and processes that have already taken place at the moment of description no matter how infinitesimal be the time delay between the occurrence and the narration. A 'Philosophy of History' that engages itself with the aim to comprehend the structures of history in order to provide an interpretive understanding of the life word with an emphasis on human understanding the meanings created by humans is found in hermeneutics.

arrived at. One could at the most conclude that there exist two different perspectives. Granting the two different perspectives their individual authenticity brings us back to square one insofar as an understanding or interpretation of the event goes. The arbitration of cultures as Alvares shares raises the criterion for the acceptability of what constitutes knowledge. This in turn relativises interpretations of observed facts within the purview of human sciences.

In such a scenario, one could explore the counter possibility of theorising a hermeneutics of historicity that provides a basis for interpretation of facts and an understanding thereby of the events are brought forth by an historical inquiry. One can revert back to the classical nineteenth century school of hermeneutical thought of *Verstehen* as a methodology of interpretation by means of re-living people's experiences and giving a re-thought to their thinking processes. This would essentially mean as Weinryb points out the assumption of the objects of inquiry being similar to that of the inquirer. This path may again throw open the debate in the direction of individuated interpretation. Considering Dilthey's[18] explanation to this contention would be that the individual is caught within the whole and that a scientific understanding of a historical event is possible only by means of historical comparison which follows the principle that one phenomenon follows the other and that all the phenomena together understand the individual. Now, a Ricoeurian[19] response that suggests that Philosophical hermeneutics is little concerned with learning from the methodologies of history. It is as he explains "…the descending pathway which leads back towards historical inquiry is less familiar to it, yet it is along this trajectory that we encounter the most significant questions for hermeneutics." His explanation[20] clarifies that hermeneutics is not concerned with the significance of historical methods, but rather it tries to "reflect upon the dependence of historical inquiry on the historical condition that characterises human existence." One can at this point look upon Ricoeur's explanation that states Philosophical hermeneutics by reflecting directly on the interests that rule the kind of knowledge that historical inquiry throws up may indirectly be able to illuminate history's object and its method. If we were to accept Ricoeur's contention that the pathway from historical methodology to hermeneutics that he calls the 'ascending' pathway, wherein the philosophical hermeneutics does not intend to improve historical methodology and that its path is chalked towards an ontology that carries it away from the historian's inquiry, it is the way back from this philosophical hermeneutics towards a method of historical search that tests its capacity to what he calls contribution to an authentic critique of historical method.

---

18   Bergsträsser, A. 1947: *William Dilthey and Max Weber. An Empirical Approach to Historical Synthesis*, in: Ethics, Vol. 57, January 1947, pp 92-110.
19   Ibid 1, p. 683.
20   Ibid 2.

Ricoeur's two-path explanation of dynamic relation between hermeneutics and historical inquiry answers the question posed at the beginning of the monograph. Indeed, we can look at a hermeneutic of historicity that leads us back to the historical inquiry in order to gain understanding of an interpretation that would otherwise be cumbersome to comprehend. His explanation clearly suggests that a historical transmission in order to gain an access to understanding must be objectified in a form that can be read. This objectification as explained by him is reachable by means of communication that brings about historical understandings by means of a 'distantiation' that is both methodical and critical and it is this process that legitimises the process of objectification.

XI.

Reverting back to our historical events as means of elucidating the source and receiver of a technology and culture and transfer wherein Europe is being seen as the source and the receiver is India. The process of technology and cultural transfer has been a process facilitated by colonisation. Historical observations without any interpretations lay facts and reasons for the initiation of the process. The interpretation that explains and brings about the mechanisms at work within this transmission is the hermeneutics of technology and culture transfer.

The situation that necessitated a technology and hence a cultural transfer between Europe and India by way of interpretation can be seen as modern times globalisation. Was then the world witnessing a 'globalisation' through an imperialistic colonisation of India by Britain? The answer is a clear 'No'. Comparative hermeneutics in the words of Irrgang[21] distinguishes between the two occurrences. He explains that while globalisation brings about a modernisation by way of an enforcement that is inescapable in the process of globalisation that necessitates cultural, moral and technology transfer, colonisation sees the paradigm of procurement of raw materials in the interest of the colonial power as the operating mechanism rather than a process of adaptation of the existing indigenous offerings. However, care is taken to build on existing structures and not explicitly deny them. How then does one explain the historical event that is seen as a playing field of technology and culture transfer? Irrgang opines that colonisation saw a focussed modernisation of structure that could master the technology transfer culturally and thereby the associated social transformations caused. He sees colonisation as an example of technology transfer and structural modernisation that are in effect heterogeneous. The colonial power's aim to achieve political domination forces the colonised to embark on a mechanism of preservation of social identity which then sees the birth of cultural transformations. Although colonisation aims at an instrument of domination without necessitating cultural play, it inadvertently brings about a cultural exchange which he

---

21   Ibid 13.

distinguishes as i) an imperialistic colonial interest; ii) a pragmatically utilitarian interest and iii) an emancipating interest through transfer of technology and culture.

The greater study that associates itself with the historical facts which extend beyond the point both in terms of the past and the future as regarding the standpoint that has been mentioned by way of an example in sections VIII and IX. A historical account brings out in the open the conditions existent and the processes that have begun. The processes include historically documented and non-documented facts used in painting a picture that is open to interpretation. This task accomplished by hermeneutics attempts to bring about an objectivity about the facts by narrating and relating to the processes as a phenomenon and thereby bringing about a shade of universality that helps understanding the underlying mechanisms at work in order to suppress the dilution of concepts brought about by the subjectivity of interpretation.

Irrgang[22] proceeds with this hermeneutic of conception to explain that science and technology have been the prime modernising factors in the world since Industrial Revolution that have been exemplified as indicators of progress and wealth. However, this perception is not applicable to India as is the case with China. In these cultures modernisations was perceived since time immemorial as a foreign body and people tried to bring in innovations in a way that they could be embedded according to the conformity of their own culture. On the other hand he says that the heterogeneous nature of the western modernisation brought about a mystified larger than life explanation of the Indian past being rested in not only pure science and technology but was encased within philosophical and religious concerns. This explanation he says typically applies to civilisations like India and China that have had a longer tradition of culture and technology. What is not evident from a simple historical account unless hermeneutics interprets it as Irrgang further explains, is that within the purview of science and technology transfer, modern science and technology is neither value neutral nor independent of culture. One can attempt to receive the know-how and technology without any contextual or cultural hue, but natural sciences and technology in Europe are embedded in a certain culture that has been nourished with an enlightened rationality that has an epistemic nature and this is instrumental in orienting technology. Therefore, the acceptance of western science and technology by the Asian cultures especially the developing countries fringes upon the question as to whether they should be recipient of the transfer of technology that sees a cultural modernisation as away of modernisation strategy, or they should be concerned with the influx of various strange and not habituated procedures that are mainly seen as being westernised. While one notices confusion when it comes to acceptance in the larger sense of the word, it is interesting to note that matters re-

---

22   Ibid 13.

lated to increased security standards by way of technology transfer are fast assimilated.

XII.

At the start of the monograph an introduction to a larger extended thesis was given. The work rests on a multitude of historical references even before any thesis is premised. The attempt was to see if at all these historical facts and history need hermeneutics in order to make meaningful assimilation of the knowledge existent in the form of raw inquiry. One may be tempted to say that an historical account would have been sufficient to make aware the reader of existing facts about two civilisations in question which as stand alone reflections give an idea about the cultures represented by those facts. However, a historical event without an understanding of the account provided would not enable the audience, in this case people who are associated directly or indirectly with the event to see an ownership to the structures that one is a part of. Even more incomprehensive would then be a non-understanding of cultural mechanisms at work when two historical events are connected by a phenomenon documented again in history. Historical inquiry may not need hermeneutics in order to be executed wherein clinical observation and collection of data is being dealt with. However, it goes without doubt that an understanding of existential data is imperative when an historical inquiry is to be conducted if only to illuminate the specific data that needs to be collected. As an example, an archaeologist endeavours to collect artefacts which may not be analogous to a child collecting shells on a beach out of curiosity. The archaeologist attempts to piece together fragments in order to see the larger picture that artefacts throw up about the object say a lost civilisation to the fore. One can thus attempt an answer to the question posed at the inception by looking at hermeneutics whether in the classical art of *Verstehen* after positing of facts against one another as in *Auseinandersetzung* or within the premises of the contemporary hermeneutic school of thought that views humanities as a communicator mediating between the inquirer and the object of inquiry, one tends to agree that it is needed as a facilitator of understanding of facts in order to make meaningful sense of the existing set ups and the ensuing inter-mingling of structure and dynamics.

References

Alvares, C. 1979: Homo Faber. Technology and Culture in India, China and the west 1500 to 1972; Bombay.
Bergsträsser, A. 1947: William Dilthey and Max Weber. An Empirical Approach to Historical Synthesis, in: Ethics, Vol. 57, No. 2, pp. 92-110, January, 1947.

Castleden, R.: World History. A Chronological Dictionary of Dates; London, 1994.

Chandra, B./Tripathi, A./ De, B. 1993: Freedom Struggle; Bombay.

Fleming, A.P.M/ Bocklehurst, H.J. 1925: A History of Engineering; London.

Friedman, T. L. 2005: The World is Flat; London.

Hammond, J. H. 1921: The Engineer; New York.

Irrgang, B. 2006: Technologiertransfer transkulturell. Komparative Hermeneutik von Technik in Europa, Indien und China; Frankfurt am Main.

Irrgang, B.2008: Philosophie der Technik; Darmstadt.

Irrgang, B. 2009: Grundriss der Technikphilosophie. Hermeneutisch-phänomenologische Perspektiven; Würzbug.

Irrgang, B./Winter, S. (Hrsg.) 2007: Modernität und kulturelle Identität: Konkretisierungen transkultureller Technikhermeneutik im südlichen Lateinamerika; Frankfurt am Main.

Landes, D. S. 2006: The Unbound Prometheus. Technological Change and Industrial Development in Western Europe from 1750 to the Present; Cambridge.

Lavine, T.Z.1989: From Socrates to Sartre. The Philosophic Quest; New York.

Rae, J./ Volti, R.2001: The Engineer in History; New York.

Ricoeur, P. 1976: History and Hermeneutics, in: The Journal of philosophy, Vol. 73, No. 19 (November 4/1976), pp. 683-695.

Weinryb, E. 1976: Hermeneutics and History, in: Zeitschrift für allgemeine Wissenschaftstheorie VII/2, pp. 327-339.

Gestalten

Selbstgestaltung durch Enhancement.
Über Probleme, Erwartungen und Interpretationen bezüglich des Umgangs mit biotechnischen Verfahren

Tina-Louise Eissa

„Der Weise folgt den Wegen der Natur, damit er sie kontrollieren kann."[1]

1 Einleitung

Es zeichnen sich Entwicklungen moderner Biotechnologien im Rahmen der Reproduktionsmedizin ab. Bekannte Handlungsmöglichkeiten sind erweitert worden, werden perfektioniert und erschaffen zukünftig neue Typen von Eingriffen, die das bisher Gegebene in den Bereich zielgerichteter Interventionen rücken. Konzepte, die für den Großteil der Gesellschaft als üblich und grundlegend gelten, werden sich mit zunehmendem Fortschritt als problematisch erweisen – eine Entwicklung, die sich bereits abzuzeichnen beginnt – weil vieles, was gegenwärtig unerreichbar erscheint, verfügbar und planbar wird. Künftige Neuerungen werfen schon heute Fragen über mögliche Grenzen der Nutzung dieser Bereiche auf.[2] Diesbezügliche Antworten lassen sich nicht auf Grundlage allein naturwissenschaftlicher Fakten finden, sondern bedürfen ethischer Reflexion, da es viel mehr moralische Einwände als technische (Un)-Möglichkeiten zu sein scheinen, die bisher den biotechnischen Umgang regeln, sind doch einige Praktiken – die durchaus als ausgereift beschrieben werden können – aus moralischen Erwägungen heraus (noch) verboten.

Bioethik wird in diesem Artikel nicht als angewandte Ethik verstanden, weil diese implizieren würde, dass eine bestimmte Theorie auf den zu untersuchenden Sachverhalt, hier auf den Umgang mit Biotechnik, bezogen wird.[3] Im Folgenden wird von anwendungsorientierter Ethik ausgegangen, da es nicht darum geht, eine konkrete Ethik problemorientiert zu transferieren, weil keine starren Anwendungen vorgegebener Grundsatznormen zu berücksichtigen sind, wodurch praktische Handlungsfelder in der Vielfalt ihrer Probleme und Reflexionsansprüche einer philosophischen Ethik nicht vernachlässigt werden,[4] denn je konkreter die Fälle, desto weniger erscheint es als möglich, mit allgemeinen

---

1   Vgl. J. Needham: *Der chinesische Beitrag zu Wissenschaft und Technik*, in: Sprengler 1977, S. 110.

2   Vgl. J. Habermas: *Die Zukunft der menschlichen Natur. Auf dem Weg zu einer liberalen Eugenik?* 2004, S. 27.

3   Vgl. J. S. Ach/C. Runtenberg: *Bioethik: Disziplin und Diskurs*, 2002, S. 112.

4   Vgl. H. Hastedt: *Aufklärung und Technik. Grundprobleme einer Ethik der Technik*, 1991, S. 60f.

Theorien zu operieren.[5] Würde sich weiterhin auf konkrete ethische Prinzipien bezogen, bliebe die rationale Rechtfertigung ihres Geltungsanspruchs problematisch, weil zum einen innerhalb der Ethik Anschauungen darüber, wie sich dieser Geltungsanspruch begründen ließe, auseinander gehen – weil sie ein konstantes Vorliegen stets gleicher moralischer Aspekte eines bestimmten betrachteten Umstandes voraussetzen, was aber in der vielfältigen moralischen Wirklichkeit nicht der Fall ist –, weil weiterhin Zweifel an deren Tauglichkeit als Hilfe bei der Bildung konkreter moralischer Urteile bestehen und weil außerdem moralische Aspekte eines bestimmten Umstands – etwa einer gewissen Handlung – nicht in allen Situationen identisch sind, da sie von weiteren, die Situation mit bestimmenden Umständen abhängen und somit vom Kontext der jeweiligen Situation bedingt werden.[6] Deshalb sollte ethischen Prinzipien nur ein beschränkter Nutzen bei der Bildung konkreter moralischer Urteile zukommen.[7] Nicht die genaue Anwendung einer bestimmten Ethik und deren Prinzipien erscheint folglich als das Entscheidende, sondern zu erwartende gesellschaftliche, persönliche und politische Folgen. Es wird also darauf ankommen, möglichst die gesamte Situation, in welcher über Bioethik reflektiert wird, zu betrachten.

Als Grundlage für dieses Vorhaben bietet sich hermeneutische Ethik an – kann diese doch als konsequente Weiterentwicklung des nachheideggerschen Denkens verstanden werden –, da durch diese Theorie Rekonstruktionen der wichtigen Argumente möglich sind, da sie interpretierende Vorgehensweisen postuliert, da sie auf Letztbegründungen verzichtet, da Folgenabschätzungen eine große Rolle spielen und da Lösungen der aufeinander treffenden Diskussionspartner als möglich erscheinen. Außerdem bringt diese Methode geisteswissenschaftliches Verstehen, naturwissenschaftlich-technisches Erklären, empirische und sozialwissenschaftliche Modellbildung und technikphilosophische Reflexionen in einen methodisch reflektierten Zusammenhang.[8] Alltagsferne kann somit überwunden werden; Problemkonstellationen, die sich aus dem Umgang mit Biotechnik ergeben, können durch reale, detaillierte und umfassende Situationsbeschreibungen in ihrer Komplexität in das Zentrum der Betrachtung gestellt werden, damit soziale Kontexte, in die diese eingebettet sind, mit betrachtet werden können. Hier kommt es nicht darauf an, philosophische Sätze auf ihren logischen Gehalt zu reduzieren, sondern diese in ihrem vollen Vollzugssinn, von ihrem Motivationshintergrund aus, aufzufassen.[9]

Der folgende Artikel versucht also in diesem Sinne herauszuarbeiten, wie menschenbezogene Biotechnik definiert werden kann, wie ihre Anwendungspraktiken vervollkommnet werden, was für Gestaltungsmöglichkeiten sich hier-

---

5   Vgl. Ach/Runtenberg 2002, S. 161.
6   Vgl. B. Gordijn: *Medizinische Utopien. Eine ethische Betrachtung*, 2004, S. 51.
7   Vgl. ebd.
8   Vgl. B. Irrgang: *Forschungsethik. Gentechnik und neue Biologie*, 1997, S. 157.
9   Vgl. J. Grondin: *Der Sinn für Hermeneutik*, 1994, S. 18.

durch bieten und bieten werden und welche diesbezüglichen Ängste und Fragen aus welchen Gründen heraus aufgekommen sind, eine Rekonstruktion dieser Punkte darstellend.

2 Was ist Enhancement und was kann Enhancement bewirken?

2.1 Enhancement als Form der Biotechnik

Unter Biotechnik allgemein ist Technik auf dem Gebiet der Biologie und Medizin zu verstehen – durch Kombination mikrobiologischer, (bio)chemischer, verfahrenstechnischer und genetischer Erkenntnisse –, welche in industrieller Produktion und anderen technischen Verfahren genutzt wird. Im internationalen Diskurs über Anwendungen von Biotechniken innerhalb der Reproduktionsmedizin hat sich der Begriff Enhancement gegen den der liberalen Eugenik durchgesetzt, da sich die Extensionen beider Begriffe als identisch erweisen und gleichermaßen Erbgesundheitsforschung, -lehre, -pflege bedeuten, mit den Zielen, erbschädigende Einflüsse und Verbreitungen von Erbkrankheiten zu verhindern, unerwünschte Eigenschaften zu beseitigen, gewollte Ziele zu fördern und durch Erforschung erbbiologischer Grundlagen sowie durch Kontrolle und Beeinflussung der Fortpflanzungsprozesse zu einer – angenommenen – Weiter- oder Höherentwicklung der Gesellschaft und des Einzelnen zu gelangen. Selbstgestaltung durch Enhancement bezieht sich auf die gesamte Gattung – im Sinne: die Menschheit entwirft sich als Menschheit selbst – und auf das konkrete Individuum.

2.2 Arten von Enhancement

Enhancement an sich zeigt verschiedene Ausprägungen auf:[10] Die erste Kategorisierung bezieht sich auf politisch bedingte Differenzierungen (1, 2 und 3). Es schließen sich Unterscheidungen bezüglich der Radikalität der Eingriffe, also zwischen leichten (4), ausgleichenden (5) und artübergreifenden (6) Verbesserungen an. Es folgen Differenzierungen zwischen Maßnahmen mit Eigenverantwortlichkeit (7) und Fremdbestimmung (8), zwischen auf genetische Zusammensetzung bezogenen (9) und nicht auf genetische Zusammensetzung bezogenen (10 und 11) Formen, zwischen Möglichkeiten der Förderung (12), der Erhaltung (13) und Möglichkeiten der Einschränkung (14) von Erbanlagen – also zwischen gesundheitsbezogenen und nicht gesundheitsbezogenen Handhabungen –, zwischen Anwendungen, die Gene verändern (15) und Anwendungen, die sie belassen (16) und zwischen Praktiken, die Erbanlagen direkt (17) fördern und solchen, die dies nicht (18) vermögen. Zuletzt folgt eine Unterscheidung

---

10 Die Kategorisierung basiert auf einer Weiterentwicklung der Theorien von S. L. Sorgner: *Facetten der Eugenik*, in: Sorgner/Birx/Knoepffler 2006, S. 201ff.

zwischen Praktiken mit der Möglichkeit, aktiv zu erschaffen (19) und Praktiken, die auf Bestehendes zurückgreifen (20).

1 Liberal: Entscheidungen über biotechnische Eingriffe treffen Privatpersonen.

2 Staatlich: Entscheidungen über biotechnische Eingriffe trifft der Staat.[11]

3 Sozialstaatlich: Entscheidungen über biotechnische Eingriffe treffen Privatpersonen; der Eingriff wird vom Staat getragen, gefördert und finanziert.

4 Moderat: Leichte Veränderung oder Verbesserungen (Posthumanismus).

5 Kompensatorisch: Ausgleichende Veränderung oder Verbesserungen.

6 Radikal: Starke Veränderung oder Verbesserungen (Transhumanismus).

7 Autonom: Entscheidungen über biotechnische Eingriffe trifft der Betroffene.

8 Heteronom: Entscheidungen über biotechnische Eingriffe treffen andere.

9 Genetic: Bezieht sich auf Eingriffe, die sich auf Vererbung, auf Zusammensetzung und Auswahl von Genen und auf Förderung und Einschränkung der Erbanlagen auswirken.

10 Phäno: Bezieht sich auf Eingriffe, die den Phänotyp, das äußere Erscheinungsbild, verändern (Schönheitsoperationen, Prothesen, Implantate).

11 Neuro: Bezieht sich auf Eingriffe, die Stimmungen, Wahrnehmungen und Leistungen verändern (Doping, Stimmungsaufheller, Prozac).

12 Positiv: Förderung vorteilhafter Erbanlagen[12] (Auswahl viel versprechender Embryonen zur Implantation), nicht gesundheitsbezogenes Enhancement (keine Form der Therapie).

13 Negativ: Einschränkung der Ausbreitung nachteiliger Erbanlagen (Behandlung eines kranken Gens), gesundheitsbezogenes Enhancement (Form der Therapie).

14 Präventiv: Erhaltung vorteilhafter Erbanlagen (Form der Therapie).

15 Aktiv: Aktives Verändern (Veränderung eines Gens).

16 Passiv: Günstiges Auswählen (keine Veränderung eines Gens).

17 Direkt: Direkte Förderung von Erbanlagen (Keimbahntherapie).

18 Indirekt: Indirekte Förderung von Erbanlagen (Schwangerschaftsabbruch aufgrund von Behinderung des Embryos).

19 Erschaffend: Aktives Erschaffen vorteilhafter Eizellen.

20 Nicht erschaffend: Zurückgreifen auf bestehendes Material.

Die Unterscheidungen zwischen oben genannten Ausprägungen (1-20) nehmen zum einen Einfluss auf Bewertungen verschiedener Handlungsmöglichkeiten des Eingreifenden in Bezug auf dessen objektive Handlungen und zum anderen auf sich ergebende Folgen, die als innere subjektive Handlungsfolgen aufgefasst werden können. Enhancement allgemein kann verlorengegangene Fähigkeiten, die ein Individuum einmal hatte, aber durch Erkrankung oder Unfall eingebüßt

---

11 Staatliches Enhancement ist nicht Gegenstand meiner Betrachtungen, da sich diese Form des Enhancements nicht mit Vorstellungen liberaler Eugenik deckt. Hier würde nicht das Interesse des Einzelnen berücksichtigt.

12 Mit Erbanlagen ist nur die im Zellkern enthaltene Erbinformation gemeint.

hat, wiederherstellen. Auch kann Enhancement neue oder fehlende Fähigkeiten bereitstellen. Weiterhin vermag es, Fähigkeiten zu erhalten und zu steigern.[13] Als Möglichkeiten zur Selbstgestaltung ergeben sich neun Kombinationen zusammengesetzter Enhancement-Methoden, die in diversen Anwendungsmöglichkeiten, die wiederum in verschiedene Praktiken zu untergliedern sind, aufgeteilt werden können.

2.3 Anwendungspraktiken und Bedeutungen liberalen oder sozialstaatlichen Enhancements

2.3.1 Moderat/radikal-autonom-positiv-aktiv-direktes-nicht erschaffendes-phäno-Enhancement

Hierunter ist die selbstbestimmte gewollte Veränderung des eigenen Körpers zu verstehen. Zu dieser Form des Enhancements zählen *Sport, Schönheitsoperationen, Anti-Aging-Behandlungen, Implantate* und *(sensorische) Prothesen*, die bestimmte Körperfunktionen ersetzen.

2.3.2 Moderat-autonom-positiv-aktiv-direktes-nicht erschaffendes-neuro-Enhancement

Hierunter ist die selbstständige Veränderung des Geistes bezüglich kognitiver (Erinnerungsvermögen), emotionaler (Effekte und Stimmungen) und motivationaler (Aggressionen) Zustände zu verstehen. Neben *Erziehung* zählen *operative Eingriffe am Gehirn, chip-gesteuerte Implantate, Doping,* der *Konsum chemischer Präparate,* wie zum Beispiel kognitions- und konzentrationsverbessernde Mittel und Stimmungsaufheller[14], die Implantation von *Neuro-Prothesen,* einschließlich sogenannter Brain-Machine-Interfaces, bei denen der maschinelle (prothetische) Teil nicht im Gehirn und auch nicht notwendig im übrigen Körper lokalisiert sein muss, aber mit dem Gehirn verbunden und in dessen Funktionssphäre integriert ist, zu dieser Form des Enhancements. Durch Letzteres ist es möglich, Betroffenen die Kontrolle durch reines Denken zurückzugeben.[15] Zunächst sind medizinisch indizierte Ergänzungen des Körpers möglich. Denkbar ist, dass diese Technik möglicherweise auch zu anderen Zwecken eingesetzt werden kann und so über Ersetzung oder Kompensation verloren gegangener Fähigkeiten und Funktionen hinausginge.[16]

---

13 Vgl. S. K. Nagel/A. Stephan: *Was bedeutet Neuro-Enhancement?*, in: Schöne-Seifert/Talbot/Opolka/Ach 2009, S. 32.

14 Vgl. B. Gesang: *Enhancement und Gerechtigkeit,* in: Sorgner/Birx/Knoepffler 2006, S. 127.

15 Vgl. R. Brooks: *Menschmaschinen. Wie uns die Zukunftstechnologien neu erschaffen,* Fischer, 2005, S. 242; vgl. Nagel/Stephan, in: Schöne-Seifert/Talbot/Opolka/Ach 2009, S. 29.

16 Vgl. D. Birnbacher: *Bioethik zwischen Natur und Interesse,* 2006a, S. 78; vgl. Brooks 2005, S. 246.

Weil sich Emotionen durch den Konsum chemischer Präparate verändern, wird befürchtet, die Nutzung solcher Produkte führte zum Verlust der Menschenwürde, weil sich diese, in Form von menschlicher Besonderheit, auf den Umfang normaler Emotionen gründe.[17] Bei Betrachtern, die diese Einstellung nicht teilen, verläuft die Debatte meist sachlich, weil Enhancement autonom erfolgt, weil kein Einfluss auf genetische Zusammensetzungen genommen wird, weil keine Selektionen stattfinden und weil es in der Regel von zustimmungsfähigen rationalen aufgeklärten Individuen verwendet wird.

3.2.3 Moderat-heteronom-positiv-aktiv-direktes-nicht erschaffendes-neuro-Enhancement

Hierunter ist die fremdbestimmte Veränderung des Geistes bezüglich kognitiver Zustände zu verstehen. Innerhalb dieser Form des Enhancements besteht theoretisch die Möglichkeit der *pränatalen Intelligenzsteigerung*. Hierbei würden bestimmte Hormone oder Morphogene[18] in das Gehirn eines Embryos injiziert, um das Wachstum des Gehirns zu beschleunigen und dieses zu vergrößern. Da sich hierbei die Schädelgröße änderte, was eine normale Geburt verhinderte, bestünde die Möglichkeit, selektiv einzelne Gehirnbereiche zu hypertrophem Wachstum anzuregen, mit dem Ziel, spezielle Hochbegabungen zu erreichen.[19]

2.3.4 Moderat-heteronom-negativ-passiv-direktes-nicht erschaffendes-genetic-Enhancement

Hierunter ist die Einschränkung nachteiliger Erbanlagen durch direkte Auswahl zu verstehen. Zu dieser Form zählen *Ektogenese,*[20] *In-vitro-Fertilisation* (IVF) mit vorheriger oder anschließender visueller oder gentechnischer Diagnose im Rahmen einer *Präkonzeptions- oder Präfertilisationsdiagnostik, Präimplantati-*

---

17 Vgl. F. Fukuyama: *Das Ende des Menschen*, 2004, S. 242f.

18 Signalübertragungsmoleküle, die während der embryonalen Entwicklung die Morphogenese der vielzelligen Organismen steuern.

19 Vgl. S. Müller: *Cognitive Enhancement zur Steigerung der Intelligenz?*, in: Schöne-Seifert/Talbot/Opolka/Ach 2009, S. 124f.

20 Eine Ektogenese bezeichnet die vollständige Aufzucht von Embryonen in einem künstlichen Milieu, also den kompletten Vorgang der Entwicklung von der Befruchtung bis zur Geburt, wenn diese Entwicklung außerhalb des Mutterleibes stattfindet. Beim Menschen ist dies noch nicht realisierbar. Gegenwärtige Verfahren beschränken sich auf frühe Phasen der Embryonalentwicklung, auf IVF, nach der der Embryo in die Gebärmutter eingepflanzt wird und dort bis zur Geburt heranreift.

onsdiagnostik (PID)[21] – und daran anschließende *Implantationen* gesund erscheinender Präembryonen.[22]

IVF wurde aufgrund von Unfruchtbarkeit der Frau oder wegen starker Beeinträchtigung männlicher Samenzellen entwickelt. Durch IVF besteht die Möglichkeit, Eizellen extrakorporal zu befruchten, um sonst nicht mögliche Schwangerschaften herbeizuführen. PID hilft Paaren, die Erbkrankheiten befürchten, eigene gesunde Kinder zu bekommen. Die größte Befürchtung erwächst selten aus der Methode an sich, sondern vielmehr aus dem möglichen Umgang gegenüber überzähligen Präembryonen.

2.3.5 Moderat-heteronom-negativ-passiv-indirektes-nicht erschaffendes-genetic-Enhancement

Hierunter ist die fremdbestimmte Einschränkung und indirekte Förderung von Erbanlagen durch Auswahl zu verstehen. Diese Enhancement-Methoden kennzeichnen sich durch Selektionen. Selektion in diesem Zusammenhang wird als Form der gesteuerten Fortpflanzung verstanden, welche sich an qualitativen Kriterien orientiert und eine Auswahl zwischen einer Mehrzahl von Alternativen beinhaltet.[23] Selektionen innerhalb dieser Enhancement-Praktiken umfassen *präkonzeptionelle Geschlechtsauswahl* vor IVF, *Nicht-Implantationen* nach PID, *Mehrlingsreduktion mittels Fetozid, Schwangerschaftsabbrüche* ohne das Kind direkt betreffende Gründe, Beendigungen von Schwangerschaften nach ungünstigen Pränataldiagnostiken (PND), in Form von Fruchtwasser- und Ultraschalluntersuchungen, und *Infantizide* nicht lebensfähiger (zum Beispiel Anenzephalie, Hämorrhagie und Kinder, denen ein Großteil des Verdauungssystems fehlt) und schwer behinderter Säuglinge (zum Beispiel schwere Fälle von Spina bifida).

Entschieden zukünftige Eltern aufgrund der Untersuchungsergebnisse, dass eine Schwangerschaft nicht eingeleitet werden soll, kämen Schwangerschaften durch und mit geschädigten Präembryonen nicht zustande. Nur wenn betroffene Paare auf eigene Kinder verzichteten, würden diesbezügliche ethische Konflikte vermieden. Es besteht die Befürchtung, PID könne zur Aufhebung des Embryonenschutzes führen, weil zum Zweck der Genanalyse totipotente Zellen verbraucht würden, die geeignet sind, zu vollständigen Individuen heranzuwachsen.

---

21 Es handelt sich um Untersuchung und Diagnostik des im Rahmen eines IVF-gezeugten Präembryos – hinsichtlich Veränderungen des Erbmaterials, welche zu schweren Erkrankungen führen würden – vor der Implantation in den mütterlichen Organismus. Im Rahmen einer PID werden nach der IVF – am vierten oder fünften Tag nach der Befruchtung – jeweils ein bis zwei totipotente Zellen beider sich im Achtzellstadium befindenden Präembryonen entnommen und in einer Zellkultur weiterentwickelt, bis eine genügend große Anzahl von Zellen für eine genetische Untersuchung zur Verfügung steht.

22 Die Nichtimplantation nicht gesund erscheinender Eizellen fällt unter moderat-heteronom-negativ-passiv-indirektes-nicht erschaffendes-genetic-Enhancement.

23 Vgl. Birnbacher 2006a, S. 316.

In diesem Fall würden Präembryonen zu nicht ihrer eigenen Erhaltung dienenden Zwecken untersucht. Auch diente eine solche Genanalyse nicht therapeutischen Zwecken, sondern ausschließlich der Selektion. Selbst wenn PID nicht im Rahmen öffentlicher Screening-Programme eingesetzt würde, besteht die Angst, ihre Anwendung leiste der Züchtung eines Menschen nach Maß Vorschub, was im sogenannten Designerbaby endete. Auch PND liefere bei entsprechendem Befund eugenische, genetische oder medizinische Indikationen zur Abtreibung.[24] Doch andererseits könnte die Legalisierung der PID (im Fall einer IVF) PND ersetzen, wobei sich die Zahl der Schwangerschaftsabbrüche und der erwünschten Infantizide möglicherweise verringern ließe.

Andere Kritiker dieser Methoden gehen davon aus, PID, PND, Schwangerschaftsabbruch und Infantizid könnten missbraucht werden, um zukünftige und bereits geborene Menschen bei Vorliegen von Chromosomendefekten, Gendefekten und Behinderungen zu vernichten. Diesbezüglich wird befürchtet, dass manche Anwendungen dieser Praktiken zur Entwicklung staatlich gelenkter Programme führten. Des Weiteren sei mit tiefgreifenden Veränderungen der Einstellungen gegenüber Krankheiten und Leiden sowie gegenüber Behinderten und deren Angehörigen zu rechnen.

2.3.6 Moderat-heteronom-positiv-passiv-direktes-nicht erschaffendes-genetic-Enhancement

Hierunter ist die direkte Förderung von vorteilhaften Erbanlagen durch Auswahl zu verstehen. Eine Praktik wäre die *Entfernung eines Vorkernes,* um Nachkommen mit genetischem Material nur eines Elternteils auszustatten. Weiterhin gehört zu dieser Form des Enhancements das *reproduktive Klonen*[25] – durch *Embryonensplitting oder durch Parthogenese* oder *Parthenogenese –*, um genetisch identische Embryonen zu erschaffen, die eingepflanzt und ausgetragen werden und *therapeutisches Klonen,* um pluripotente embryonale Stammzellen in monopotente Körperzellen – zum Beispiel zur Züchtung separater Organe oder zu Implantations-, Therapie- oder Forschungszwecken – umzuwandeln,[26] was definitiv eine Vernichtung des Präembryos zur Folge hat. Beim Klonen sind technische Hindernisse geringer – aber dennoch vorhanden – als bei genetischen Diagnosen im Rahmen einer PID oder bei genetischen Manipulationen. Es besteht der Vor-

---

24 Vgl. W. Lenzen: *Grundsätzliche Betrachtungen zur Moralität eugenischer Maßnahmen,* in: Sorgner/Birx/Knoepffler 2006, S. 165; vgl. Deutsches Ärzteblatt 95, Heft 47, 20. November, 1998.

25 Unter Klonieren ist die ungeschlechtliche Vermehrung von Lebewesen zu versteht.

26 Bei beiden Praktiken wird das Erbmaterial einer nicht mehr totipotenten Zelle in eine entkernte, unbefruchtete Eizelle übertragen. Dieses transferierte Genom kann ein somatischer Zellkern aus der Zelle junger Präembryonen, Embryonen, Föten oder Erwachsener sein. Hierbei entstehen Lebewesen, deren genetische Ausstattungen mit denen der Spenderzellen gleich sind. Somit ist die Möglichkeit, Individuen mit gleichen genetischen Programmen zu vervielfältigen, gegeben.

wurf, es würden zu diesem Zweck instrumentalisierte Menschen für Experimente verwendet, was im Widerspruch zur Menschenwürde stünde.[27]

2.3.7 Moderat-autonom-positiv-aktiv-direktes-nicht erschaffendes-genetic-Enhancement

In diese Kategorie fällt eine der zwei Unterformen der Gentherapie[28], die *somatische Gentherapie,* also ein Gentransfer in Körperzellen. Sie kann möglicherweise helfen, angeborene oder erworbene Erkrankungen kausal zu therapieren, indem durch ein Virus oder Bakterienüberträger ein therapeutisches Gen, eine intakte Kopie des für die entsprechende Krankheit verantwortlichen defekten Gens, in erkrankte Körperzellen eingeschleust würde. Veränderungen des Erbgutes blieben auf den autonom agierenden behandelten Patienten beschränkt, da therapierte Körperzellen spätestens mit der Person sterben. Anwendungsmöglichkeiten ergäben sich für Korrekturen klassischer Erbkrankheiten mit isoliertem Einzeldefekt, wie Mukoviszidose und Bluterkrankheit, für Behandlungen anderer schwerer erworbener Erkrankungen, wie AIDS, und für multifaktorielle genetische Erkrankungen, wie Tumore und Herz-Kreislaufkrankheiten. Problematisch und aufwendig wäre, dass bei erfolgversprechenden Therapien das genetische Material aller Zellen verändert werden müsste.

2.3.8 Moderat/radikal-heteronom-positiv-aktiv-direktes-nicht erschaffendes-genetic-Enhancement

In diesen Bereich fällt die technisch noch nicht mögliche *Keimbahntherapie,* die zweite Unterform der Gentherapie. Anstatt Gendefekte in Körperzellen bereits Erkrankter oder von Krankheiten Bedrohter zu behandeln, würde die gezielte gentherapeutische Reparatur defekter Gene in Keimzellen Ungeborener angesetzt, wobei genetische Veränderungen an nachfolgende Generationen vererbt würden. Es müsste nur ein Satz von DNA-Molekülen ausgetauscht werden, nämlich der, der sich im befruchteten Ei des Präembryos befindet, der sich schließlich selbstständig reproduziert. Durch Keimbahntherapie könnten möglicherweise defekte rezessive Gene bei allen Nachkommen ausgeschaltet werden, was dazu führen könnte, dass bestimmte genetisch bedingte Krankheiten ausgerottet würden. Moderate Verbesserungen lägen vor, würden existierende Eigenschaften optimiert, ohne gesellschaftliche Konkurrenzsituationen zu verändern, wohingegen radikales Enhancement die artüblichen Grenzen – die zuvor zu definieren wären – sprengen würde.[29]

---

27 Diese Kritik basiert auf einer Menschenwürde-Auffassung nach Kant.

28 Seit der vollständigen Entschlüsselung des menschlichen Genoms, bei der auch Gene identifiziert wurden, deren Fehlfunktion zur Ausprägung von Erbkrankheiten führt, stellt Gentherapie einen zunehmend an Bedeutung gewinnenden Forschungsschwerpunkt der Naturwissenschaften dar.

29 Vgl. Gesang 2006, S. 129.

Durch die Nutzung von Keimbahntherapie bestünde die Gefahr, so die Befürchtung, dass Grenzen zwischen Therapie und Menschenzüchtung zu verschwimmen drohten, dass Individuen nach kulturell anerkannten Normen geschaffen würden, dass jedes beliebige Merkmal hinzugefügt oder entfernt werden könnte, dass irreversible Folgen entstünden, die die direkt Betroffenen möglicherweise missbilligten und dass die Möglichkeit bestünde, *Chimären* zu kreieren.

2.3.9 Moderat/radikal-heteronom-passiv-direktes-erschaffendes-genetic-Enhancement

Hierunter zählen noch nicht durchführbare *Genkonstruktionen* – aktive Erschaffungen von Eizellen – und der *Einsatz künstlicher Chromosome*, wobei den 46 natürlichen Chromosomen ein weiteres hinzugefügt würde. Die zweite Form kann sowohl als heteronom als auch als autonom beschrieben werden: Obwohl das Individuum selbstständig entscheiden würde, ob es das zusätzliche Chromosom aktivieren ließe oder nicht, hätte die Veränderung vorgeburtlich und fremdbestimmt stattgefunden. Dennoch würden keine Gene in existierenden Chromosomen verändert oder ersetzt, die Maßnahmen würden nicht vererbt.[30]

3 Welche Probleme, Erwartungen, Interpretationen und Bedeutungen ergeben sich für die Betroffenen?

3.1 Das Grundproblem

Wäre es wünschenswert, dass alles, was technisch machbar ist, zur Anwendung kommt und wäre es vorteilhaft, würde das bisher nicht Verfügbare ermöglicht? Enhancement verlangt neue Bewertungen anerkannter üblicher Moralvorstellungen, weil Nachdenkende vor – ebenfalls neuen – Entscheidungen stehen. Es wird zu überlegen sein, ob bereits angewendete Techniken erlaubt bleiben können oder wieder verboten werden sollten, ob es sinnvoll erscheint, bisher nicht anerkannte Methoden anzuwenden und ob es nötig sein könnte, zwischen verschiedenen Enhancementmöglichkeiten bezüglich einer zukünftigen Anwendungserlaubnis zu unterscheiden.

Für eingreifende Subjekte entstehen andere Arten des Selbstbezuges und Selbstverständnisses, hängt es doch davon ab, inwieweit sie weitere Entscheidungsspielräume auszunutzen gedenken und ob sie sich für autonome normative Erwägungen oder für sich nach eigenen Vorlieben richtende subjektive Erwägungen bezüglich der Entscheidungsspielräume aussprechen.[31] Durch die bio-

---

30 Vgl. J. Campbell/G. Stock: *A Vision for Practical Human Germline Engineering*, in: Campbell/Stock 2000, S. 9ff.

31 Vgl. Habermas 2004, S. 28.; vgl. H. Kreß: *Medizinische Ethik. Kulturelle Grundlagen und ethische Wertkonflikte heutiger Medizin*, 2003; vgl. G. Pöltner: *Grundkurs Medizin-*

technische Revolution werden Menschen gezwungen, sich innerste Werte vor Augen zu halten und so über die Frage nach Sinn und Zweck der eigenen Existenz nachzudenken.[32] Als Ausdruck einer pluralistischen Gesellschaft mit einer Vielzahl von miteinander konkurrierenden Welt- und Wertorientierungen vollzieht sich die moralische Meinungsbildung auf verschiedenen Ebenen, in deren Spannungsfeld zu Entscheidungen gefunden werden muss. Diskussionen und das Suchen nach Antworten gibt es sowohl im (klinischen) Alltag als auch in rein philosophischen und ethischen Auseinandersetzungen. Entsprechend komplex gestaltet sich der gesellschaftliche Diskurs. Biotechnische Möglichkeiten haben bereits zur Polarisierung zwischen extrem liberalen Menschen[33] und solchen mit moralischen Bedenken gegen Biotechnologie[34] geführt.

Auf der Suche nach diesbezüglichen Antworten ergeben sich dementsprechend vielfältige Gedanken, Fragen, Probleme und Diskussionspunkte aus verschiedenen Perspektiven heraus gesehen, die im Folgenden anhand von Beispielen dargestellt und zusammengefasst werden.

3.2 Die Perspektiven der Betroffenen

3.2.1 Eltern und Kinder

Werden die Interessen des Kindes – bezüglich einer gesunden Entwicklung versus einer Existenz überhaupt – in die Abwägung der Entscheidung der Eltern einbezogen, inwiefern biotechnische Eingriffe vorgenommen werden sollten, könnten sich folgende Fragen für diese herausbilden:

1 Darf eine Schwangerschaft vorzeitig und absichtlich beendet werden?[35]
2 Dürfen, sollten oder müssten Eltern Enhancement-Maßnahmen nutzen?
3 Sind Eltern in der Lage zu entscheiden, was besser für ihr Kind ist?
4 Ist es falsch, sich ein nach bestimmten Maßgaben gestaltetes Kind zu wünschen?
5 Besteht ein Recht auf Fortpflanzungsfreiheit?[36]

Ethik, 2002, S. 32.
32 Vgl. J. Rifkin: *Das biotechnische Zeitalter*, 2007, S. 21, 328.
33 Wie zum Beispiel Forscher, Wissenschaftler, Vertreter biotechnischer Industrie und Vertreter freier Marktwirtschaft, Deregulierung und minimaler Eingriffe von Regierungen in den Technologiesektor.
34 Wie zum Beispiel Menschen mit religiösen Überzeugungen, Umweltschützer und Gegner neuer Technologien.
35 Vgl. H. Kuhse/P. Singer: *Individuen, Menschen, Personen – Fragen des Lebens und Sterbens*, 1999; vgl. P. Singer: *Praktische Ethik*, 1994; vgl. H. Kuhse/P. Singer: *Muss dieses Kind am Leben bleiben? Das Problem schwerstgeschädigter Neugeborener*, 1993.
36 Vgl. J. A. Robertson: *Children of Choice. Freedom and the New Reproductive Technologies*, 1994, S. 24.

Die erste Frage berührt Konzepte wie Wert des Lebens[37] und Recht auf Leben[38], weil sie zu der Überlegung führt, ob sich Einstellungen gegenüber Schwangerschaftsabbrüchen mit dem Wissen über Behinderungen änderten. Würde dies bejaht, würde somit zugegeben, dass solchen Leben andere Werte und andere Rechte zugesprochen werden müssten, woraus folgen würde, dass moralisch relevante Unterschiede zwischen behinderten und nicht behinderten Präembryonen, Embryonen und Föten angenommen würden, was wiederum zu der Erkenntnis führte, dass Kinder nach ungünstigen PID- oder PND- Ergebnissen nicht zwangsläufig ausgetragen werden müssten.

Würde Enhancement angeboten, könnte des Weiteren überlegt werden, ob Kindern das Recht auf bessere genetische Ausgangspositionen und Gesundheit eingeräumt werden sollte. Fände auch diese Frage Zustimmung, sollte sich mit der Möglichkeit auseinandergesetzt werden, wie damit umzugehen wäre, würden Eltern von Kindern wegen erblicher Krankheiten oder ihnen ungünstig erscheinender Eigenschaften verklagt.[39] Würden Kindern diesbezügliche Rechte zugestanden, könnte dies möglicherweise bedeuten, dass Eltern die Pflicht bekämen, genetische Ausstattungen der Kinder zum Vorteilhaften zu verändern und so selbstverständlich über deren genetische Beschaffenheit zu entscheiden. Würden elterliche Pflichten gegenüber dem Nachwuchs zuerkannt, müsste davon ausgegangen werden, dass ihnen im Gegenzug das Recht auf Anwendung gentechnischer Möglichkeiten eingeräumt werden müsste. Würden also Eltern Pflichten und Rechte und Kindern Rechte zuerkannt, wüchse daraus ein – wie auch immer zu verteidigender – Anspruch auf ein gesundes Kind?[40]

Hier steht außerdem die Überlegung nach der Bedeutung des Guten zur Diskussion, in dem Sinne, ob das elterlich gut Gewollte notwendigerweise mit dem als gut Empfundenen des Kindes übereinstimmt. Würde diese Überlegung verneint, müsste darüber reflektiert werden, wie Kinder reagierten, erführen sie von vorgeburtlichen Maßnahmen. Möglicherweise erschiene ihnen die Veränderung als Vorteil oder aber als Nachteil, möglicherweise wären sie einverstanden oder eben nicht einverstanden.

Ein anderes Problem entsteht, wird darüber nachgedacht, ob sich das Selbstbild des zukünftigen Menschen verschieben würde, erführe er von an ihm durchgeführten Veränderungen. Diese Ansicht resultiert aus der Vorstellung, dass sich jede Person mit ihrem Leib identifiziert. Bliebe eine Identifikation erhalten, würde dieser verändert? Es bleibt also die Frage offen, was als mutmaßlicher Willen des – irgendwann reflektierenden – Individuums verstanden werden kann.

---

37 Vgl. Kuhse/Singer 1999, S. 47ff.; vgl. Singer 1994, S. 115ff., 135ff., 141ff., 195ff.
38 Vgl. Singer 1994, S. 115ff.
39 Vgl. Rifkin 2007, S. 203.
40 Vgl. Pöltner 2002, S. 146ff.

3.2.2 Forschung und Wissenschaft

Werden Interessen der Forschung und Wissenschaft berücksichtigt, könnten sich folgende Fragen herausbilden:

1 Darf generell mit und an Präembryonen und Embryonen geforscht werden?
2 Welche Risiken bei Experimenten am Menschen gelten als akzeptabel?[41]
3 Dürfen Menschen geklont werden?[42]
4 Wie ist das Verhältnis zwischen Forschungsfreiheit und Lebensschutz?
5 Welche Rolle dürfen persönlicher Ehrgeiz und finanzielle Interessen spielen?

Es entstehen Überlegungen, ob embryonale Stammzellen zur Züchtung embryonalen Gewebes verwendet werden dürften, ob sie zweckentfremdet – unter Ausschluss einer Implantation – genutzt werden könnten,[43] und ob es einen moralisch relevanten Unterschied im Bezug auf deren Umgang geben sollte, würden sie zu Forschungszwecken oder als zukünftiges Kind zukünftiger Eltern gezeugt. Hier finden sich außerdem Reflexionen darüber, ob Versuche mit Präembryonen generell abzulehnen seien, da es sich um verbotene Experimente am Menschen handelt, die als Missbrauch von Biologie und Medizin zu verstehen seien. Anschließend müsste notwendigerweise die bisherige Differenzierung zwischen Abtreibung und verbrauchender Embryonenforschung in Bezug auf Schutzwürdigkeit und moralischen Status von Präembryonen und Embryonen hinterfragt werden.[44]

3.2.3 Gesellschaft

Werden gesellschaftliche Interessen in die Diskussion einbezogen, könnten folgende Überlegungen nahe liegend sein:

1 Sind gentechnisch veränderte und gentechnisch nicht veränderte Menschen gleich?[45]
2 Ist traditionelle Familienbildung gefährdet?[46]
3 Nötigt die Möglichkeit der Nutzung von Enhancement zu dessen Nutzung?[47]

---

41 Vgl. Fukuyama 2004, S. 119ff., 279.
42 Vgl. Europarat (Hg.): *Medically Assisted Procreation and the Protection of the Human Embryo. Comparative Study of 39 States*, 1997.
43 Vgl. E. Schockenhoff: *Die Ethik des Heilens und die Menschenwürde*, in: Zeitschrift für medizinische Ethik 47, 2001, S. 255.
44 Vgl. M. Ahmann: *Was bleibt vom menschlichen Leben unantastbar? – Kritische Analyse der Rezeption des praktisch-ethischen Entwurfs Peter Singers aus praktisch-theologischer Perspektive*, 2001, S. 71.; vgl. N. Hoerster: *Ethik des Embryonenschutzes. Ein rechtsphilosophischer Essay*, 2002, S. 130.; vgl. Pöltner 2002, S. 72.
45 Vgl. Fukuyama 2004, S. 32ff., 124ff.
46 Vgl. D. Birnbacher: *Gefährdet die moderne Reproduktionsmedizin die menschliche Würde?* in: Leist, 1990, S. 273f.; vgl. Lenzen 2006, S. 162ff.
47 Vgl. Fukuyama 2004, S. 124.

4 Welche Werte ändern sich innerhalb der bestehenden Gesellschaft?[48]
5 Ändert sich durch Enhancement die Einstellung gegenüber dem Tod?[49]
6 Ist längeres Leben gleichzeitig besseres Leben?[50]
7 Bleibt das Recht auf körperliche und geistige Gesundheit garantiert?[51]
8 Ist es sinnvoll, sich Krankheiten mittels biotechnischer Eingriffe zu entledigen?
9 Wäre es vorteilhaft, normale Eigenschaften zu verändern und so die menschliche Natur neu zu gestalten?[52]
10 Gibt es gute ethische Gründe, den Gebrauch kognitiver Enhancement-Maßnahmen zu befürworten oder abzulehnen?[53]
11 Weckt diese Art der Fortpflanzungsmedizin künstliche/überzogene Bedürfnisse?[54]
12 Wer zahlt für Eingriffe dieser Art?[55]

Innerhalb der die Gesellschaft betreffenden Fragen verbirgt sich die Angst vor der Gefahr, Chancengleichheit zwischen veränderten und nicht veränderten Individuen nicht mehr garantieren zu können, was zum Problem führte, wie mit der neu entstandenen Kluft umzugehen wäre und ob die Möglichkeit zur genetischen Veränderung zwangsläufig und willkürlich zu Diskriminierungen behinderter Menschen führen könne oder würde und ob nur wohlhabende Menschen die Möglichkeit des Enhancements nutzen könnten.[56] Auch besteht die Befürchtung, die Technisierung der Reproduktion verändere das gattungsethische Selbstverständnis so grundlegend, dass es nicht mehr möglich sei, sich untereinander als ethisch freie und moralisch gleiche, an Normen und Gründen orientierte Individuen betrachten zu können.[57]

Skeptisch gesehen wird weiterhin, dass möglicherweise der Tod nicht mehr als natürliche und notwendige Komponente des Daseins, sondern als vermeidbares Übel wahrgenommen würde, was zu dessen Nichtakzeptanz führte. Die daran anschließende Überlegung ist, ob solch ein Leben notwendigerweise bejaht würde, oder ob es leer und sinnlos erschiene.[58]

---

48 Vgl. D. W. Brock: *Enhancement menschlicher Fähigkeiten*, in: Schöne-Seifert/Talbot 2009, S. 60ff.
49 Vgl. Fukuyama 2004, S. 108.
50 Vgl. Fukuyama 2004, S. 105ff., 140f.
51 Vgl. Habermas 2004, S. 32; vgl. R. Hausmann: *Betrachtungen zur Geschichte der Molekularbiologie*, 1995, S. 209.
52 Vgl. B. Gesang: *Perfektionierung des Menschen*, 2007, S. 3.
53 Vgl. P. J. Whitehouse/E. Juengst/M. Mehlmann/T. H. Murray: *Verbesserung der Kognition bei intellektuell normalen Menschen*, in: Schöne-Seifert/Talbot 2009, S. 223.
54 Vgl. Kreß 2003, S. 38.
55 Vgl. Gesang 2006, S. 135ff.
56 Vgl. Gesang 2006, S. 132ff.; vgl. Fukuyama 2004, S. 121.
57 Vgl. Habermas 2004, S. 74ff., 84ff.
58 Vgl. Fukuyama 2004, S. 108.

Kommt es zur Freigabe von Enhancement, stellt sich die Frage, wer diesbezügliche Kosten zu übernehmen hätte. Die Beantwortung scheint kompliziert, weil hierbei zu klären wäre, wer den größten Nutzen aus Enhancement zieht, wer das größte und wer das geringste Interesse daran hegt. Hätten den größten Nutzen (1) Krankenkassen, die geringere Ausgaben hätten als bei Menschen mit Erbkrankheiten oder Behinderungen, (2) das Individuum selbst wegen seiner persönlichen Vorteile oder (3) Eltern, die den Behandlungsauftrag gegeben haben? Das geringste Interesse dürfte (4) den Rentenkassen zu unterstellen sein, müssten diese doch – im bestmöglichen Fall von Enhancement – eine höhere Anzahl gesunder, lang lebender und intelligenterer Bezieher von Altersruhegeld versorgen.

3.2.4 Medizinische Praxis und Ärzte

Werden Befürchtungen und Gedanken von Ärzten und medizinischer Praxis einbezogen, könnten folgende Themen die Diskussion bestimmen:

1 Wann wären Selektionen als angemessen anzusehen?
2 Stehen gentechnische Behandlungen den Zielen der Medizin[59] entgegen?
3 Welche Risiken sollen für welche Vorteile in Kauf genommen werden?[60]
4 Sollten Mittel, die zur Behandlung von Krankheiten oder psychischen Störungen eingesetzt werden, ebenfalls zur Verbesserung von als normal definierten Zuständen angewendet werden?[61]
5 Ist natürliche Leistungssteigerung von pharmazeutisch beeinflusster zu unterscheiden?[62]
6 Wie definiert sich Gesundheit, wie Krankheit; besteht die Gefahr eines utopischen Gesundheitsbegriffs?[63]
7 Wie kann mit der Diskrepanz zwischen Wissen aber Nicht-Helfen-Können umgegangen werden? [64]

Den Antworten auf diese Fragen gehen die Überlegungen voraus, ob objektiv gesehen überhaupt selektiert werden sollte und, wenn ja, nach welchen Kriterien. Wer Selektionen generell ablehnt, teilt die Überzeugung, jede Aussonderung sei als Akt der Diskriminierung aufzufassen. Einer Zustimmung jedoch schließen sich weitere Überlegungen an: ob nach ungünstigen PID Embryonen nicht

---

59 Das Ziel der Medizin liegt im Handeln. 1. das Heilen kranker Menschen, 2. die Linderung ihrer Leiden und Schmerzen, wo Heilung nicht möglich ist, 3. die Prävention und Rehabilitation (vgl. Pöltner 2002, S. 22).
60 Vgl. P. D. Kramer: *Die Botschaft in der Kapsel*, in: Schöne-Seifert/Talbot 2009, S. 184f.
61 Vgl. A. L. Caplan: *Ist besser das Beste?* in: Schöne-Seifert/Talbot 2009, S. 166.
62 Vgl. Whitehouse/Juengst/Mehlmann/Murray 2009, S. 224.
63 Vgl. Kreß 2003, S. 42ff., 63ff.; vgl. Ch. Lenk: *Therapie und Enhancement*, 2001.
64 Die Betroffenen sind Eltern, Kind (bei Erbkrankheiten) und nachfolgende Generationen. Wie soll bezüglich des Umgangs mit der Diagnose, der Patientenaufklärung und den Folgen für die Betroffenen umgegangen werden?

eingesetzt werden bräuchten, ob Spätabtreibungen als moralisch verwerflicher als Schwangerschaftsunterbrechungen innerhalb der ersten zwölf Wochen anzusehen seien, ob sich Einstellungen bezüglich des moralischen Status, des Rechts auf Leben oder des Wertes des Lebens mit dem Wissen über Behinderungen änderten und ob die Möglichkeit zu Kindstötungen bestehen sollte. Fände es der Betrachter sinnvoll, die vermutete zukünftige Lebensqualität momentanen Empfindungen des Säuglings gegenüberzustellen und anschließend abzuwägen, ergäben sich Überlegungen darüber, ob Sterbenlassen als das gleiche wie Nicht-Behandeln und als das gleiche wie aktive Eingriffe zur Lebensbeendigung angenommen würde.[65] Ärzte stünden vor dem Problem, wie mit schwer behinderten Säuglingen umzugehen sei, deren Eltern lebensverlängernde Behandlungen nicht wünschen und ob es in solchen Fällen angemessen sein kann, nicht die gleichen Maßnahmen zu ergreifen wie bei gesunden Kindern. Wie schwer müssten Behinderungen sein, um selektive Vorgehensweisen zu rechtfertigen?[66] Diese Probleme führen zu Spannungen zwischen individueller medizinischer Vorsorge und eugenischen Interessen und daraus folgend zur Sorge, Menschen auf genetische Ausstattungen hin zu reduzieren und dann gegebenenfalls willkürlich zu diskriminieren.

3.2.5 Pädagogik

Pädagogen könnten über folgende Sachverhalte reflektieren:

1 Was sind Gemeinsamkeiten zwischen Enhancement und Pädagogik?
2 Ist es legitim, den gesellschaftlichen Status des Kindes zu verbessern, indem das Kind an Stelle seines sozialen Umfeldes verändert wird?[67]
3 Ersetzt oder ergänzt Enhancement Pädagogik?[68]

Zwischen Enhancement und Pädagogik könnten Parallelen gefunden werden, würde davon ausgegangen, dass beide dazu dienten, entwicklungsfördernd Geist, Charakter, Persönlichkeit und Individualität auszubilden, um dauerhafte Veränderungen des Verhaltens zu erreichen. Beide versuchen – innerhalb dieser Analogie – im besten Interesse des Kindes zu handeln, um mündige, eigenständige, emanzipierte und kompetente Personen hervorzubringen, die ihr Leben gestalten und planen können. Folglich kann davon ausgegangen werden, dass beide zielgerichtete, absichtsvolle Etablierungen erwünschter Verhaltensweisen, Werte und Normen zum Ziel haben. Pädagogik und Enhancement können sich sowohl reversibel als auch irreversibel auswirken, beide haben die Möglichkeit, gleichermaßen in die Autonomie des Kindes einzugreifen, beide wollen nicht

---

65 Vgl. Kuhse/Singer 1993, S. 105ff.; vgl. Singer 1994, S. 177ff.
66 Vgl. Kuhse/Singer 1999, S. 45, 69, 86ff.
67 Vgl. E. T. Juengst: *Was bedeutet Enhancement?*, in: Schöne-Seifert/Talbot 2009, S. 40.
68 Vgl. J. Reyer: *Pädagogik in einer eugenisierten Gesellschaft*, in: Sorgner/Birx/Knoepffler 2006; vgl. J. Reyer: *Eugenik und Pädagogik*, Juventa, 2003; vgl. Brock 2009, S. 53.

das Kind instrumentalisieren, da auch gentechnisch veränderte Menschen nicht nur als Mittel zu einem Zweck entstanden sind, beide ändern nichts am bestehenden (Un-)Gleichgewicht der Gesellschaft, da auch Erziehung zu Ungleichheiten führen kann.[69] Pädagogik und Enhancement sind im Idealfall für die selbstständige Natur des Kindes zuständig, sie wollen nicht den Wünschen der Eltern oder dem Nützlichkeitskalkül kooperativer Akteure oder des Staates dienen, sondern sich für das Kindeswohl einsetzen. Was unter dem Wohl des Kindes zu verstehen ist, kann variieren, woraus folgt, dass die Frage nach dem Guten weiterhin umstritten, subjektiv und lösungsbedürftig bleibt.

Würde dem Gedanken zugestimmt, dass die soziale und moralische Natur des Menschen Potenzialität sei und deren Entfaltung über den Weg der biologischen Natur des Menschen führte, könnte davon ausgegangen werden, dass zwischen erzieherischen und biotechnischen Verbesserungen, zwischen therapeutischen und verbessernden Eingriffen Parallelen bestünden[70], was zu der Einsicht führen kann, dass Enhancement als vorgeburtliche Erziehung aufzufassen sei.[71] Menschen sind nicht von vornherein, allein durch biologische Beschaffenheiten, festgelegt, haben doch auch soziale Gegebenheiten und Umwelteinflüsse Anteil an der Entwicklung.[72] Bei veränderten und nicht veränderten Menschen müssen genetische Gegebenheiten gleichermaßen als Chance und Verpflichtung zu eigener Anstrengung begriffen werden. Jede genetische Ausstattung nimmt den Charakter einer inneren Umwelt an, von deren primärer Gestaltung die Pädagogik ausgeschlossen ist; ihr bleibt die Aufgabe der sekundären Gestaltung, indem sie für die optimale phänotypische Ausgestaltung der genetischen Vorgaben Sorge zu tragen hat.[73] Folglich ändert sich nichts: Jedes genetische Programm, auch das manipulierte, muss sich mit Hilfe der Pädagogik in der Umwelt entfalten.

3.2.6 Philosophie, Ethik und Religion

Innerhalb der Philosophie, Ethik und Religion wird eher über grundlegende Probleme nachgedacht und diskutiert:

1   Wird Gewachsenes durch Gemachtes, Subjektives durch Objektives ersetzt?[74]
2   Wird die menschliche Natur vernichtet, wenn sie verändert wird?[75]
3   Schränkt Enhancement die autonome Lebensführung ein?[76]

---

69   Vgl. S. L. Sorgner: *Evolution, Education and genetic Enhancement*, in: Jovanovic/Stanisic 2010.
70   Vgl. Reyer 2006, S. 193.
71   Vgl. Pöltner 2002, S. 62; vgl. Reyer 2006, S. 177ff.
72   Vgl. Reyer 2006, S. 188ff.
73   Vgl. Reyer 2006, S. 190f.
74   Vgl. Habermas 2004, S. 54.
75   Vgl. Fukuyama 2004, S. 20, 142ff.
76   Vgl. Habermas 2004, S. 105.

4 Ändert sich durch Enhancement das moralische Selbstverständnis?[77]

5 Ändern sich Moral, Werte, Normen und sozialer Umgang durch Enhancement?

6 Widerspricht Enhancement der Menschenwürde?

7 Besteht die Gefahr der Menschenzüchtung?

8 Schließt Freiheit die Einnahme von Enhancement-Mitteln/Behandlungen ein?[78]

9 Ist Enhancement gegen Gottes Willen?

10 Wann befindet sich die Seele im Körper?

11 Ist die ursprüngliche Naturbeschaffenheit als Geschenk oder Leihgabe Gottes anzusehen?

Hier stellt sich die Frage, ob die Möglichkeit des Eingriffs in das menschliche Genom als Zuwachs an Freiheit zu begreifen sei, ob dieser Zuwachs regelungsbedürftig oder ohne Selbstbegrenzung aufzufassen sei[79] – denn die diesbezüglichen politischen Entscheidungen bestimmen, wie sich die Zukunft gestalten wird[80] – oder ob jegliches Enhancement per se als nicht naturgemäßer Versuch von Instrumentalisierung, Optimierung und Menschenzüchtung zu verstehen sei.[81] Die Fragen religiös geprägter, sich mit diesen Themen befassender Menschen bauen meist auf metaphysischen Konzepten auf, die auf Gott, Seele, Heiligkeit des Lebens, nicht säkular begründete Menschenwürde oder Natürlichkeit zurückgreifen. Sowohl in Diskussionen der Alltagsmoral als auch in philosophischen Runden steht das Argument der Natürlichkeit im Mittelpunkt, da die menschliche Natur die Basis für Auffassungen von Recht, Gerechtigkeit, Moral, Sittlichkeit und gutem Leben zu bilden scheint.[82] Gegen Biotechnik hegen Menschen – insbesondere, wenn sie an ihnen angewendet wird – eine gewisse Abneigung, weil sie meinen, sie seien zum einen an natürliche Gefahren durch evolutionäre Anpassung besser gewöhnt als an künstliche, selbst erzeugte, weil sie denken, Gefahren aus künstlichen Anwendungen ließen sich zum anderen besser vermeiden und weil sie außerdem die Meinung vertreten, zivilisatorischer Fortschritt summiere natürliche nicht verhinderbare Gefahren durch künstlich erzeugte.[83] Das führt leicht zu der Skepsis, Gewachsenes könne durch Gemachtes, Subjektives durch Objektives und Naturbeherrschung durch Akte der Selbstbemächtigung ersetzt werden. Natürliches wird oft als Gewohntes, Gutes und Richtiges verstanden, so dass aus dem Sein der Natur schnell ein Sollen des

---

77 Vgl. D. DeGrazia: *Prozac, Enhancement und Selbstgestaltung*, in: Schöne-Seifert/Talbot 2009, S. 253ff.

78 Vgl. Whitehouse/Juengst/Mehlmann/Murray 2009, S. 226.

79 Vgl. Habermas 2004, S. 28.

80 Vgl. Fukuyama 2004, S. 34.

81 Vgl. Habermas 2004, S. 41, 44ff., 122.

82 Vgl. Fukuyama 2004, S. 123, 147f.

83 Vgl. D. Birnbacher: *Natürlichkeit*, 2006b, S. 25ff.

Menschen abgeleitet wird, was problematisch ist. Diese Gedanken führen unter anderem zu einem Natürlichkeitsverständnis im genetischen Sinn, welches fordert, dass jede genetische Veränderung als unnatürlich und als Instrumentalisierung abgelehnt wird[84], und dass jeder das Recht hat, nicht als identische Kopie eines Anderen existieren zu müssen.[85] Diese Sicht steht in Verbindung mit dem Recht auf körperliche Unversehrtheit, die innerhalb bestimmter Interpretationen zu Reflexionen über Sinn und Bedeutung von Menschenwürde führt. Dabei tauchen häufig Fragen nach dem Wert des Lebens auf, was religiöse Auseinandersetzungen nach sich zieht, wobei sich der Kreis wiederum bei der Natürlichkeit schließt.

Außerdem wird befürchtet, die Wahl des eigenen Lebensweges sei bei genetischer Fixierung eingeschränkt,[86] da Eingriffe den Betroffenen an irreversible Absichten Dritter binde[87] und ihm verwehrt würde, sich unbefangen als ungeteilter Autor des eigenen Lebens zu verstehen[88], woraus folgt, dass das ungehinderte Selbst-Sein-Können eingeschränkt würde, was zu Problemen bezüglich des Selbstbezugs der Person zu ihrer leiblichen Existenz führen könne und Auswirkungen auf die autonome Lebensführung habe. Des weiteren entstünden aus genetischen Veränderungen andere, asymmetrische Arten des sozialen Umgangs.[89]

4 Welche Punkte werden durch diese Fragen berührt?

Wie zuvor gezeigt, hat gerade die Reproduktionsmedizin diagnostische und therapeutische Möglichkeiten hervorgebracht, die die Gesellschaft vor schwierige Probleme stellt. Werden die sich ergebenden Fragen nach Richtlinien der objektiven Hermeneutik (nach Oevermann)[90] geordnet und zusammengefasst, entsteht folgende Tabelle:

---

84 Die menschliche Natur wird sich nicht wandeln, solange die Veränderungen nicht die gesamte Bevölkerung in statistisch signifikanter Weise betreffen. Es wird das Erbgut einer Person (und deren Nachkommen) verändert, nicht das der gesamten Gattung. Bleibt es bei der Umgestaltung weniger Personen, werden diese Veränderungen durch das natürliche Wachstum der Gesellschaft eliminiert (vgl. F. C. Iklé: *The Deconstruction of Death*, in: National Interest 62, 2001, S. 91f.).

85 Vgl. Birnbacher 2006b, S. 39.

86 Vgl. Habermas 2004, S. 105.

87 Vgl. ebd., S. 100.

88 Vgl. ebd., S. 132.

89 Vgl. ebd., S. 77.

90 Zur objektiven Hermeneutik Oevermanns vgl. A. Wernet: *Hermeneutik – Kasuistik – Fallverstehen. Eine Einführung*, 2006; vgl. U. Oevermann: *Die Methode der Fallrekonstruktion in der Grundlagenforschung sowie der klinischen und pädagogischen Praxis*, Kraimer 2000.

Argument	Fragen
metaphysisch oder religiös; Fragen nach den Grundlagen	Widerspricht Enhancement religiösen Auffassungen?
	Widerspricht Enhancement der derzeit anerkannten Wertauffassung?
	Widerspricht Enhancement der Gattungsethik?
	Widerspricht Enhancement der Natürlichkeit?
	Widerspricht Enhancement Menschenwürde und Menschenrechten?
	Widerspricht Enhancement dem Instrumentalisierungsverbot?
nicht metaphysisch oder religiös; Fragen nach den Folgen	Sind die Nebenwirkungen akzeptabel?
	Sind die Betroffenen auf bestimmte Lebenspläne festgelegt?
	Garantiert Enhancement Glücksmaximierung?
	Ist Enhancement im Interesse der (direkt und indirekt) Betroffenen?
	Garantiert Enhancement persönliche/gesellschaftliche Verbesserungen?
	Kann Enhancement mit Pädagogik verglichen werden?
	Widerspricht Enhancement Gleichheit und Gerechtigkeit?
	Ist Enhancement als Zuwachs von Freiheit zu begreifen?

Es ergibt sich eine Kategorie der metaphysisch-religiösen Fragen, die sich mit den Grundlagen der bestehenden Gesellschaft im Bezug auf Biotechnik am Menschen auseinandersetzt. Fasst man auch diese Kategorie zusammen, stehen Fragen nach moralischer Verantwortung, nach diesbezüglich richtigen sittlichen Handlungen und nach dem richtigen Verständnis der eigenen kulturellen Lebensform, die im Problem des moralischen Status menschlichen Lebens im Frühstadium, also humaner (Prä-) Embryonen, gipfeln, im Vordergrund. Der Umgang mit einigen der zuvor beschriebenen Probleme, Befürchtungen, Ängste und Argumente dieser Kategorie erscheint jedoch als problematisch, weil sie nicht allgemeingültig sind, weil sich trotz eines höheren Bildungsniveaus und trotz eines erweiterten wissenschaftlichen Bewusstseins traditionelle religiöse Auffassungen nicht verflüchtigt haben – offensichtlich hat keine vollständige Säkularisierung stattgefunden –, weil Toleranz geboten ist und weil hier Fragen nach den Grundlagen der bestehenden Gesellschaft zur Disposition stehen. Das führt dazu, dass Überzeugungskonflikte auf Prinzipienebene nicht zu lösen sind, dass Prinzipienreflexionen und Diskussionen über Begründungen sittlicher Prinzipien nicht mehr ausreichen, und dass somit absolute Konsensfindungen nicht möglich sind.[91]

Die zweite Kategorie betrachtet weniger das Grundlegende. Hier finden Auseinandersetzungen mit den zu erwartenden sozialen Folgen, im Bezug auf Freiheit, Gleichheit und Autonomie – nach Sartre, nicht nach Kant – statt. Es wäre durchaus möglich, dass sich Bedenken der zweiten Kategorie ausräumen ließen, vorausgesetzt, Enhancement würde weitgehend risikofrei und die Gesellschaft würde informiert. Durch hermeneutische Ethik erscheint eine Konsensfindung in und mit diesem Bereich als denkbar.

Beide Bereiche zusammengenommen – wie auch die Einstellungen innerhalb einer Gesellschaft – werden wahrscheinlich auch mit Hilfe der hermeneutischen Ethik nicht zu einer absoluten Konsensfindung gelangen. Möglich erscheint nur eine Konsensfindung – auch bei unterschiedlichen Grundorientierungen – auf mittlerer Ebene.[92]

5 Warum stellen wir uns diese Fragen?

Das reflektierte Weltverständnis der Hermeneutik, und auch Biotechnik selbst, beschwört – wie gezeigt wurde – einen Pluralismus der Interpretationen herauf. Nichts kann mehr fraglos hingenommen werden. Einsicht darf nicht mehr von blinder Akzeptanz der Traditionen und Werte, sondern von sprachlicher Verständigung abhängen. Die sprachliche Verständigung und Vereinbarung sorgt für neue Orientierung, Koordinierung und Mündigkeit.[93]

Durch die möglichen Anwendungen von Enhancement verbinden sich nun Hoffnungen und Sehnsüchte – nach einem langen, gesunden, erfüllten Leben – mit Ängsten und Befürchtungen. Menschen fragen sich, wie sie mit neuen technischen Möglichkeiten leben können, unter welchen Bedingungen diese Teil ihres Lebens sein werden und wie sie mit dem Wissen, welches sie selbst zu Ingenieuren ihres eigenen Lebens macht, da sie nun die Kontrolle über die Baupläne des vererbbaren Lebens besitzen, umgehen sollen.[94] Nicht alle hier vorgestellten Techniken sind bereits möglich, nicht alle sind risikofrei. Aber sollten sie deshalb als generell moralisch verwerflich angesehen werden und sollte verboten werden, auch nur nach und an ihnen zu forschen und weiterzuarbeiten? Inwieweit ist ein begrenztes Risiko erlaubt?[95]

Da sowohl im Wort Eugenik als auch im Begriff Enhancement der Begriff des Guten enthalten ist – der auch innerhalb der hermeneutischen Ethik, in Form

---

91 Vgl. B. Irrgang: *Hermeneutische Ethik*, 2007, S. 145.

92 Vgl. D. Birnbacher: *Welche Ethik ist als Bioethik tauglich?*, in: Ach/Gaidt 1993, S. 55.

93 Vgl. J. Habermas: *Theorie des kommunikativen Handelns*, 1981, Bd. I., S. 82.

94 Vgl. Rifkin 2007, S. 17ff.

95 Vgl. Gesang 2007, S. 17f.

des Vorschlags zu einem guten Leben, von zentraler Bedeutung ist –, kann im Sinne der humanen Selbsterhaltung davon ausgegangen werden, dass zukünftig nur im Einverständnis aller tatsächlich kompetenten autonomen Personen gehandelt würde, dass Böswilligkeiten auszuschließen seien und dass Vorteile Nachteilen überlegen seien.[96] Auch kann angenommen werden, dass nur Praktiken erlaubt würden, aus denen keine bedenklichen sozialen Folgen erwüchsen, Techniken, die nach psychologischer und ärztlicher Beratung akzeptabel erschienen und die bei empirischen Untersuchungen gut abgeschnitten hätten. Auch wäre eine Annäherung der oben dargestellten Positionen möglich, verständigte man sich darauf, dass reversible Mittel – soweit dies möglich ist – irreversiblen vorgezogen würden.[97]

Wenn sich bereits bestehende Anschauungen zur Selbstgestaltung durch Enhancement nicht ändern, sind drei Zukunftsaussichten innerhalb der zur Zeit bestehenden pluralistischen demokratischen Gesellschaft denkbar:

1 Enhancement würde generell verboten.
2 Enhancement würde als Form affirmativen Handelns genutzt.
3 Bestimmte Enhancement-Praktiken würden zugelassen, andere blieben verboten.

Literatur

Ach, J. S./C. Runtenberg: *Bioethik: Disziplin und Diskurs*. Frankfurt/Main, Campus, 2002.

Ach, J. S./A. Gaidt (Hg.): *Herausforderung der Bioethik*. Stuttgart u. Bad Cannstatt, Fromann-Holzboog, 1993.

Ahmann, M.: *Was bleibt vom menschlichen Leben unantastbar? – Kritische Analyse der Rezeption des praktisch-ethischen Entwurfs Peter Singers aus praktisch-theologischer Perspektive*. Münster/Hamburg/London, Lit, 2001.

Bayertz, K. (Hg.): *Die menschliche Natur*. Paderborn, mentis, 2005.

Birnbacher, D.: *Gefährdet die moderne Reproduktionsmedizin die menschliche Würde?* in: Leist 1990.

Birnbacher, D.: *Welche Ethik ist als Bioethik tauglich?*, in: Ach/Gaidt 1993.

Birnbacher, D.: *Bioethik zwischen Natur und Interesse*. Frankfurt/Main, Suhrkamp, 2006a.

Birnbacher, D.: *Natürlichkeit*. Berlin, de Gruyter, 2006b.

Brock, D. W.: *Enhancement menschlicher Fähigkeiten*, in: Schöne-Seifert/Talbot 2009.

Brooks, R.: *Menschmaschinen. Wie uns die Zukunftstechnologien neu erschaffen*. Frankfurt/Main, Fischer, 2005.

Campbell, J./G. Stock: *A Vision for Practical Human Germline Engineering*, in: Campbell/Stock 2000.

---

96 Vgl. H. T. Engelhardt: *Die menschliche Natur – Leitfaden des Handelns*, in: Bayertz 2005, S. 50.
97 Vgl. Gesang 2007, S. 96f.

Campbell, J./G. Stock: *Engineering the Human Germline: An Exploration of the Science and Ethics of Altering the Genes We Pass on to our Children*, Oxford University Press, 2000.

Caplan, A. L.: *Ist besser das Beste?*, in: Schöne-Seifert/Talbot 2009.

DeGrazia, D.: *Prozac, Enhancement und Selbstgestaltung*, in: Schöne-Seifert/Talbot 2009.

Deutsches Ärzteblatt 95, Heft 47, 20. November, 1998.

Engelhardt, H. T.: *Die menschliche Natur – Leitfaden des Handelns*, in: Bayertz 2005.

Europarat (Hg.): *Medically Assisted Procreation and the Protection of the Human Embryo. Comparative Study of 39 States*, 1997.

Fukuyama, F.: *Das Ende des Menschen*. München, dtv, 2004.

Gesang, B.: *Enhancement und Gerechtigkeit*, in: Sorgner/Birx/Knoepffler 2006.

Gesang, B.: *Perfektionierung des Menschen*. Berlin, de Gruyter, 2007.

Gordijn, B.: *Medizinische Utopien. Eine ethische Betrachtung*. Göttingen, Vandenhoeck & Ruprecht, 2004.

Grondin, J.: *Der Sinn für Hermeneutik*. Darmstadt, WBG, 1994.

Hausmann, R.: *Betrachtungen zur Geschichte der Molekularbiologie*. Darmstadt, WBG, 1995.

Habermas, J.: *Theorie des kommunikativen Handelns*. Bd. I. Frankfurt/Main, Suhrkamp, 1981.

Habermas, J.: *Die Zukunft der menschlichen Natur. Auf dem Weg zu einer liberalen Eugenik?* Frankfurt/Main, Suhrkamp, 2004.

Hastedt, H.: *Aufklärung und Technik. Grundprobleme einer Ethik der Technik*, Frankfurt/Main, 1991.

Hoerster, N.: *Ethik des Embryonenschutzes. Ein rechtsphilosophischer Essay*. Stuttgart, Reclam, 2002.

Iklé, F. C.: *The Deconstruction of Death*, in: National Interest 62, 2001.

Irrgang, B.: *Forschungsethik. Gentechnik und neue Biologie*. Stuttgart, Hirzel, 1997.

Irrgang, B.: *Hermeneutische Ethik*. Darmstadt, WBG, 2007.

Jovanovic, B. R./S. Stanisic (Hg.): *Evolution and the Future*, Verlag ZAVOD ZA UDZBENIKE, 2010.

Juengst, E. T.: *Was bedeutet Enhancement?*, in: Schöne-Seifert/Talbot 2009.

Kraimer, K. (Hg): *Die Fallrekonstruktion. Sinnverstehen in der sozialwissenschaftlichen Forschung*. Frankfurt/Main, Suhrkamp, 2000.

Kramer, P. D.: *Die Botschaft in der Kapsel*, in: Schöne-Seifert/Talbot 2009.

Kuhse, H./P. Singer: *Muss dieses Kind am Leben bleiben? Das Problem schwerstgeschädigter Neugeborener*. Erlangen, Harald Fischer Verlag, 1993.

Kuhse, H./P. Singer: *Individuen, Menschen, Personen – Fragen des Lebens und Sterbens*. Sankt Augustin, Academia-Verlag, 1999.

Kreß, H.: *Medizinische Ethik. Kulturelle Grundlagen und ethische Wertkonflikte heutiger Medizin*. Stuttgart, Kohlhammer, 2003.

Leist, A. (Hg.): *Um Leben und Tod – Moralische Probleme bei Abtreibung, künstlicher Befruchtung, Euthanasie und Selbstmord*. Frankfurt/Main, Suhrkamp, 1990.

Lenk, Ch.: *Therapie und Enhancement*. Münster/Hamburg/London, Lit, 2001.

Lenzen W.: *Grundsätzliche Betrachtungen zur Moralität eugenischer Maßnahmen*, in: Sorgner/Birx/Knoepffler 2006.

Müller, S.: *Cognitives Enhancement zur Steigerung der Intelligenz?*, in: Schöne-Seifert/Talbot/Opolka/Ach 2009.

Nagel, S. K./A. Stephan: *Was bedeutet Neuro-Enhancement?*, in: Schöne-Seifert/Talbot/
Opolka/Ach 2009.

Needham, J.: *Der chinesische Beitrag zu Wissenschaft und Technik*, in: Sprengler 1977.

Oevermann, U. : *Die Methode der Fallrekonstruktion in der Grundlagenforschung sowie der
klinischen und pädagogischen Praxis*, in: Kraimer 2000.

Pöltner, G.: *Grundkurs Medizin-Ethik*. Wien, UTB, 2002.

Reyer, J.: *Pädagogik in einer eugenisierten Gesellschaft*, in: Sorgner/Birx/Knoepffler 2006.

Reyer, J.: *Eugenik und Pädagogik*. Weinheim/München, Juventa, 2003.

Rifkin, J.: *Das biotechnische Zeitalter*. Frankfurt/Main, Campus, 2007.

Robertson, J. A.: *Children of Choice. Freedom and the New Reproductive Technologies*, Prin-
ceton University Press, 1994.

Schockenhoff, E.: *Die Ethik des Heilens und die Menschenwürde*, in: Zeitschrift für medizinische Ethik 47, 2001.

Schöne-Seifert, B./D. Talbot (Hg.): *Enhancement. Die Ethische Debatte*. Paderborn, mentis,
2009.

Schöne-Seifert, B./D. Talbot/U. Opolka/J. S. Ach (Hg.): *Neuro-Enhancement. Ethik vor neu-
en Herausforderungen*. Paderborn, mentis, 2009.

Singer, P.: *Praktische Ethik*. Stuttgart, Reclam, 1994.

Sorgner, S. L.: *Evolution, Education and genetic Enhancement*, in: Jovanovic/Stanisic 2010.

Sorgner, S. L.: *Facetten der Eugenik*, in: Sorgner/Birx/Knoepffler 2006.

Sorgner, S. L./H. J. Birx/N. Knoepffler (Hg.): *Eugenik und die Zukunft*. Freiburg/München,
Alber, 2006.

Sprengler, T. (Hg.): *Wissenschaftlicher Universalismus*. Frankfurt/Main, Suhrkamp, 1977.

Wernet, A.: *Hermeneutik – Kasuistik – Fallverstehen. Eine Einführung*. Stuttgart, Kohlhammer, 2006.

Whitehouse, P. J./E. Juengst/M. Mehlmann/T. H. Murray: *Verbesserung der Kognition bei intellektuell normalen Menschen*, in: Schöne-Seifert/Talbot 2009.

Genomsequenzierung.
Möglichkeiten und Grenzen aus technikhermeneutischer Sichtweise

André Schmidt

1 Die Chance einer Möglichkeit

Das Lesen der menschlichen DNA wird durch automatisierte Sequenzierungs-verfahren, wie z.B. der Microarray-Technologie oder der Nanoporen-Sequenzie-rung, immer preiswerter und attraktiver, wodurch in absehbarer Zeit die Einfüh-rung einer solchen individuellen Genomsequenzierung vielleicht für jedermann kostengünstig machbar sein könnte. Schon bald sollen Patienten – zumindest aus der Sicht einiger Medien und Politiker – ihre jeweilige DNA-Sequenz etwa auf dem Chip ihrer Krankenversicherungskarte mit zum Arzt nehmen können.[1] Da-von inspiriert verbinden sich weltweit viele Hoffnungen und Ängste mit der Chance, in absehbarer Zeit auf diesem Wege jedes individuelle Genom preis-wert sequenzieren zu können: So soll dieser persönliche *Genchip* dabei helfen, Wirkstoffe mit schädlichen Nebenwirkungen zu vermeiden, die Erkundung nor-maler und krankhafter Abläufe in Zellen revolutionieren und zudem eine schnel-lere und genauere Diagnose ermöglichen. Vom perfekten persönlichen Arznei-mittel bis hin zum Fortschritt nur für Wohlhabende reichen die Erwartungen und Befürchtungen. Dabei verschwimmen schnell die Grenzen zwischen denkbar und machbar, möglich und nötig, Science und Fiction.

In der Tat sind mit dieser rasanten technischen Entwicklung nicht nur enor-me Chancen für die zukünftige Medizin, sondern auch natürliche Grenzen und ethische Problemstellungen verbunden, die entsprechend im Sinne einer phäno-menologisch-hermeneutischen Technikphilosophie umfassend reflektiert sowie beurteilt werden müssen. Denn diese neue Biotechnologie zeichnet sich nicht nur zweifelsfrei als ein dominanter Faktor der zukünftigen menschlichen Le-benswelt ab, sondern wird diese auch durchgreifend und umfassend verändern. Deshalb ist es notwendig, sich bereits im Vorfeld nicht nur mit den komplexen Wechselwirkungen mit der Alltagswelt, sondern besonders auch mit den zu er-wartenden Interpretationskonflikten intensiv auseinanderzusetzen.

Aus diesem Grunde sollen in diesem Kapitel anhand von ausgewählten Ab-handlungen verschiedener Autoren die wissenschaftlichen Grundlagen in diesem Zusammenhang näher betrachtet werden, um rational abschätzen zu können, in-wieweit diese neuartige technologische Entwicklung das Handlungsfeld der ge-netischen Untersuchung und der künftigen medizinischen Praxis verändern könnte. Dabei soll im technikhermeneutischen Sinne exemplarisch der Frage

---

1 Vgl. Spiegel Online-Artikel: *Mit dem Chip zum Arzt.* URL: http://www.spiegel.de/wis-senschaft/mensch/0,1518,635890,00.html [Stand: 15. August 2009].

nach der beabsichtigten Wirkung nachgegangen sowie der umfangreiche Verwendungszusammenhang in Bezug auf diese neue Technologie erforscht werden. Somit wird ein Schwerpunkt dieses Aufsatzes auf der detaillierten Analyse des aktuellen wissenschaftlichen Forschungsstandes liegen, wobei auch untersucht werden soll, welche potentiellen praktischen Anwendungen und unterschiedlichen Gestaltungsperspektiven man sich mittel- und langfristig auf den Gebieten der *Diagnose*, der *Therapie*, der *prädiktiven Medizin* sowie der *Medikamentenentwicklung* dadurch erhofft. Besondere Aufmerksamkeit soll sich zudem auf die Fragestellung richten, wie aussagekräftig Prognosen genetisch bedingter Eigenschaften überhaupt sein können – ob sich der *Phänotyp* durch die Kenntnis des *Genotyps* vorhersagen lässt und welche impliziten Problemstellungen sich daraus ergeben.

2 Hypothetische Anwendungsgebiete

Durch die in der Geschichte der Naturwissenschaften beispiellos rasanten Fortschritte ist auch die moderne Biomedizin durch eine außerordentliche Entwicklung geprägt. Die stetig wachsenden Erkenntnisse über die genetische Regulation sowie die molekulare Charakterisierung von immer mehr Krankheitsbildern sind nicht nur intellektuell faszinierend, sondern scheinen der modernen Medizin natürlich auch völlig neue Möglichkeiten in Bezug auf die *Prävention, Diagnostik, Prognostik* sowie in der *Therapie* von verschiedenen Erkrankungen zu eröffnen.[2] Schon heute lassen sich eine ständig steigende Anzahl von verschiedenen Krebsarten und neurologischen Erkrankungen, wie z.B. Alzheimer und Parkinson, mit chromosomalen Veränderungen direkt oder indirekt in Verbindung bringen.[3] Denn es zeichnet sich mehr und mehr ab, dass gewisse Veränderungen an bestimmten Stellen im Genom ganz unterschiedliche Krankheitsverläufe bedingen können. Deshalb wird immer offensichtlicher, dass nahezu alle menschlichen Krankheiten zumindest auch eine genetische Komponente enthalten – höchstwahrscheinlich sogar jedem Krankheitsprozess ein hoher Grad an genetischer Individualität zugrunde liegt. Kurz: Jeder Patient leidet an seiner eigenen genetisch mitbedingten individuellen Krankheit.[4]

2　Vgl. Tambourin, Pierre: *Das grandiose Genom-Projekt*. In: Spektrum der Wissenschaft 08/2003, S. 20-25.

3　Vgl. Spiegel Online-Artikel: *Letztes menschliches Chromosom entschlüsselt*. URL: http://www.spiegel.de/wissenschaft/mensch/0,1518,416773,00.html [Stand: 10. Dezember 2006].

4　Vgl. Bartram, Claus R.: *Humangenetische Diagnostik. Wissenschaftliche Grundlagen und gesellschaftliche Konsequenzen*, Heidelberg 2000, S. 55. Diese umfassende Studie geht speziell auf die Probleme genetischer Determiniertheit, der Frage nach einem Arztvorbehalt bei der genetischen Diagnostik sowie die Implikation der Humangenetik für Versicherungsmärkte ein. Darüber hinaus enthält dieses Werk einen Empfehlungsteil, der

Demzufolge entspricht das bisherige medizinische Denken in diagnostischen und therapeutischen Schubladen scheinbar nicht mehr dem aktuellen Kenntnisstand der molekularen Medizin, denn zukünftig könnte verstärkt der einzelne Patient im Blickpunkt des medizinischen Handelns stehen und nicht mehr nur die empirische Masse. Vielmehr ist in diesem Zusammenhang bereits heutzutage in der modernen Medizin eine schrittweise Individualisierung auf der Basis des menschlichen Genoms zu beobachten.[5] Denn man geht davon aus, dass die durch eine Genomsequenzierung erhobenen genetischen Erkenntnisse besonders eng am Individuum verankert sind und zudem – neben den jeweiligen Lebensumständen – ein hohes prädiktives Potential über weite Lebenszeiträume hinweg besitzen.[6] Gerade auf den Gebieten der humangenetischen Diagnostik, der prädiktiven Medizin und der Pharmakogenomik soll ein besseres Verständnis der individuellen Genotyp-Phänotyp-Korrelation in absehbarer Zeit eine wichtige Komponente klinischer Entscheidungsprozesse bilden.[7]

Bis jetzt ist es zwar noch in weiten Teilen Zukunftsmusik, aber man glaubt, dass in einigen Jahren jeder Mensch die ausgelesenen genetischen Daten über die Struktur und Zusammensetzung des Erbgutes auf einem elektronischen Speichermedium mit zum Arzt nehmen könnte, wo dann eine genomische Software medizinische Standardabfragen erledigen würde, die Aufschluss darüber geben, zu welchen Erkrankungen er aufgrund seiner genetischen Disposition neigt.[8] So sollen durch eine umfassende Genomsequenzierung nicht nur auf dem Gebiet der *Diagnostik* die Verfahren schneller und zudem auch noch erheblich genauer werden, sondern darüber hinaus soll das persönliche Genom auch Auskünfte über genetisch bedingte Eigenschaften von Familienangehörigen des getesteten Individuums geben können, was im Hinblick auf schwere Erbkrankheiten durchaus von medizinischem Interesse sein könnte.[9]

---

sich mit konkreten Regulierungsvorschlägen an Wissenschaft, Politik und Öffentlichkeit richtet.

5 Vgl. Lindpaintner, Klaus: *Pharmakogenomik. Paradigmenwechsel in der Therapie?* URL: http://www.forschung-leben.ch [Stand: 10. Dezember 2006]; der das Brustkrebsmittel Herceptin als Beispiel einer derzeitigen individuellen Anwendung beschreibt.

6 Vgl. Church, George M.: *Das Projekt Persönliches Genom*, In: Spektrum der Wissenschaft 06/2006, S. 30-40; der einen umfassenden und sehr detaillierten Überblick über ältere sowie zukünftige Verfahren der DNA-Sequenzierung wie das moderne Sanger-Verfahren oder das zellfreie Polonien-Verfahren gibt. Dabei unterscheidet er zwischen schnelleren, genaueren oder sparsameren Methoden.

7 Das Grundschema der Genotyp-Phänotyp-Korrelation zeigt, dass in Abhängigkeit genetischer Entwicklungsprozesse während der Embryonalentwicklung beim Menschen aus einer einzelnen befruchteten Eizelle ein hoch komplizierter Organismus aus schätzungsweise 100 Billionen Zellen mit definierter Lokalisation und Funktion entsteht.

8 Vgl. Church, George M.: *Das Projekt Persönliches Genom*, S. 30-40.

9 Vgl. Tambourin, Pierre: *Das grandiose Genom-Projekt*. In: Spektrum der Wissenschaft 08/2003, S. 20-25.

Das heißt, die prädiktive Medizin versucht anhand eines persönlichen Gen-Profils erblich bedingte Anfälligkeiten eines Menschen nachzuweisen, die zum Ausbruch einer Krankheit, wie z.B. Diabetes oder Chorea Huntington, disponieren. Im besten Falle sagt das Ergebnis einer solchen prädiktiven Diagnostik etwas darüber aus, ob in einem gewissen Lebensabschnitt mit einer bestimmten Krankheit gerechnet werden muss oder nicht. Die Vorteile einer solchen prädiktiven Medizin liegen klar auf der Hand. Denn aufgrund derart früher Befunde und verstärkter Kontrolle könnten schon frühzeitig systematische Vorsorgemaßnahmen oder gezielte Therapien für die betroffenen Menschen ausgearbeitet werden, die Krankheiten vorbeugen oder zumindest deren Verlauf mildern könnten. Gerade im Bereich der *Onkologie* nimmt die prädiktive Diagnostik eine zunehmende Bedeutung ein, da man in der Forschung mittlerweile davon ausgeht, dass etwa 10 Prozent aller Tumorerkrankungen auf eine erbliche Tumordisposition zurückzuführen sind.[10]

Eine Vorhersage treffen zu können, wie sich eine bereits diagnostizierte Krankheit in jedem einzelnen Patienten entwickeln wird, um daran eine *individuelle Therapie* an das genetische Profil entsprechend anpassen zu können, gehört schon lange zu den Träumen von Medizinern. Mit der Einführung innovativer Sequenzierungstechniken erhofft sich die Medizin, diesem Ziel zumindest für einige Krankheiten, wie z.B. Brustkrebs oder Leukämie, in absehbarer Zeit näher zu kommen, indem es dadurch möglich wird, Patienten mit besonders bösartigen Krebsformen auszumachen, um sie dann mit einer intensiveren Therapie behandeln zu können.[11]

Das hochgesteckte pharmazeutische Ziel der modernen Medizin des 21. Jahrhunderts ist jedoch die von einer persönlichen Genomsequenz ausgehende Entwicklung maßgeschneiderter Medikamente, die spezifisch, effektiv und möglichst ohne Nebenwirkungen bei jedem Patienten individuell wirken. Auch bei diesem Vorhaben soll die persönliche Genomsequenz der Schlüssel zum Erfolg sein, weil dadurch – so hofft man – die Medikation an das jeweilige Genprofil der Konsumenten individuell angepasst werden kann.[12] Eine solche therapeutische Anwendung ist die gezielte Medikamentenvergabe im Sinne einer Somatischen Gentherapie, eine effiziente Methode, mit Hilfe der RNA-Interfe-

---

10 Vgl. Bartram, Claus R.: *Humangenetische Diagnostik*. S. 68.

11 Vgl. die Pressemitteilung *Diagnose nach Maß* der Novartis Pharma GmbH vom 14. Oktober 2003; in der ein Stipendium für eine solche therapeutische Forschung an die Universität Tübingen vergeben wurde; URL: www.novartis.de/servlet/novartismedia. pdf?id=11050 [Stand 20. Januar 2007].

12 Vgl. Görlitzer, Klaus-Peter: *Maßgeschneiderte Medikamente*. In: BIOSKOP Nr. 17 (März 2002), URL: http://www.goerlitzer.homepage.t-online.de/artikel.htm [Stand: 10. Dezember 2006]. Diese Vision basiert auf der so genannten Pharmakogenetik, einem noch jungen Forschungsgebiet, das von der Annahme ausgeht, dass der Stoffwechsel sowie Wirkung und Verträglichkeit von Arzneimitteln maßgeblich von der genetischen Ausstattung des Konsumenten abhängen.

renz gezielt bei Organismen die Expression natürlich vorhandener Gene oder deren Allele vorübergehend zu unterdrücken, um diesen vielseitigen zellulären Regulationsmechanismus für medizinische Zwecke zu nutzen.[13] Damit zeichnet sich für die medizinische Praxis eine ganz neue Art von hochwirksamen Medikamenten ab, da sich auf der Basis der RNA-Interferenz vielleicht zukünftig die Vermehrung von Aids-, Polio- und Hepatitis-C-Viren in menschlichen Zellen nicht nur vorübergehend stoppen lässt.[14]

Wie diese Beispiele belegen, zeichnen sich in der öffentlichen Debatte und den aktuellen Forschungsberichten eine Hand voll zukünftig relevanter Anwendungsgebiete einer persönlichen Genomsequenz ab, die als Ziele und Motive für die heute stark diskutierte Molekularbiologie ins Feld geführt werden. Jedoch sind solche Erwartungen an diese neue Technologie ein schwieriges Unterfangen, da das enorme Entwicklungspotential einer zukünftigen Medizin, welche sich die individuellen genetischen Komponenten der Entstehung und des Verlaufs von Krankheiten nutzbar macht, bisher kaum ausgelotet ist und auf absehbare Zeit im vollen Umfang auch noch nicht fassbar sein wird. Besonders im Hinblick auf die Medikamentenentwicklung und die prädiktive Medizin ist in weiten Bereichen der medizinischen Forschung anscheinend die Auffassung vertreten, in der Genomsequenzierung eine Möglichkeit gefunden zu haben, Krankheiten wie z.B. Alzheimer, Parkinson oder Krebs überwinden zu können. Dabei steigern sich die Visionen von der individualisierten Medizin in manchen Köpfen bis zu paradiesischen Vorstellungen, wobei biologische und systemabhängige Barrieren sowie Grenzen der Verantwortungsfähigkeit oft nicht wahrgenommen werden.

3 Prinzipielle Grenzen der Prognose

3.1 Probleme genetischer Determiniertheit

Im Folgenden soll nun der Frage nachgegangen werden, inwieweit es überhaupt möglich ist, dass bestimmte Eigenschaften eines Menschen aufgrund von detaillierten genetischen Informationen über die Struktur und Zusammensetzung des Erbgutes vorhergesagt werden können. Denn vielen der anfangs genannten hypothetischen Anwendungsgebiete liegt häufig die Annahme zu Grunde, dass menschliche Merkmale wie körperliche Charakteristika und Verhaltensweisen ausschließlich durch die genetische Konstitution des Menschen bestimmt sind und somit im Zuge der Humangenom-Forschung vorhersehbar seien.[15] Demzu-

---

13 Vgl. Lau, Nelson C. & Bartel, David P.: *Zensur in der Zelle*. In: Spektrum der Wissenschaft 10/2003, S. 52-59.

14 Vgl. Lau & Bartel: *Zensur in der Zelle*, 2003, S. 52-59.

15 Die Metapher vom *Gläsernen Menschen* z.B. impliziert die Angst, dass außenstehende Dritte in Kenntnis des persönlichen Genoms eines Menschen all dessen jetzigen und künftigen körperlichen Eigenschaften sowie geistigen Fähigkeiten wie durch eine Glas-

folge ist eine ausführliche Untersuchung dieser These vom *genetischen Determinismus* nötig, in Bezug auf ihre wissenschaftsphilosophische und naturwissenschaftliche Begründbarkeit im Sinne einer phänomenologisch-hermeneutischen Technikphilosophie, da sie eine zwingende Grundlage für eine ausgewogene und rationale Beurteilung der von der Genforschung ausgehenden Chancen und Risiken speziell im zukünftigen Umgang mit einer persönlichen Genomsequenz ist.[16]

Die historischen Ursachen des genetischen Determinismus sind unter anderem auf die Erfolge der *Newtonschen Mechanik* (1687) zurückzuführen. Denn als klar wurde, dass es eine chemische Substanz gibt, die alle Eigenschaften besitzt, die zur Speicherung, Vervielfältigung und Weitergabe der Erbinformation erforderlich sind, entfaltete die Entdeckung der DNA als Trägerin der Erbinformationen im Jahr 1953 auf die Genetiker und Biologen eine ähnliche Überzeugungskraft wie einst die Newtonsche Mechanik auf die Physiker. Viele Wissenschaftler glaubten damals, dass das Verhältnis genetischer Disposition und Sozialisation bald zugunsten der völligen genetischen Determiniertheit aller Lebewesen entschieden sein würde.[17] So war z.B. Watson seit der Entdeckung der Doppelhelixstruktur davon überzeugt, dass das letzte lohnenswerte Geheimnis der Biologie – der komplette Genotyp – in absehbarer Zeit vom Menschen gelüftet werden könne, womit er in Anbetracht des Humangenom-Projekts aus heutiger Sicht ja sogar Recht behalten hatte. Jedoch wurde die wichtige Frage, die für eine vollständige genetische Determinierung ebenfalls von großer Bedeutung ist, ob nämlich auch die genetischen Prozesse so beschaffen sind, dass sie eine eindeutige Berechnung des Endzustandes erlauben, damals leider nicht gestellt. Ein schweres Versäumnis, welches sich seitdem wie ein roter Faden durch die Humangenetik zieht und mitunter zu jahrelanger kostenintensiver, aber verfehlter Forschung führte.[18]

Offenbar hatte man zu Beginn des Humangenom-Projekts einige wesentliche Dinge in ihrer Bedeutung falsch eingeschätzt: So dachte man anfangs, dass es nur auf die Protein kodierenden Abschnitte des Genoms und bestenfalls noch auf ein paar zugehörige Steuersequenzen ankommen würde. Jedoch wird heute in Kenntnis einiger Mechanismen, die von der ersten Zelle zum fertigen Lebewesen führen, und der sich dauernd in den Körperzellen eines lebendigen Organismus ereignenden Mutationen zunehmend deutlicher, dass die Frage nach ei-

---

scheibe hindurch erkennen könnten.

16 Vgl. Irrgang, Bernhard: *Weltanschauliche Konsequenzen eines genetischen Determinismus*. In: Bartram, Claus R.: *Humangenetische Diagnostik*, S. 46 ff., der in einer solchen Untersuchung auch die Voraussetzung für Kritik von gesellschaftspolitischen Theorien sieht, die auf der Annahme eines genetischen Determinismus aufbauen und besonders im 20. Jh. für große menschliche Katastrophen verantwortlich waren.

17 Vgl. hierzu auch das Interview mit James D. Watson: *50 Jahre Doppelhelix*. In: *Das Neue Genom*. Dossier der Zeitschrift Spektrum der Wissenschaft, S.6f.

18 Vgl. Bartram, Claus R.: *Humangenetische Diagnostik*, S. 9f.

ner genetischen Vorhersagbarkeit nicht mit einem schlichen *Ja* oder *Nein* beantwortet werden kann, sondern vielmehr ein stark differenzierender individueller Blickwinkel eingenommen werden muss.[19] Denn scheinbar ist das Genom in seiner Gesamtheit weit mehr als nur eine Ansammlung von DNA-Strängen sowie ein paar dazugehörige Steuersequenzen. Insofern lässt sich nach dem aktuellen Stand der Wissenschaft der menschliche Organismus in Bezug auf Körperbau und Organogenese dem Anschein nach nicht durch die bloße Anwesenheit der Gene als Bausteine für Proteine im Informationsspeicher erklären, sondern nur durch das funktionale Zusammenwirken der Gene, ihrer Genprodukte und der unmittelbaren Umgebung. Zudem gibt es innerhalb des menschlichen Organismus verschiedene prinzipielle Barrieren, die keine eindeutige Vorhersage des Phänotyps aus dem Genotyp erlauben, selbst dann, wenn alle äußeren Einflüsse abgeschaltet werden könnten.[20]

3.2 Endogene und exogene Mutationen

Die erste prinzipielle Grenze der Vorhersagbarkeit des Organismus Mensch aus einem sequenzierten Genotyp ist die ständige individuelle Mutation, die wiederum in endogene und exogene Mutationen unterteilt werden kann. Die wichtigste endogene Quelle solcher individueller Mutationen sind zunächst Fehler, die bei der DNA-Replikation – der Verdopplung der Erbinformation vor einer Zellteilung – immer wieder auftreten. Auch wenn die meisten dieser Mutationen von körpereigenen Reparatursystemen innerhalb kurzer Zeit wieder korrigiert werden, verbleiben bei der DNA-Replikation immer noch 1 bis 5 Mutationen pro Zelle pro Generation.[21] Eine weitere häufige Ursache endogener Mutationen ist auf die körpereigene Infektionsabwehr zurückzuführen, da die Abwehrzellen zur Eliminierung von Infektionserregern aus der Umwelt eine Art körpereigenes Desinfektionsmittel benutzen, welches chemisch hauptsächlich aus freien Sauerstoffradikalen besteht, die hochgradig mutagen sind.[22] Zudem gibt es auch noch das Problem der mitochondrialen Mutationen. Denn Mitochondrien besitzen ihr eigenes Genom außerhalb des Zellkerns, wo keine körpereigenen Reparatursysteme existieren, und sind somit wesentlich anfälliger für Neumutationen. Aus diesem Grund sind mutierte Mitochondrien, die neben speziellen Funktionen

---

19 Vgl. Fey, Georg H. & Seel, Kalus M.: *Probleme genetischer Determiniertheit.* In: Bartram, Claus R.: *Humangenetische Diagnostik*, S. 7 ff.; die sich mit einer umfassenden Untersuchung des Determinismusbegriffs sowie der Entstehung einer deterministischen Weltanschauung befassen.
20 Vgl. Nijhout, Frederik H.: *Der Kontext macht's.* In: Spektrum der Wissenschaft 04/2005, S. 70-77.
21 Vgl. Bartram, Claus R.: *Humangenetische Diagnostik*, S. 27f.
22 Ebd.

hauptsächlich für den Stoffwechsel verantwortlich sind, eine Hauptursache für einen überproportional großen Anteil vererblicher Konditionen.[23]

Zu den wichtigsten exogenen Mutationsquellen gehören neben Vireninfektionen, Autoabgasen, Zigarettenrauch, UV-Strahlung und Radioaktivität auch chemische Mutagene aus der Umwelt wie z.B. Pestizide.[24] Allerdings liegen in Bezug auf die quantitativen und qualitativen Auswirkungen solcher schädigender Einflüsse auf das menschliche Genom bisher keine aktuellen Befunde vor. Man hat bisher nur sporadische Informationen darüber, dass solche *Noxen* exogene und oxidative Mutationen verursachen – aber nicht in welchem konkreten genetischen Zusammenhang. Man geht aber in der Forschung davon aus, dass lediglich ein durch einen einmaligen, sporadischen externen Einfluss gestörter Ableseprozess eines Gens ausreicht, um eine exogene Mutation auszulösen. Dazu kommt, dass selbst ein noch so kleiner externer Störeinfluss sich durch die gegenseitigen Rückkopplungsmechanismen bis zu einem massiven Defekt aufschaukeln kann. Im konkreten Fall kann das also bedeuten, dass es zu einer schweren Fehlentwicklung kommen kann, selbst wenn ein regulierendes Gen nicht mutiert ist, sondern nur störende exogene Einflüsse wie etwa eine Infektion oder ein Temperaturschock auf das jeweilige *Expressionsprogramm* einer Zelle einwirken. So beschleunigt z.B. ein Temperaturanstieg um 10 Grad Celsius manche biochemische Reaktion um das Doppelte, während er andere behindert, was wiederum völlig unerwartete Konsequenzen für die Funktion eines komplexen biochemischen Synthesewegs haben kann.[25]

Somit setzt genau diese Sensitivität gegenüber den endogenen und exogenen Störungen, die sich derzeit noch größtenteils der wissenschaftlichen Erfassung entziehen, aber dem Prozess der menschlichen Genexpression grundsätzlich innewohnen, der Vorhersagbarkeit des Phänotyps aus dem Genotyp bereits erste prinzipielle Grenzen. Das bedeutet aber letzten Endes auch, dass das menschliche Genom selbst, entgegen der weit verbreiteten Vorstellung, nicht stabil und unveränderlich ist, sondern es vielmehr einer andauernden Fülle neuer endogener und exogener Mutationen unterworfen ist – die zwar größtenteils repariert werden sich aber dennoch merklich akkumulieren können. Selbst wenn man sämtliche exogene Umstände, die eine schädigende Wirkung auf das Genom ausüben, ausschalten könnte, verblieben weiterhin die grundsätzliche Fehlerrate des DNA-Verdopplungsvorgangs sowie die mutagene Wirkung von körpereigenen Stoffen. Kurz: Die genetische Wirklichkeit ist nicht statisch, sondern überaus dynamisch.[26] Zudem ist das Ausmaß der endogenen Mutation i.d.R. wesentlich größer als das, welches durch Autoabgase, Zigarettenrauch, Strahlung und

---

23 Ebd., S. 28.
24 Vgl. hierzu auch das Interview mit Haen, Ekkehard: *Das Genom ist nur die eine Seite.* In: *Das Neue Genom.* Dossier der Zeitschrift Spektrum der Wissenschaft, S. 80ff.
25 Vgl. Nijhout, Frederik H.: *Der Kontext macht's*, S. 70-77.
26 Vgl. Bartram, Claus R.: *Humangenetische Diagnostik*, S. 27f.

anderen exogenen *Noxen* noch hinzukommen kann, sofern man sich solchen negativen Einflüssen nicht in einer extremen Form aussetzt. Besonders sich schnell teilende und schnell wachsende Gewebe, wie etwa das embryonale Gewebe, die Haut oder auch blutbildende Systeme, sind durch solche endogene Mutationen, die größtenteils bei der Verdopplung des Chromosomensatzes während der Zellteilung passieren, betroffen.

3.3 Vielfältige Entwicklungsprozesse

Die zweite prinzipielle Beschränkung einer phänotypischen Vorhersagbarkeit liegt in den *vielfältigen Entwicklungsprozessen* begründet, die bei der Entstehung und Aufrechterhaltung von Lebewesen permanent in einer enormen Vielzahl ablaufen. Denn im Laufe der letzten Jahre mussten die Biologen mehr und mehr erkennen, dass die meisten Merkmale eines Organismus in komplizierterer Weise vererbt werden, als es z.B. Gregor Mendel noch beschrieb. So hängen gerade die Auswirkungen einer Mutation auch sehr stark vom jeweiligen Kontext ab, in dem das betroffene Gen exprimiert wird.[27]

Zu diesen vielfältigen Entwicklungsprozessen gehören unter anderem die Regulationsprozesse der Genexpression, der Prozess der Proteinsynthese oder die Bewegungsprozesse von RNA und Proteinen, damit diese zu ihrem Einsatzort gelangen können, sowie noch unzählige andere mehr. Wie sich ein einzelnes Gen oder Allel ausprägt, hängt also nicht zuletzt vom übrigen Genom ab, denn ein Gen bzw. dessen allelische Variante funktioniert nicht nur für sich streng abgeschottet, sondern es finden immer wieder zahllose Interaktionen mit verschiedensten Partnern statt, wodurch die Auswirkungen einer Erbanlage durchaus von anderen Genen desselben Stoffwechselweges verfälscht werden können. Dies trifft auf die Vererbung von Blütenfarben ebenso zu wie etwa die Disposition für Krebs.[28] Deshalb ist das komplexe Netzwerk der allelischen Merkmalsausprägung ein weiteres Phänomen, das im Hinblick auf eine eventuelle Prognose anhand einer persönlichen Genomsequenz unbedingt beachtet werden muss.

Das zentrale Problem dabei ist die Tatsache, dass der Beitrag, den jedes Allel an einer bestimmten Stelle des Genoms zu den Gesamteigenschaften eines Individuums liefert, nicht nur von diesem Allel allein abhängig ist, sondern auch davon, welche weiteren allelischen Varianten und Belegungen an *allen* anderen Stellen des Genoms vorliegen.[29] Denn würde ein Gen oder dessen allelische Va-

---

27 Anfang des letzten Jahrhunderts, in den frühen Tagen der Genetik, glaubten Wissenschaftler, jedes Gen bestimme ein einzelnes Merkmal wie Augenfarbe oder Blätterform. Dabei stützte sich ihre Überzeugung auf die damals wiederentdeckten Erkenntnisse von Gregor Mendel (1822 – 1884).

28 Vgl. Nijhout, Frederik H.: *Der Kontext macht's*, S. 70-77.

29 Gewöhnlich werden solche unterschiedlichen Auswirkungen Kofaktoren zugeschrieben, die individuell und gewebeabhängig variieren, deren Identität aber bisher nur in wenigen

riante absolut für sich alleine – unabhängig vom weiteren Kontext des Genoms – auf den Phänotyp wirken, müsste sich ein bestimmtes Defektallel bei allen Trägern mit hoher Regelmäßigkeit in gleicher Form manifestieren. Im Umkehrschluss hieße das, dass jede Person, die dieses Allel trägt, im gleichen Umfang die gleichen Krankheitssymptome entwickeln müsste. Jedoch lehrt die medizinische Erfahrung, dass dies nicht der Fall ist, denn selbst dominante Erbkrankheiten zeigen, bis auf wenige Ausnahmen, sehr unterschiedliche Verläufe (Expressivität) sowie starke Schwankungen in der Wahrscheinlichkeit, ob die Krankheit bei einem Träger des Defektallels überhaupt zum Ausbruch kommt (Penetranz). Nach dem aktuellen Forschungsstand geht man davon aus, dass sogar nahezu identische genetische Strukturen zu völlig verschiedenen Merkmalsausprägungen führen können. Das geht im Einzelfall soweit, dass selbst bei eineiigen Zwillingen, die dasselbe Defektallel tragen, der eine gravierend krank wird, während der andere völlig gesund bleibt.[30]

Darüber hinaus tragen auch einige Gene die verschlüsselte Bauanweisung für Enzyme in sich, die in der Zelle biochemische Reaktionen des Stoffwechsels bewirken und regulieren. Dabei kann ein Stoffwechselweg vom Ausgangs- zum Endprodukt mehr als ein Dutzend Schritte umfassen, die jeweils von einem anderen Enzym katalysiert werden können. Andere Gene wiederum kodieren Eiweißstoffe, welche die Zeit und den Ort der Produktion sowie die Aktivität dieser Enzyme regulieren. Weitere Proteine hingegen steuern die Stabilität und Lokalisation in der Zelle. Insofern werden alle Gene, die für solche Regulatormoleküle verantwortlich sind, ihrerseits von anderen Proteinen, den Transkriptionsfaktoren, reguliert, die wiederum auf eigenen Genen verschlüsselt sind und zudem auch noch durch biochemische Markierungen an der DNA, den Histonen sowie dem Chromatin epigenetisch reguliert werden. Auch wenn solche schier endlosen *Regulationskaskaden* und *Interaktionsnetzwerke* auf den ersten Blick seltsam anmuten mögen, so sind sie – selbst bei den einfachsten körperlichen Merkmalen – die Regel.[31]

Eine einfache mechanische Analogie, die diesen Prozess recht gut veranschaulicht, ist eine Serie von hintereinander folgenden Schleusen mit verschieden weiten Öffnungen in einem Kanal, durch die nacheinander Wasser fließt. Es ist wie beim Verkehrsstrom: Lediglich der schmalste Engpass bestimmt die Durchflussrate des Ganzen.[32] Diese Visualisierung ermöglicht nicht nur einen intuitiven Zugang zu komplexen Erbvorgängen, sondern erleichtert zudem auch das Verständnis, weshalb die Diagnose eines einzelnen Gendefekts nicht immer die Vorhersage des individuellen Erkrankungsrisikos erlaubt. Denn wenn ein be-

---

Fällen genauer bekannt ist.

30 Vgl. Gibbs, Wayt W.: *DNA ist nicht alles*. In: Spektrum der Wissenschaft 03/2004, S. 68-75.

31 Vgl. Nijhout, Frederik H.: *Der Kontext macht's*, S. 70-77.

32 Ebd.

stimmtes Enzym einen Schritt des Stoffwechselweges katalysiert, die Synthese z.B. nach unten begrenzt, kann es leicht den Anschein erwecken, als kontrolliere ein einziges Enzym kodierendes Gen die Ausprägung eines Merkmals.[33] Aber den hier aufgezeigten Indizien zufolge addieren sich die jeweiligen Einflüsse nicht einfach, sondern die Ausprägung eines Merkmals ist das Ergebnis mehrerer dynamisch interagierender genetischer, epigenetischer sowie biochemischer Faktoren, deren Beziehungen zu den verschiedenen Genvarianten nicht linear sind und sich deshalb kaum vorhersagen lassen – also prinzipiell nicht determiniert sind.

Infolgedessen bewerten auch einige Forscher auf dem Gebiet der Pharmakogenomik diese neuen genetischen Erkenntnisse in mancher Hinsicht etwas zu euphorisch, denn in diesem Zusammenhang sind die Resultate ebenfalls bedeutend von den jeweiligen Außenfaktoren abhängig. Bei Aufnahme, Umbau und Abbau von Medikamenten im Körper spielen nicht nur die genetisch kodierten Rezeptoren und die Stoffwechselwege, über die Medikamente wirken, eine tragende Rolle, sondern auch nichtgenetische Parameter wie Temperatur, Nährstoffzufuhr oder Hormone, die der Körper auf externe *Stimuli* hin ausschüttet. Gerade letztere können die Geschwindigkeit bestimmter enzymatischer Reaktionen verändern oder sogar neue Interaktionen induzieren.

Der Genuss von Grapefruitsaft beispielsweise blockiert die Stoffwechselenzyme so stark, dass es denselben Effekt hat, als wären diese Enzyme genetisch zu wenig kodiert. Zigarettenrauch hingegen stimuliert das Stoffwechsel-Enzym 1A2 dieser Familie, wodurch Wirkstoffe wie das Neuroleptikum Clozapin, das Schizophreniepatienten erhalten, schneller abgebaut werden. Bei einer individuellen Medikation müsste demnach bei Rauchern sehr darauf geachtet werden, ob sich die Rauchgewohnheiten plötzlich ändern, etwa weil der Patient sich eine Erkältung zugezogen hat, denn dadurch geht die Enzymaktivierung wieder zurück und die Wirkstoffkonzentration steigt.[34] Das bedeutet also, je enger die Medikation an den Patienten angepasst ist, desto stärker können diese Schwankungen ausfallen. Bei jeder größeren Änderung der Lebensgewohnheiten wäre demnach eine völlig neue Dosierung nötig, viel eher, als wenn der Toleranzbereich, im Sinne von Sicherheitsparametern, größer wäre. Aber auch manche Antibiotika, wie etwa Erythromycin, blockieren ähnlich wie Grapefruitsaft den Abbau vieler Medikamente. Das Antiepileptikum Carbamazepin wiederum stimuliert ebenso wie das Rauchen das System der Enzymfamilie Cytochrom P450.[35]

---

33 Fachleute nennen dieses Phänomen, bei dem ein Gen beziehungsweise ein Genpaar den beobachteten Effekt eines ganz anderen stört oder verdeckt, Epistase.
34 Vgl. Haen, Ekkehard: *Das Genom ist nur die eine Seite*, S. 80ff.
35 Ebd.

3.4 Verborgene Informationsebenen im sogenannten DNA-Schrott

Allerdings ist die DNA-Sequenz nicht die einzige Form verschlüsselter Information in der menschlichen Zelle, denn innerhalb der Chromosomen, aber auch außerhalb des bisher entzifferten genetischen Textes entdeckten Biologen weitere, viel flexiblere Ebenen von Informationen, welche die Ausprägung von Merkmalen beeinflussen. Denn wie sich anhand der Forschungsberichte der letzten Jahre zeigte, existieren neben den 24.000 Protein kodierenden Genen konventioneller Art mindestens noch zwei weitere Informationsebenen, die in einem erstaunlichen Umfang die Vererbung, die Entwicklungsvorgänge und die Krankheitsverläufe beeinflussen, aber bisher kaum beachtet worden sind. Dies legt nahe, dass manche körperlichen Merkmale nicht durch übliche Protein kodierende Gensequenzen bestimmt sind, sondern auch immer durch zusätzliche chemische Modifikationen der Chromosomen.[36]

Eine solche Informationsebene zieht sich durch den erstaunlich hohen Anteil nicht-kodierender DNA-Sequenzen, die zwischen und innerhalb von Proteingenen liegen. Diese zusätzlichen Abschnitte, die sogenannten *Introns*, wurden in der Forschung jahrzehntelang für die Proteinproduktion als irrelevant abgeschrieben, regelrecht als "DNA-Schrott" – als evolutionäres Gerümpel – bezeichnet.[37] Doch verblüffenderweise verbirgt sich gerade in den scheinbar nutzlosen Teilen der Erbsubstanz eine hochkomplexe Informationsebene der sogenannten *Nur-RNA-Gene*.[38] Mehr noch: Diese DNA-ähnlichen Moleküle haben eine weitaus größere Vielfalt von Funktionen, als die Biologen sich je vorgestellt haben. Denn neuen Hinweisen zufolge verbirgt sich in diesem vermeintlichen "DNA-Schrott" möglicherweise ein revolutionäres genetisches Steuerungssystem von übergeordneten RNA-Regulatoren. Manche Wissenschaftler vermuten sogar, dass vieles von dem, was die individuellen Merkmale einer Person oder die Besonderheit einer Art ausmachen, auf Variationen jener Preziosen zurück zu führen ist, die sich in diesen RNA-Sequenzen verbergen.[39]

Insofern hat die Existenz eines weit verzweigten Steuersystems auf RNA-Basis auch vielfältige Konsequenzen für die pharmazeutische Forschung sowie die genetische Diagnostik. Klassische Erbkrankheiten, wie z.B. die Mukoviszidose oder die Sichelzellanämie, beruhen zwar überwiegend auf einem schwerwiegenden Defekt in einem Protein, jedoch viele, wenn nicht sogar die meisten genetischen Variationen, die z.B. über die Anfälligkeit bestimmter Erkrankungen oder die Unverträglichkeit gegenüber einzelnen Medikamenten entscheiden, sind wahrscheinlich vielmehr in den nicht kodierenden regulatorischen Berei-

---

36 Vgl. Gibbs, Wayt W.: *Preziosen im DNA-Schrott*. In: Spektrum der Wissenschaft 02/2004, S. 68-75.

37 Vgl. Mattick, John S.: *Das verkannte Genom-Programm*. In: Spektrum der Wissenschaft 03/2005, S. 62-69.

38 Vgl. Gibbs, Wayt W.: *Preziosen im DNA-Schrott*, S. 68-75.

39 Vgl. Mattick, John S.: *Das verkannte Genom-Programm*, S. 62-69.

chen unseres Genoms zu suchen, die das Wachstum und die Entwicklung des Organismus steuern.[40] So wurden einige Varianten derartiger nicht kodierender RNA-Gene bereits mit Erkrankungen wie beispielsweise Lungenkrebs, B-Zell-Lymphomen, Prostatakrebs, Autismus und Schizophrenie in Zusammenhang gebracht.[41]

3.5 Epigenetische Phänomene

Eine weitere, aber wesentlich unbeständigere Informationsebene, die sich gleichfalls dramatisch auf die Gesundheit und das Erscheinungsbild von Organismen auswirkt, ist die der *epigenetischen Phänomene*, die sich in chemischen Markierungen außerhalb der DNA-Sequenz verbergen und auf komplexen Verbänden von Proteinen und niedermolekularen Verbindungen basieren, die sich der DNA anheften, sie umhüllen und stützen. Dabei fungieren diese epigenetischen Phänomene ähnlich wie Lautstärkeregler – verstärken oder schwächen die Wirkung von Genen, indem sie die Expression steuern und die Transkriptionsfaktoren abblocken bzw. zulassen. Allerdings erscheinen die hierbei zu Grunde liegenden Mechanismen den Biologen bislang noch sehr mysteriös, denn die biochemischen Strukturen der Moleküle erscheinen bisher eher kryptisch und werden zudem – anders als die der Gene – immer wieder neu geschrieben und gelöscht.[42] Gesichert scheint bisher nur, dass epigenetische Fehler genauso wie Mutationen im Erbgut offenbar an der Entstehung vieler Missbildungen und anderer Erkrankungen, wie z.B. Krebs, beteiligt sind.[43]

Des Weiteren bilden epigenetische Mechanismen eine Erklärung für das rätselhafte Phänomen, dass manche Krankheiten bei Angehörigen belasteter Familien Generationen überspringen, um dann völlig unvorhersehbar wieder "durchzuschlagen" und selbst eineiige Zwillingspaare nicht gleichermaßen betreffen.[44]

40 Diese neue Theorie könnte auch erklären, weshalb die strukturelle und entwicklungsbiologische Komplexität von Organismen nicht mit der Zahl ihrer Proteingene korreliert. Die Proteingene von Mensch und Maus z.B. gleichen sich zu 88 Prozent. Deshalb – so vermutet man – müssen die Unterschiede auch daher rühren, wie komplexere Formen anhand eines regulativen Netzwerks die genetische Information bearbeiten. Das heißt, in einer Art genetischen Betriebssystem können RNAs parallel zu Proteinen regulatorische Informationen übermitteln.

41 Vgl. Mattick, John S.: *Das verkannte Genom-Programm*, S. 62-69.

42 Vgl. Gibbs, Wayt W.: *DNA ist nicht alles*, S. 68-75.

43 Daraus ergeben sich möglicherweise aber auch Chancen für neue Behandlungsansätze. Während Zellen ihre DNA mit hohem Aufwand vor Mutationen schützen, werden epigenetische Marker ständig neu gesetzt oder entfernt. Im Prinzip ließen sich daher Medikamente entwickeln, die ganze Gruppen marodierender oder stillgelegter Gene über epigenetische Effekte an- bzw. abschalten. Vielleicht könnten – anders als bei genetischen Fehlern – geeignete Pharmaka sogar einige der Schäden rückgängig machen, die bei Alterungsprozessen und im Vorfeld von Krebserkrankungen auftreten. Entsprechende experimentelle Therapieformen werden derzeit bei Leukämiepatienten getestet.

44 Vgl. Gibbs, Wayt W.: *DNA ist nicht alles*, S. 68-75.

Denn obwohl eineiige Zwillinge zwar genetisch identisch sind, können sie dennoch in ganz unterschiedlichem Maße von genetisch beeinflussten Krankheiten betroffen sein. Entwickelt z.B. ein Zwilling eine komplexe Erkrankung mit genetischer Komponente, wie etwa Schizophrenie, manisch-depressive Psychosen oder juveniler Diabetes, so ist der andere meist nicht davon betroffen – obwohl er die gleichen DNA-Sequenzen besitzt. Das beweist – so Wayt Gibbs, dass sich Merkmale offensichtlich auch unabhängig von der DNA, z.B. durch epigenetische Variationen ausbilden.[45] Zudem regulieren aktive Formen der RNA die weitestgehend separate epigenetische Informationsebene mit. Deshalb kann im Extremfall eine einzige veränderte Base in der "Täter-RNA" den Unterschied zwischen einem Leben als gesunder Mensch normaler Größe und dem eines Zwergwuchses mit reduzierter Lebenserwartung ausmachen.

Um aber bei Tumorzellen und Erbkrankheiten solche häufigen Methylierungsfehler prognostizieren zu können, müssen die Wissenschaftler erst den epigenetischen „Code", d.h. die molekularen Strukturen und Zusammenhänge entschlüsseln und verstehen, der sich grundlegend vom genetischen „Code" der DNA unterscheidet.[46] Während zwar die Gene, die nur RNA ausprägen, meist klein und schwierig zu identifizieren sind, lassen sich die epigenetischen Variationen bisher nicht mit einem DNA-Microarray oder einer anderen Technik genau erfassen und auswerten. Darüber hinaus sind die ohnehin schon sprunghaften epigenetischen Phänomene ebenso prinzipiellen Grenzen sowie endogenen und exogenen Mutationen unterworfen wie die DNA selbst, wodurch in Bezug auf den Phänotyp eine sichere Vorhersage aus einem sequenzierten Genotyp in weite Ferne rückt.

4 Zusammenfassung und Fazit

Aufgrund der hier aufgeführten verschiedenen Dynamiken kann also die These der vollständigen genetischen Determiniertheit, die unterstellt, dass der Phänotyp durch den Genotyp eindeutig festgelegt ist, nicht aufrechterhalten werden. Denn dies würde bedeuten, dass die in der DNA gespeicherten Informationen hinreichend wären, um den gesamten Organismus vollständig festzulegen und vorherzusagen.[47] Doch genau das ist nicht der Fall, da sich die Entwicklung vom ungeordneten Genotyp zum geordneten Phänotyp nicht nur aus einer bisher unüberschaubaren Anzahl von äußerst komplizierten Entwicklungsprozessen zusammensetzt, sondern zudem auch noch ständig von zufälligen äußeren Umwelteinflüssen sowie endogenen Mutationen beeinflusst wird. Außerdem

---

45 Diese neue Erkenntnis erfordert eventuell auch eine Neubewertung der Zwillingsstudien in der Psychologie, wo man davon ausgeht, dass aufgrund der identischen Erbausstattung bei getrennt aufgewachsenen eineiigen Zwillingspaaren, die IQ-Merkmalsunterschiede nur ausschließlich durch verschiedene Umwelteinflüsse zustande kommen.

46 Vgl. Gibbs, Wayt W.: *Preziosen im DNA-Schrott*, S. 68-75.

47 Vgl. Bartram, Claus R.: *Humangenetische Diagnostik*, S. 8f.

entpuppt sich der beträchtliche Teil der DNA-Sequenz, der lange Zeit als ver-nachlässigbarer "Evolutionsschrott" galt, als wahre Schatzkammer voller Regu-latoren, welche diese komplexen Entwicklungsprozesse steuern.[48] Dazu kommt letztendlich noch eine epigenetische Informationsebene, die zwar innerhalb der Chromosomen aber außerhalb der DNA ebenfalls wichtige Regulationsmecha-nismen steuert.

Gerade weil die meisten Gene bzw. Allele nicht für sich alleine zum Tragen kommen, sondern alle zusammen über vielerlei Interaktionen miteinander ver-knüpft sind, wäre eine *Netzwerktheorie* der phänotypischen Effekte von Allelen eine notwendige Bedingung für eine ausgedehnte Nutzung der persönlichen Ge-nomsequenz. Eine solche Theorie müsste jedoch, um überhaupt brauchbar zu sein, auf einer empirischen Basis beruhen, die sich unter anderem aus allen Pro-tein- und RNA-Genen zusammensetzt, von denen jedes vielleicht bis zu Hunder-te von Allelen besitzen kann.[49] Dafür genügt es aber nicht, dass, wie bisher, nur wenige idealisierte Versionen des menschlichen Genoms erstellt werden, son-dern es müssten Dutzende oder Tausende ganzer Genome einzelner Individuen untersucht und die gesamten Eigenschaften der zugehörigen Besitzer erfasst und ausgewertet werden.[50] Nur auf einer solchen Datenbasis könnte man dann an-satzweise versuchen, einen kleinen Satz empirischer Regeln abzuleiten, der an-gibt, wie sich eventuell jedes Allel an einem bestimmten Ort auf den Phänotyp in Abhängigkeit von allen anderen allelischen Belegungen des Genoms *wahr-scheinlich* auswirkt, um bei einer konkreten Genomsequenz annähernd vorhersa-gen zu können, ob, wann und wie stark eine Krankheit zum Ausdruck kommen kann.[51]

Dieses Gedankenkonstrukt veranschaulicht darüber hinaus aber auch sehr gut, welcher materielle, zeitliche und bioinformatorische Aufwand dafür noch nötig sein wird. Theoretisch ist so ein Vorhaben durchaus möglich, aber bis die Datenbasis für eine solche Netzwerkstheorie erfasst worden ist, werden noch mindestens 10 bis 15 Jahre vergehen – ganz zu schweigen davon, inwieweit sie in der Praxis umsetzbar sein wird.[52] Denn gerade die umweltabhängigen Fakto-ren, angefangen bei ganz normalen Nahrungsmitteln bis hin zum Rauchen, Tem-peraturschwankungen oder weiteren Medikamenten, sind nur theoretisch erfass-und darstellbar. In der Praxis jedoch sind sie zu dynamisch und zu unkontrollier-bar, um sie im Sinne einer *Netzwerktheorie* berechnen zu können. Es wird wohl diesbezüglich immer nur eine stochastische Annäherung bleiben müssen.

---

48 Vgl. Gibbs, Wayt W.: *Preziosen im DNA-Schrott*, S. 68-75.
49 Vgl. Nijhout, Frederik H.: *Der Kontext macht's*, S. 70-77.
50 Vgl. Church, George M.: Das Projekt Persönliches Genom, S. 30-40, der in seinem Pro-jekt: Personal Genome Projekt (PGP) der Harvard-Universität versucht, viele individuel-le Genvarianten zu sammeln, um mögliche Nutzen und Risiken ermitteln zu können, die mit einer persönlichen Genomsequenz auftreten können.
51 Vgl. Bartram, Claus R.: *Humangenetische Diagnostik*, S. 26.
52 Vgl. Church, George M.: *Das Projekt Persönliches Genom*, S. 30-40.

Im Zusammenhang der persönlichen Genomsequenzierung bedeutet das aber auch, dass sich aus einer älteren sequenzierten Probe in vielen erhofften Anwendungen keine aktuell benötigten Prognosen ableiten lassen würden, da das menschliche Genom als Ganzes ständigen endogenen und exogenen Fluktuationen unterliegt, die zudem auch noch von Gewebetyp zu Gewebetyp stark variieren können. Somit würde die Sequenzierung des persönlichen Genoms, z.B. durch den Einsatz eines DNA-Microarrays, in vielen medizinischen Applikationen nur dann wirklich sinnvoll sein, wenn die Sequenzierung bestimmter Gewebeproben jederzeit abrufbar ist, um die aktuellen genomischen Veränderungen ebenfalls erfassen zu können und nicht nur einmal im Leben, wie z.B. Church es in einem Artikel anpreist.[53]

Zu guter Letzt kann man gegenwärtig auch noch nicht von einer eindeutigen Vorhersagbarkeit sprechen, da bis heute oftmals die genaue Messbarkeit des Anfangszustandes nicht gewährleistet ist. Dies kann z.B. an einer fehlenden messtechnischen Präzision oder an der Unmöglichkeit liegen, das betrachtete System frei von Störungen aus der Umgebung zu präparieren. Gerade für die Verwendung der genetischen Daten für eine umfassende medizinische Diagnostik muss die Lesefehlerrate noch unter den gegenwärtigen Standard von 0,01 Prozent sinken. Denn diese Messfehlerquote von einem Fehler auf 10.000 Basen entspricht 600.000 Fehlern pro individuellem Genom und ist somit gleichbedeutend mit dem genetischen Unterschied zweier Menschen im Genotyp.[54] Und dieser ist bekanntlich beträchtlich. Außerdem ist zu bedenken, dass es auch immer wieder verschiedene Quellen für eine Kontamination oder den Mensch selbst als Fehlerquelle geben kann, die sich nicht vollständig ausschließen lassen.[55]

Dennoch gilt es unbedingt zu beachten, dass es sich dabei nicht nur um ein rein technisches – ein vorübergehendes quantitatives Machbarkeitsproblem – handelt, welches überwunden werden könnte, wenn die internationale Forschergemeinschaft nur fleißig und lange genug daran arbeiten würde oder sich die Sequenzierungstechniken weiter beschleunigen und verbilligen sollten. Eine solche Ansicht erfasst nämlich nicht den Kern des Problems, dass die Unschärfe der erhobenen Daten sich nicht quantitativ beheben lässt. Denn auch wenn gegenwärtig durchaus gewisse zeitlich begrenzte technische Limitierungen bestehen, sind bereits heute schon mehrere prinzipielle Beschränkungen der Vorhersagbarkeit des Phänotyps aus dem Genotyp bekannt, die sich auch nach langen Forschungen nicht beheben lassen werden: So sind zum einen Zellen offene Systeme, die

---

53 Ebd.
54 Drei Milliarden Basepaare verteilen sich auf 23 Chromosomen, von denen ein Mensch zwei Sätze besitzt, einen vom Vater und einen von der Mutter – das macht insgesamt 46 Chromosomen mit über sechs Milliarden Basenpaaren. Die beiden Sätze unterscheiden sich allerdings um 0,01 Prozent, das entspricht ca. 600.000 individuellen Unterschieden zwischen zwei individuellen Genomsequenzen.
55 Vgl. Müller, Hans-Joachim und Röder, Thomas: *Der Experimentator. Microarrays*, 1. Aufl., München 2004, S. 2.

ständig mit ihrer Umwelt kommunizieren. Zum anderen können sich Genprodukte durch stochastischen Prozess selbst verstärken, regulieren und organisieren, weshalb man wegen dieser Rückbezüglichkeit keine lineare Kausalkette in Bezug auf die Entwicklung und Ausbildung von Mustern angeben kann.

Folglich ist die Annahme, dass man in absehbarer Zeit mit Hilfe einer digitalisierten persönlichen Genomsequenz und eines Computerprogramms durch einfache Addition verschiedener Allelkombinationen sowie weiterer Zahlenwerten für verschiedene Umweltfaktoren präzise Aussagen mit hohem prädiktiven Wert über den resultierenden Phänotyp treffen könnte – wie sie einige Wissenschaftler vertreten – unrealistisch.[56] Denn für eine vollständige Vorhersehbarkeit im Hinblick auf die prädiktive Medizin sind nach der additiven Hypothese das Wissen aller Kofaktoren, eine eindeutige Berechenbarkeit der Entwicklungsprozesse sowie eine relativ genaue Messbarkeit von Zuständen zwingend notwendig.[57] Schon bei minimaler Unkenntnis der ablaufenden Prozesse oder geringen Messfehlern geht die Vorhersagbarkeit prinzipiell verloren. Beide Voraussetzungen sind im Hinblick auf die persönliche Genomsequenzierung und die Herausbildung des menschlichen Organismus nicht erfüllt.[58] Zudem lässt sich eine quantitative mathematische Beschreibung eines Phänotyps nicht detailliert angeben, da sich bereits bekannte Faktoren, welche die Entwicklung und Eigenschaften maßgeblich beeinflussen, nicht vollständig einbeziehen lassen. Daher lässt sich nur die Wahrscheinlichkeit einer Erkrankung in etwa abschätzen.

Allerdings bedeutet dies nicht, dass die prinzipiellen Grenzen eine in Einzelfällen partielle genetische Determinierung in Form von verschiedenen Erbkrankheiten ausschließen. Denn es besteht – wie es die Beispiele Chorea Huntington, die Enzymfamilie Cytchrom P450 oder das Waadenburg-Syndrom sowie die Tuberöse Sklerose zeigen – durchaus die Möglichkeit, dass sich zumindest ein Teil genetischer Entwicklungsprozesse durch eine Aneinanderreihung solcher Dynamiken in bestimmten Wahrscheinlichkeiten bedingt beschreiben und für die medizinische Praxis nutzen lassen.[59] Darüber hinaus wird die persönliche Genomsequenz sicherlich auch auf dem Gebiet der Pharmakogenomik eine bedeutendere Rolle in den Fällen einnehmen, in denen Medikamente bei bestimmten Patientengruppen wirksam sind, bei anderen wiederum nicht oder zumindest nicht das Optimum ihrer potentiellen Wirkung entfalten. Ob jedoch die Pharmaindustrie irgendwann einmal wirklich das Ziel des "maßgeschneiderten Medikaments" erreichen wird, ist nicht allein aufgrund der Entwicklungskosten mehr als fraglich. Aber auch ein paar Konfektionsgrößen im Sinne pharmakogenetisch definierter Konsumentengruppen sowie etwas mehr Wirkstoffe und weniger un-

---

56 Vgl. Nijhout, Frederik H.: *Der Kontext macht's*, S. 70-77.
57 Vgl. hierzu den Artikel: *Determinismus*. In: Mittelstrass, J. (Hrsg.): *Enzyklopädie Philosophie und Wissenschaftstheorie*, Bd. II, Stuttgart 2005.
58 Vgl. Church, George M.: *Das Projekt Persönliches Genom*, S. 30-40.
59 Vgl. Bartram, Claus R.: *Humangenetische Diagnostik*, S. 6.

erwünschter Nebeneffekte wären schon große Erfolge, die durch eine persönliche Genomsequenzierung durchaus in absehbarer Zeit realisiert werden könnten. Jedoch entstehen gerade daraus wiederum eine Vielzahl von ethischen Problemstellungen, die nicht ohne Weiteres zu klären und zu bewerten sind: Wie sind diese umfassenden persönlichen genetischen Daten in Zukunft zu verwalten? Wer darf und sollte zu diesen Daten einen Zugang haben? Wie lässt sich sicherstellen, dass personenbezogene Informationen nicht von Dritten wie Wissenschaftlern, Versicherungen, Arbeitgebern, Gerichten, Adoptionsstellen oder weiteren privaten sowie staatlichen Institutionen missbraucht werden? Denn auch heute noch gibt es in vielen Bereichen der humangenetischen Diagnostik nur wenige handfeste Richtlinien für den richtigen Umgang mit diesen Risiken und den damit verbundenen Entscheidungsunsicherheiten, die in der breiten Gesellschaft weitläufig akzeptiert sind. Infolgedessen scheint es dringend geboten, dass die Chancen und Risiken der Humangenom-Forschung frühzeitig und unter Hinzuziehung der Kompetenzen von Humangenetikern, Philosophen, Juristen, Psychologen und Ökonomen sowie weiterer externer Sachverständiger der relevanten Fachdisziplinen interdisziplinär beurteilt werden.

Literatur

Bartram, Claus R.: *Humangenetische Diagnostik. Wissenschaftliche Grundlagen und gesellschaftliche Konsequenzen*, Heidelberg 2000, S. 51-71.

Church, George M.: *Das Projekt Persönliches Genom*, In: Spektrum der Wissenschaft 06/2006, S. 30-40.

Fey, Georg H. & Seel, Kalus M.: *Probleme genetischer Determiniertheit*. In: Bartram, Claus R.: Humangenetische Diagnostik, 2000, S. 5-45.

Gibbs, Wayt W.: *Preziosen im DNA-Schrott*. In: Spektrum der Wissenschaft 02/2004, S. 68-75.

Gibbs, Wayt W.: *DNA ist nicht alles*. In: Spektrum der Wissenschaft 03/2004, S. 68-75.

Görlitzer, Klaus-Peter: *Maßgeschneiderte Medikamente*. In: BIOSKOP Nr. 17 (März 2002), URL: http://www.goerlitzer.homepage.t-online.de/artikel.htm [Stand: 10. Dezember 2006].

Haen, Ekkehard: *Das Genom ist nur die eine Seite*. In: Das Neue Genom. Dossier der Zeitschrift Spektrum der Wissenschaft, S. 80-82.

Irrgang, Bernhard: *Weltanschauliche Konsequenzen eines genetischen Determinismus*. In: Bartram, Claus R.: *Humangenetische Diagnostik*, Heidelberg 2000, S. 46-50.

Lau, Nelson C. & Bartel, David P.: *Zensur in der Zelle*. In: Spektrum der Wissenschaft 10/2003, S. 52-59.

Lindpaintner, Klaus: *Pharmakogenomik. Paradigmenwechsel in der Therapie?* URL: http://www.forschung-leben.ch [Stand: 10. Dezember 2006].

Mainzer, Klaus: Artikel Determinismus. In: Mittelstrass, J. (Hrsg.): Enzyklopädie Philosophie und Wissenschaftstheorie, Bd. I, Stuttgart 2004, S. 455-458.

Mattick, John S.: *Das verkannte Genom-Programm*. In: Spektrum der Wissenschaft 03/2005, S. 62-69.

Müller, Hans-Joachim und Röder, Thomas: *Der Experimentator. Microarrays*, 1. Aufl., München 2004.

Nijhout, Frederik H.: *Der Kontext macht's*. In: Spektrum der Wissenschaft 04/2005, S. 70-77.

Novartis Pharma GmbH: Pressemitteilung *Diagnose nach Maß* vom 14.8.2003; URL: www. novartis.de/servlet/ novartismedia.pdf?id=11050 [Stand 20. Januar 2007].

Spiegel Online-Artikel: *Mit dem Chip zum Arzt*. URL: http://www.spiegel.de/wissenschaft/ mensch/0,1518,635890,00.html [Stand: 15. August 2009].

Spiegel Online-Artikel: *Letztes menschliches Chromosom entschlüsselt*. URL: http://www. spiegel.de/wissenschaft/mensch/0,1518,416773,00.html [Stand: 10. Dezember 2006].

Tambourin, Pierre: *Das grandiose Genom-Projekt*. In: Spektrum der Wissenschaft 08/2003, S. 20-25.

Watson, James D.: *50 Jahre Doppelhelix*. In: Das Neue Genom. Dossier der Zeitschrift Spektrum der Wissenschaft, S.6-11.

Der Designer als Technikhermeneut.

Technikhermeneutische Perspektiven zum Design

Kerstin Palatini

Einleitung und Hypothese

Design und Technik sind seit jeher miteinander verflochten. Unterschiedliche Ansätze, Wurzeln und Merkmale gestalteten das Verhältnis zueinander oft distanziert bis schwierig. In der Geschichte gab es allerdings vielversprechende Ansätze für eine sinnvolle Einheit beider.

Design und (Informations-)Technik treffen sich nun im Usability-Engineering- Prozess zur Entwicklung und Gestaltung von computertechnischen, gebrauchstauglichen und benutzerfreundlichen Artefakten. Dieser Prozess ist als iterativ, interdisziplinär und nutzerzentriert ausgewiesen. Design wird hierbei normativ eingefordert. Der Usability-Engineering-Prozess bietet Voraussetzungen für eine neue Einheit von Kunst (Design) und Technik (Informatik), dazu muss allerdings eine neue Basis des Verstehens geschaffen werden.

Philosophisch-hermeneutische Auseinandersetzungen mit Technik eröffnen neue Perspektiven auch für das Design. Sie können sogar zu einem Paradigmenwechsel und einem neuen Designethos[1] führen. Der Designer erweist sich hierbei als Technikhermeneut in der gestalterischen Praxis.

Usability – das MCI[2]-Konzept, das Kunst und Technik (Design und Informatik) neu vereint?

Begriffsbestimmung Usability[3]

Die Usability ist ein der Mensch-Computer-Interaktion zuzuordnendes Gebiet der Ergonomie, das sich mit Gebrauchstauglichkeit übersetzen lässt. Usability

---

1 S. auch den Beitrag von Manja Unger-Büttner zur Design-Ethik in diesem Band.
2 MCI steht für die Abkürzung Mensch-Computer-Interaktion; in Heinecke 2004: *Mensch-Computer-Interaktion,* S. 16: „Für das Zusammenwirken von Mensch und Rechner in interaktiven Rechenanwendungen benutzen wir den Begriff Mensch-Computer-Interaktion (engl. Human Computer Interaction), abgekürzt MCI (HCI). Das Gebiet Mensch-Computer-Interaktion umfasst die Analyse, Gestaltung und Bewertung menschen- und aufgabengerechter Computeranwendungen. Dabei werden neben Erkenntnissen der Informatik auch solche aus der Psychologie, der Arbeitswissenschaft, der Kognitionswissenschaft, der Ergonomie, der Soziologie und des Designs herangezogen."
3 In *Usability* vereinigen sich die Begriffe *Use* (dt.: Zweck, Gebrauch) auch *useable* (dt.= brauchbar, benutzbar) und *Ability* (dt.: für Fähigkeit, Können).

ist grundsätzlich ein Maß dafür, wie einfach und wirksam Produkte[4] zu benutzen oder zu bedienen sind; das trifft z.B. für Kaffeemaschinen und Fahrscheinautomaten genau so zu, wie für Flugzeuge oder Websites. Die technischen Möglichkeiten sollen sich an den Bedürfnissen der Menschen orientieren und nicht umgekehrt. Das scheint eine triviale Forderung zu sein, doch muss festgestellt werden, dass Informatik und Design bei der Entwicklung von Produkten und Systemen den Nutzer „aus den Augen verloren" hatten.

Die Forderung nach gebrauchstauglichen Produkten und Systemen wird Mitte der 1980er Jahre von Donald A. Norman und Jakob Nielsen[5] angesichts massiver Probleme im Umgang mit technischen Artefakten formuliert. Seitdem, auch aufgrund der starken Popularisierung und Nutzung des Internets und der damit auftretenden Interaktions-Probleme, hat das Thema Usability stark an Interesse gewonnen und Eingang in Lehre, Forschung und Praxis gefunden. Es wird intensiv im Kontext der Mensch-Maschine- bzw. der Mensch-Computer-Interaktion diskutiert und gelehrt.

Der Begriff *Usability* tritt seit Mitte der 1980er Jahre in einer Reihe von Definitionen auf. Die Anforderungen an die Gebrauchstauglichkeit werden in der DIN EN ISO 9241-11[6] folgendermaßen beschrieben: „Usability ist das Ausmaß, in dem ein Produkt durch bestimmte Benutzer in einem bestimmten Nutzungskontext genutzt werden kann, um bestimmte Ziele effektiv, effizient und zufriedenstellend[7] zu erreichen." Das heißt, Usability ist nur vor den situativen Bedingungen des jeweiligen Nutzungskontextes[8] beurteilbar sowie unter Beachtung der physischen und sozialen Umgebung, in der das Produkt genutzt wird. Usability ist demzufolge auch von subjektiven Faktoren abhängig. Besonders das Kri-

---

4   Der Begriff *Produkt* wird im Beitrag wie folgt gebraucht: (lt. Kuniavsky 2005) Schnittstellen zwischen einer Organisation und dem Benutzer oder Nutzer, die in Form eines Gerätes, einer Dienstleistung, eines Systems, einer Software oder einer Kombination aus allem angeboten werden. Dieser Beitrag bezieht sich insbesondere auf computertechnische Artefakte und Standardsoftware, Kommunikationsdienste, mobile bzw. eingebettete Informationsanwendungen (embedded systems) für den alltäglichen Gebrauch.

5   Usability-Spezialisten der „ersten Stunde"; s. auch http://www.nngroup.com/about/ sowie Literatur; Jakob Nielsen ist Informatiker und Spezialist für Benutzungsschnittstellen, Donald A. Norman ist Kognitionswissenschaftler und Informatiker.

6   Die Standardreihe trägt seit 2006 den deutschen Titel „Ergonomie der Mensch-System-Interaktion" und löst den bisherigen Titel „Ergonomische Anforderungen für Bürotätigkeiten mit Bildschirmgeräten" ab, um die frühere Einschränkung auf Büroarbeit aufzulösen.

7   *Effektivität* ist hierbei definiert durch die „Genauigkeit und Vollständigkeit mit der Benutzer ein bestimmtes Ziel erreichen." Die *Effizienz* kennzeichnet den „im Verhältnis zur Genauigkeit und Vollständigkeit eingesetzte Aufwand." *Zufriedenstellung* bedeutet „die Freiheit von Beeinträchtigung und positive Einstellung gegenüber der Nutzung des Produktes." (DIN EN ISO 9241-11)

8   Nutzungskontext lt. DIN EN ISO 9241-11: Die Benutzer, die Ziele, die Aufgaben, Ausrüstung (Hard- und Software, Materialien).

terium der Zufriedenstellung oder Zufriedenheit als ein Maß der Gebrauchstauglichkeit (s. DIN EN ISO 9241-11) verlangt persönliche und damit subjektive Einschätzung und Beurteilung. Speziell mit dem Nutzungserleben und der Erlebnisqualität beschäftigt sich die *User Experience*[9], als erweitertes Konzept der Usability. Es stellt die qualitativen und emotionalen Aspekte des *Nutzungserlebnisses* in den Mittelpunkt der Betrachtungen[10]. Dabei werden Effektivität und Effizienz der Nutzung als quantitativ bestimmbare Eigenschaften vorausgesetzt. In der User Experience wird nach der Balance zwischen instrumentellen (Effektivität, Effizienz) und nicht-instrumentellen Qualitäten (z.B. Schönheit, Neuartigkeit, Herausforderung, Selbstausdruck) gesucht. Empirische Methoden zur Qualitätsbestimmung der subjektiv wahrgenommenen Produktqualität reichen hier nicht aus.

In der Durchführung von *Usability Tests* werden Praxisfälle aufgaben- oder szenarienbasiert simuliert. Mit wissenschaftlichen Methoden werden messbare Attribute der Usability wie z.B. Kontinuität, Wiedererkennung, Fehlerraten oder Erlernbarkeit bestimmt, um die Vergleiche zwischen Soll- und Ist-Werten zur Beurteilung von Usability zu ermöglichen. Der Usability Test ist Bestandteil des *Usability-Engineering-Prozesses*.[11] Dieser umfasst alle Aktivitäten, die dazu dienen, ein gebrauchstaugliches Produkt oder System zu entwickeln. Empfehlungen für den interdisziplinären, nutzerzentrierten und iterativen Gestaltungs- und Entwicklungsprozess interaktiver Produkte werden in der DIN EN ISO 13407 (2000) gegeben, denn *Usability ist kein Zufall*. Deshalb ist Usability-Engineering *„als methodischer Weg zur Erzeugung der Eigenschaft Usability"*[12], als komplexer Prozess, der im Optimalfall von Anfang an unter Einbeziehung des Nutzers erfolgt, zu betrachten.

---

9 Vgl. Reeps, I. 2004: *Joy of Use – eine neue Qualität für interaktive Produkte*. Konstanz; Reeps weist darin auf einige wichtige Joy of Use-Konzepte hin.

10 Vgl. Brau/Diefenbach/Hassenzahl/Burmester/Koller/Peissner/M & K Rose (Hrsg.): *Der User Experience auf der Spur,* in: Usability Professionals 2008, S. 78-82, Subjektiv erlebte Produktqualität und der Versuch ihrer systematischen Erforschung ist Gegenstand des Beitrages. Mit Hilfe einiger, vorwiegend psychologischer, meist Fragebogen-basierter Untersuchungstechniken (Entwicklung des AttrakDiff-Fragebogens,. http://www.attrakdiff.de/Services/AttrakDiff-Basis/) wird versucht, Joy-of-Use beim Benutzer, bzw. die *hedonische* Qualität von Produkten, zu bestimmen.

11 Der Usability-Engineering Prozess wird für gebrauchstauglich zu gestaltende computerbasierte Artefakte als Erweiterung des Software-Engineering Prozesses verstanden und ergänzt lt. DIN EN ISO 13407 das klassische Software-Engineering.

12 Sarodnick, F./Brau, H. 2006: *Methoden der Usability Evaluation*. Bern, S. 19.

Der Usability-Engineering-Prozess als interdisziplinärer Prozess:
a) Usability ist mit der Ergonomie verwandt.

Ergonomie[13] beschreibt eine interdisziplinäre wissenschaftliche Disziplin,

> „die sich mit dem Verständnis der Wechselwirkungen zwischen menschlichen und
> anderen Elementen eines Systems befasst, Daten und Methoden auf die Gestaltung
> von Arbeitssystemen anwendet, mit dem Ziel, das Wohlbefinden des Menschen und
> die Leistung des Gesamtsystems zu optimieren." (DIN EN ISO 6385, 2004).

Das heißt, Usability als Teilgebiet der Ergonomie ist grundsätzlich interdisziplinär angelegt. Unter „dem Verständnis der Wechselwirkungen zwischen menschlichen und anderen Elementen eines Systems" verstehen wir, auf Usability lt.
DIN EN ISO 9241-11 bezogen, dass kein Produkt oder Werkzeug entwickelt
oder beurteilt werden kann, ohne verstanden zu haben, wer damit zu welchem
Zweck umgehen oder etwas Bestimmtes machen möchte. Usability-Engineering
verbindet demzufolge Herstellung und Nutzung.

b) Usability-Engineering umfasst auch die Entwicklung komplexer
*   computergestützter Systeme.*

Die Entwicklung und Herstellung verlangt die Zusammenarbeit verschiedener
Disziplinen, um vorhandenes Spezialwissen im Sinne einer optimalen Produktentwicklung zur Erreichung eines hohen Maßes an Usability zu bündeln. Weder
Designer noch Informatiker verfügen im Allgemeinen[14] über Fähigkeiten und
Fertigkeiten, computerbasierte Produkte oder Systeme (z.B. Bürosoftware, Inter-
netauftritte, Automaten) im Alleingang der jeweiligen Disziplin unter Berücksichtigung aller Kriterien der Gebrauchstauglichkeit zu entwickeln. Oft sind
weitere Spezialisierungen der jeweiligen Disziplin (in der Informatik z.B.: Da-
tenbankspezialisten, Softwareentwickler; im Design z.B.: Interfacedesigner,
Grafikdesigner) notwendig. Aufgrund der oft hohen Komplexität besteht eine
der Forderungen innerhalb der technischen Produktentwicklung und des Usability-Engineering-Prozesses in der interdisziplinären Zusammenarbeit von Design
und Informatik sowie weiterer benötigter Disziplinen und Kompetenzen, z.B.
von Soziologen, Psychologen, Arbeitswissenschaftlern – und zukünftig auch
von Technikphilosophen.

---

13 Mitte des 19. Jahrhunderts taucht der Begriff der Ergonomie (nach Jastrzebowski) zum
    ersten Mal auf. Er bezeichnet eine Wissenschaft, die sich mit der menschgerechten Ge-
    staltung der Arbeit (des Arbeitssystems, des -raumes, der -bedingungen) beschäftigt. Er-
    gonomie spezialisiert sich mit den neuen Formen der Arbeit und Technik weiter. Ein
    Schwerpunkt der Ergonomie liegt nach wie vor in der Optimierung der Mensch-Maschi-
    ne-Schnittstelle.
14 S. Gesellschaft für Informatik Empfehlungen für das Curriculum Informatik/ Spezialisie-
    rungsrichtungen der Informatik: http://www.gi-ev.de/themen/hochschule.html

c) Design wird im Usability-Engineering-Prozess normativ eingefordert.

Zur Erreichung von bestimmten Produkt- und Interaktionsqualitäten wird auf die Kompetenz von Designern verwiesen. Diese sollen laut DIN EN ISO 13407 (2000) im Usability-Engineering Prozess folgende Aktivitäten übernehmen:

- Verstehen und Festlegen des Nutzungskontextes
- Festlegen von Benutzeranforderungen und organisatorischen Anforderungen
- Entwerfen von Gestaltungslösungen
- Beurteilen von Gestaltungslösungen gegenüber Anforderungen.

Erstes Fazit

Usability hat sich als Forschungs- und Wirtschaftsthema etabliert, denn ge-brauchstaugliche Produkte und Systeme sind nicht nur besser zu handhaben, sie lassen sich auch besser verkaufen. Usability wird als systematisch herstellbar beschrieben, deshalb werden in zahlreichen technischen Normen und Richtlinien Hinweise für Qualitätsmerkmale und deren Erreichung gegeben. Neben der zen-tralen Forderung der Usability nach Nutzerzentrierung und -beteiligung von An-fang an, wird in diesem interdisziplinären Prozess (hier wird besonders die Rolle des Designs hervorgehoben) die Iteration der Gestaltungslösungen gefordert. Der Usability Test und andere empirische Methoden als feste Bestandteile dieses Entwicklungsprozesses untersuchen quantitative Merkmale zur Bestimmung von Effektivität und Effizienz. Mit der Bestimmung der qualitativen Merkmale der Nutzung, speziell der Nutzerzufriedenheit, der Freude an der (Be-)Nutzung (Joy of Use), geraten diese Untersuchungsmethoden jedoch an ihre Grenzen.
     Der Usability-Engineering-Prozess bietet die historische Chance, „Kunst und Technik" – hier in Form von Design und Informatik – in der Gestaltung von gebrauchstauglichen Artefakten zu vereinen und die Kluft zwischen Herstellung und Nutzung zu überwinden.

Kunst und Technik - eine neue Einheit

Design und Technik

Design und Technik bedingen einander von jeher. Legt man die Definitionen von Technik und Technologie nach Irrgang zugrunde, nach der *Technik* die Summe aller technischen Artefakte und immer eine Technik der Lebenswelt und der Bewährung in der *Praxis*[15] ist und *Technologie*[16] Lehren-Können und das

---

15   Vgl. Irrgang 2008: *Philosophie der Technik*, S. 20: „Technische Praxis meint das Umge-hen Können mit technischen Artefakten einschließlich ihrer Herstellung (technische Künste)."
16   Vgl. Ebd. S. 52, Technologie ist für Irrgang immer „technisches Wissen als Resultat von Umgang, Erfahrung, vom impliziten Wissen um eigene Fertigkeiten, Verstehen, Er-

theoretische Wissen vom Umgehen-Können mit Technik, so ist Design die Verbindung von Technik und Technologie in ihrer höchsten Ausprägung. Peter Behrens formulierte es 1910 so:

> „Die imposantesten Äußerungen unseres Könnens sind Resultate der modernen Technik."[17]

Designerische Entwürfe und Umsetzungen hängen stark von der Technikhöhe, vom Stand der Technik und der Technologie, von der *Vorhandenheit* und *Zuhandenheit* von Technik ab. Die Technik und der Einsatz neuer Technologien machen bestimmte Entwurfs- und Fertigungsarbeiten erst möglich. Technologische Innovationen bleiben nicht ohne Auswirkungen auf das Design[18]. Walker spricht in diesem Zusammenhang trotzdem davon, dass die Technik zu einem „Zankapfel der Designgeschichte"[19] geworden ist. Das liegt zum einen in den verschiedenen Wurzeln beider Disziplinen und den daraus resultierenden Prägungen und Arbeitsweisen. Technik hat zudem mehr mit Mathematik, Naturwissenschaften und technologischen Abläufen zu tun als mit Design, Handwerk und Kunst. Technik ist stark regelbasiert und folgt vorgegebenen Abläufen und Algorithmen, die bei Nichtbeachtung zur Katastrophe führen können.

Design, auch als angewandte Kunst bezeichnet, gilt hingegen als emotional basierter, subjektiv geprägter Gestaltungsprozess. Dieser folgte zwar zunehmend methodischen Lösungsstrategien, doch durchbricht Design auch Regeln, um Neues, Innovatives entstehen zu lassen. Es ist auf Veränderung ausgerichtet. Zudem bleibt im Kreativen ein „Rest von Zufälligem", das der regelbasierten Technik nicht genug wissenschaftlich fundiert und deshalb oft unheimlich erscheinen muss.

Ein weiteres Problem der Technik mit dem Design könnte auch aus dem heute verbreiteten eher *Kunstwerk-orientierten* Designverständnis entspringen, das sich für viele Menschen in Form exklusiver Einzelstücke oder in Kleinstserien im Museum oder in Kunstgalerien darbietet. So hat das Design seine *eigentlichen* Nutzer zwischenzeitlich aus den Augen verloren und es dem Museum überlassen, das Designverständnis über herausragend gestaltete Gegenstände in Vitrinen oder auf Sockeln zu vermitteln. Michael Erlhoff meinte 1988 dazu:

> „Wenn nämlich Gegenstände sich nicht im Gebrauch verbrauchen, werden sie nur museal – und Museen sind in gewissem Sinne doch nichts anderes als geadelte Müllhalden."[20]

---

schließen, Schlussfolgern, Denken welches zu Vormachen, Zeigen, Anleiten und Lehren führt.".

17 S. Fischer, V./Hamilton, A. (Hrsg.) 1990: *Theorien der Gestaltung.* Frankfurt/M., S. 21.
18 Vgl. Walker, John A. 1992: *Designgeschichte. Perspektiven einer wissenschaftlichen Disziplin.* München, S. 46.
19 Ebd., S. 43.
20 S. Bürdek, Bernhard E.1994: *Design. Geschichte, Theorie und Praxis der Produktgestaltung.* Köln, S. 9.

Erlhoff will damit sicherlich nicht die durchaus wichtigen Funktionen von Museen in Frage stellen, sondern das Design wieder zu seinen *Wurzeln*, zum *Gebrauchen* und damit auch dorthin, wo es gebraucht wird, zurückfordern.

Wurzeln des Designs und sein Gebrauch – Ein Historischer Exkurs zum Bauhaus

1919 gründete Walter Gropius das Bauhaus, das als erste Ausbildungsstätte für professionelle Gestalter trotz seiner kurzen Wirkungszeit[21] zu weltweitem Ruhm gelangte. Die Gründung des Staatlichen Bauhauses Weimar steht mustergültig für die Wurzeln des modernen Designs in Kunst und Handwerk: Am 1.4.1919 trat ein Dienstvertrag zwischen Walter Gropius und dem Weimarer Hofmarschall-Amt in Kraft, der Gropius mit der Leitung zweier Institutionen betraute, der von Henry van de Velde gegründeten Großherzoglichen Sächsischen Kunstgewerbeschule Weimar[22] und der Hochschule für bildende Kunst.[23] Nicht ohne Grund ziert den Titel des Gründungs-Manifestes der Schule neuen Typus ein Holzschnitt von Lionel Feininger, der eine „Bauhaus-Kathedrale" darstellt. Diese soll das (End-)Ziel aller gestalterischen Anstrengungen sein: „Der neue Bau der Zukunft". Gropius forderte nichts Geringeres als:

> „Der Bau müsse neu begriffen und mit neuem architektonischen Geist erfüllt werden", „eine neue Zunft der Handwerker müsse geschaffen werden, der gleichermaßen Architekten, Bildhauer und Maler angehören sollten."[24]

Zum Ziele des *neuen Bauens* sollte die Vereinigung aller Handwerke und Künste dienen, die sich an den mittelalterlichen gotischen Bauhütten[25] orientierte und den Bau der Kathedrale zum gemeinsamen Ziel hatte. Alle Gestaltungen sollte sich für das neue Bauen, das für Wohnen und Leben steht, gemeinsam einsetzen. Die Gestaltungen dafür sollten in ihrem Gebrauch einem besseren Leben dienen.

---

21 Von insgesamt nur 14 Jahren; 1919 in Weimar gegründet, 1926 Umzug nach Dessau; nach dem Wahlsieg der Nationalsozialisten 1932 aus Dessau vertrieben; 1932-33 kurze Schlussphase in Berlin; unter politischem Druck die Selbstauflösung des Bauhauses 1933; danach emigrierten viele Bauhauslehrer und -schüler.

22 Die 1915 geschlossen worden war.

23 Vgl. Neef, S. 2009: *An Bord der Bauhaus. Zur Heimatlosigkeit der Moderne*. Bielefeld. Einleitung.

24 S. Ebd., S. 14/15.

25 Geprägt wurde das Wort „Bauhütte" 1816 durch Johann Wolfgang von Goethe in seinem Aufsatz "*Kunst und Alterthum am Rhein und Mayn*", zuvor war der allgemeine Begriff der Hütte verschriftlicht. Der Begriff der Dombauhütte stammt von Carl von Heideloff (1844). Goethe, J.W.v. in: *Kunst und Alterthum am Rhein und Mayn*. 1. Heft; 1816.

Kunst und Technik – eine neue Einheit I

1923 eröffnet Walter Gropius die erste große Werkschau des Bauhauses mit dem Vortrag „kunst und technik – eine neue einheit".[26] Höhepunkt der Ausstellung ist der Bau und die Ausstattung des „Haus am Horn"[27] in Weimar. Diese Rede kann als Meilenstein der Entwicklung des Bauhauses und des Designs gedeutet werden, denn sie markiert die Hinwendung von der kunsthandwerklich geprägten Gestaltung zur industriellen Produktion am Bauhaus[28]. Infolge neuer industrieller Fertigungsmethoden und Materialien (z.B. Stahlrohrbearbeitung und Press-Stoffe, neue Drucktechnologien) hatten die Designer stärker als bisher die Möglichkeit, stilistisch ausgereifte *Gebrauchs*-gegenstände in großen Serien herstellen zu lassen. Die Gestaltung der Gebrauchsgegenstände – vom Aschenbecher bis zur Wohnungseinrichtung – zeugt immer deutlicher von dem Bemühen der Designer, nicht nur bei Luxus-, sondern auch bei Massenkonsumartikeln künstlerisch-ästhetische Konzepte zu realisieren. Neben der allgemeinen Forderung, „Kunst und Leben miteinander zu vereinen", sieht man ein wesentliches Ziel des Gestaltens darin, durch billige und zugleich schöne Gegenstände auch den einkommensschwachen Arbeitern eine Möglichkeit zu geben, ihre Umwelt entsprechend dieser Forderung zu gestalten. Die so beabsichtigte Realisierung eines kultur- und gesellschafts-politischen Konzeptes liegt den Designern ebenso am Herzen wie die Lösung formal-künstlerischer Probleme. „Kunst und Technik - eine neue Einheit" – dieses Motto von Walter Gropius, dem Direktor des Bauhauses, ist Ausdruck der Idee, mit Hilfe von Technik und Rationalisierung allen Menschen eine praktischere, wirtschaftlichere und schönere Umgebung zu schaffen. Demzufolge heißt es in der Satzung vom November 1925:

> „das bauhaus ist eine hochschule für gestaltung. sein zweck ist: (1) die geistige, handwerkliche und technische durchbildung schöpferisch begabter menschen zur bildnerischen gestaltungsarbeit, besonders für den bau, und (2) die durchführung praktischer versuchsarbeit, besonders für hausbau und hauseinrichtung, sowie die entwicklung von modelltypen für industrie und handwerk."[29]

---

26 Informationen hierzu: http://www.bauhaus-dessau.de/index.php?1923-1; Bemerkung: Im Jahr 1925 machte sich das Bauhaus die Kleinschreibung zum Programm.

27 Idee und Entwurf: Georg Muche (unter Mitarbeit von Adolf Meyer) mit Möbeln und Objekten von Marcel Breuer, Erich Dieckmann, Benita Otte, Gyula Pap u. a. (Quelle: http://www.bauhaus-dessau.de/index.php?1923-1).

28 Vgl. Neef 2009, Einleitung S. 14/15: „Kunst und Technik - eine neue Einheit - so formulierte Gropius ein neues Lehrsystem, mit dem die Industrie als bestimmende Kraft der Zeit anerkannt wurde. Die Beschäftigung mit der industriellen und maschinellen Produktion wurde zum Credo aller Bauhaus-Arbeit. Gropius: Das neue Ziel ist fabrikmäßige Herstellung von Wohnhäusern im Großbetrieb auf Vorrat, die nicht mehr an der Baustelle, sondern in Spezialfabriken in montagefähigen Einzelteilen erzeugt werden müssen. Gropius entwickelte das Konzept des „Großen Baukastens", das mit dem Versuchshaus „Am Horn" erstmals (ansatzweise) demonstriert werden sollte."

29 Quelle: http://www.bauhaus-dessau.de/index.php?de_1926; (18.3.2010).

Die Industrie entwickelte sich rasant und schien Wohlstand für alle zu verheißen.[30]

Dieser kleine historische Exkurs in eine kurze aber bedeutende Etappe der Designgeschichte soll deutlich machen: Die Gestaltung wurde (selbst innerhalb dieser kurzen Zeit sehr verschieden) von der herrschenden Technik und den Technologien geprägt[31]. Ging es in der ersten Phase, die man auch mit „Kunst und Handwerk – eine neue Einheit" überschreiben könnte, noch wesentlich um die Erhöhung der Qualität der handwerklichen und kunsthandwerklichen Gewerke für ein gemeinsames Ziel, so wandte man sich im zweiten Abschnitt der neuen, zukunftsweisenden industriellen Produktionsweise zu, weil sie weitaus mehr Möglichkeiten zur Erreichung des beibehaltenen Zieles – dem *„Hausbau"* – zur Verfügung stellte. Der *Hausbau* steht synonym für die sozialen und kulturellen Bedürfnisse und Anforderungen der Zeit. Man sah in der Einheit von Kunst und Technik[32] eine Bedingung und Chance, das vorgegebene (und beibehaltene) Ziel, den *(Haus-)Bau,* am besten erreichen zu können. Eine beiderseitige Inspiration zur Erreichung dieses Zieles ist spürbar. Neue Technik und Technologien wurden von den Gestaltern damals als Möglichkeiten und Chancen zum bewussten und sinnvollen Gestalten begriffen. So erschien die Technik hier allerdings auch als schöne Verheißung, die sich nicht erfüllte.[33]

Kunst und Technik – eine neue Einheit II

Das *Haus* als Ziel aller Gestaltung, was kann es uns heute bedeuten? Sonja Neef formulierte dazu in Bezug auf Heidegger und Harries in ihrem 2009 erschienen Buch *An Bord der Bauhaus. Zur Heimatlosigkeit der Moderne* zu den veränderten sozialen und kulturellen Bedürfnissen:

> „Das Haus, von der Warte des Bauens und des Wohnens aus betrachtet, steht für einen Modus des Denkens, den Martin Heidegger in seinem berühmten Aufsatz "Bauen, Wohnen, Denken" (1951) nicht zufällig mit dem Sein schlechthin in Zu-

---

30 1928 forderte Hannes Meyer, der neue Bauhausdirektor: „volksbedarf statt luxusbedarf". http://www.bauhaus-dessau.de/index.php?de_1928; (18.3.2010).

31 Vgl. dazu auch Hugo Junkers, der u. a. als Flugzeugpionier Geschichte schrieb und damals zu den einflussreichsten und innovativsten Dessauer Industriellen zählte, der auch der Übersiedlung des Bauhauses nach Dessau zustimmte; s. Hugo Junkers und das Bauhaus (http://www.junkers.de/specials/bauhaus/).

32 Die angestrebte Einheit von Kunst und Technik der 1920er Jahre kam aus verschiedenen Gründen nicht zustande. Maßgeblich waren die gesellschaftlichen und politischen Einflüsse auf die Schulentwicklung. Die NSDAP entwickelte sich in dieser Zeit von einer Minderheit zur herrschenden politischen Mehrheit und drängte 1932 zur Schließung der Schule und sogar zur Zerstörung des Gebäudes. Hieran wird der Zusammenhang bzw. die Eingebundenheit von Technik und Gestaltung in politische und gesellschaftliche Entwicklungen exemplarisch sehr deutlich.

33 Z.B. Die Vorstellung von Wohlstand für alle – durch die neuen Möglichkeiten der industriellen Massenproduktion.

sammenhang gebracht hat: "Das althochdeutsche Wort bauen, buan bedeutet wohnen [...], bleiben, sich aufhalten. [...] Wo das Wort Bauen noch ursprünglich
spricht, sagt es zugleich, wie weit das Wesen des Wohnens reicht. Bauen, buan, bhu,
beo ist nämlich unser Wort "bin" in den Wendungen: ich bin, du bist, die Imperativ-
form bis, sei. [...] "[I]ch bin" [...] besagt: ich wohne."

Heidegger beeilt sich aber hinzuzufügen, dass "das Wohnen nicht als das Sein
des Menschen erfahren wird; das Wohnen wird vollends NIE als der Grundzug des
Menschen gedacht". Wiederum ist es die Sprache selbst, die ihm einen Hinweis darauf gibt, wie das Bauen und das Wohnen zu verstehen seien: "Das altsächsische
›wunon‹, ›wunian‹ bedeutet ebenso wie das alte Wort bauen das Bleiben, das Sich-
Aufhalten. Aber das gotische ›wunian‹ sagt deutlicher, wie dieses Bleiben erfahren
wird. Wunian heißt: zufrieden sein, zum Frieden gebracht, in ihm bleiben. Das Wort
Friede meint das Freie, das Frye, und fry bedeutet: bewahrt vor Schaden und Bedrohung."

Heidegger bringt hier also das Sein des Menschen mit dem Bauen und Wohnen
in Verbindung und bindet es zugleich an den Begriff der Freiheit.

Karsten Harries fasst Heideggers Begriffe von *Wohnen und Bauen, von Heimat,
als ein fortwährendes Unterwegs-Sein*[34] zusammen: "Heidegger versteht [...] den
Menschen als einen, der das Wohnen immer wieder suchen, immer wieder erst
lernen muß. Bedenklicher als die als Not unserer Zeit verstandene Wohnungsnot ist
die zum Wesen des Menschen gehörende eigentliche Wohnungsnot, die ihn das
Wesen des Wohnens immer wieder suchen lässt. [...] Nur so kehrt der Mensch zu
sich selbst heim."[...]

Zu unserer (post-)modernen Zeit gehört das Denken des [Unterwegs-Seins][35],
"der Transiträume, der Grenzüberschreitungen durch Verkehrs- und Kommunikati-
onstechnik, allen voran durch die Medien." [...]"[36]

Das *Haus heute* eröffnet in seiner mehrdeutigen Funktion für das Sein des Menschen die Möglichkeiten des Bleibens aber auch des Unterwegs-Seins. Scheinbar diametrale Gestaltungen sind deshalb möglich und nötig. „Die (einzig wahre) richtige Gestaltung" wird damit nicht nur in Frage gestellt, sondern sogar
unmöglich. Es bedeutet aber auch die Aufgabe des Sicheren zugunsten einer
Anzahl von Möglichkeiten. Diese Situation kann als Überforderung (die sich in
Beliebigkeit äußern würde) oder als Chance, zum (jeweiligen) Wesen vorzudringen, gewertet werden. Auf jeden Fall stellt sie einen Paradigmenwechsel dar.

Zweites Fazit

Für das Design bedeutet das, die Einheit von Kunst und Technik auch vor diesem Denk- und Deutungshorizont neu zu verstehen. Das *Haus* stellt sich heute
nicht mehr als zu gestaltendes (End-)Ziel, siehe Bauhausmanifest, dar, sondern

---

34 Hervorhebung durch Autorin des Beitrages.
35 Einfügung der Autorin; Sonja Neef verwendet an dieser Stelle den Begriff des Schiffes
    als Metapher im Titel ihres Buches.
36 S. Neef, S. 2009, S. 22ff. Neef zitiert hier Martin Heidegger aus „*Bauen, Wohnen, Den-
    ken*" 1951, S. 89f., 90 und 91, sowie Harries, K. 1998, „*Unterwegs zur Heimat*", Ab-
    schnitt 32 und Abschnitt 4.

in Form eines fortwährenden Prozesses, der *Bauen und Wohnen* im gedeuteten Sinne versteht, „[...] das Haus also in dem von Heidegger akzentuierten Zusammenhang mit dem Zufriedensein, dem Frieden und der Freiheit neu zu bedenken.“[37]

Eine der dringlichsten Aufgaben des Designs besteht m. E. darin, sich der vorhandenen aktuellen geisteswissenschaftlichen Möglichkeiten des Verstehens zu bedienen, um zum Wesen der Erscheinungen und Handlungen vorzudringen und damit zu deren Gestaltbarkeit:

> „jedes ding ist bestimmt durch sein wesen. um es so zu gestalten, dass es richtig funktioniert, muss sein wesen erforscht werden; denn es soll seinem zweck vollendet dienen ...“ [38]

Technikphilosophie und Design

Die Forderung des Designs nach geisteswissenschaftlicher Unterstützung ist nicht neu. 1991 stellte Bürdek in *Design, Geschichte, Theorie und Praxis der Produktgestaltung* fest:

> „[...] dass sich eine klassische Designmethodologie [...] nahezu ausschließlich mit den Methoden des physischen Handelns beschäftigt hat, [...] dagegen eine umfassende Darstellung des geistigen Handelns im Design bisher nicht erarbeitet worden ist.“[39]

Die wachsende Bedeutung der Geisteswissenschaften in diesem Prozess des Verstehens betont Bürdek, indem er aus der *Bamberger Botschaft* von Odo Marquart aus dem Jahr 1985 zitiert:

> „Je moderner die moderne Welt[40] wird, desto unvermeidlicher werden die Geisteswissenschaften.“[41]

Kritisiert wurde jedoch damals das „Nicht-schritt-halten-können“ der Geisteswissenschaften „mit der modernen Unvermeidlichkeit.“[42] Seit dieser Feststellung hat sich in der Philosophie einiges getan. Speziell mit den Fragen eines grundlegenden Verständnisses von Technik und den vielfältigen Wechselwirkungen mit der menschlichen Existenz beschäftigt sich die Technikphilosophie. Dazu gehören auch Reflexionen über Möglichkeiten, Auswirkungen und Folgen technischer Entwicklungen. Durch die Verzahnung von Design und Technik kann sie wertvolle Beiträge zum besseren Verstehen für das Design liefern.

---

37 S. Ebd., S. 23.
38 Walter Gropius, 1925, zit. aus: http://www.bauhaus-dessau.de/index.php?de_1926.
39 S. Bürdek 1994: *Design. Geschichte, Theorie und Praxis der Produktgestaltung*. Köln, S. 121.
40 Hier mit Bezug auf Tendenzen der Miniaturisierung, Entmaterialisierung, der Übergang von der Hardware- zur Software bzw. zum Interface Design.
41 Odo Marquart zit. nach Bürdek 1994, S. 121.
42 S. ebd., S. 124.

Technikhermeneutik in der Usability – Die Rolle des Designers

1.) Die Usability bietet mit ihren Forderungen nach Einbeziehung der Nutzer von Anfang an die Möglichkeit zum *verstehenden Gebrauch der Dinge* im Umgang wie auch im Herstellungs- und Entwicklungsprozess. Technisches Wissen manifestiert sich hier nicht als theoretisches Wissen im traditionell philosophischen Sinne, sondern als Umgangswissen, Know-how, das reflexiv durchgearbeitet werden kann. Gerade für diese Art von Wissen ist ein hermeneutischer Ansatz besonders geeignet. Interpretationsvorgänge setzen Deutungshorizonte voraus, z.B. Leitbilder, Grundeinstellungen und Leitlinien sowie anthropologische bzw. kulturtheoretische Grundannahmen im Rahmen einer Analyse technischen Handelns.[43]

In Nutzertests, die nicht erst mit dem fertigen Produkt, sondern bereits in der konzeptionellen Phase anhand von Strukturmodellen oder so genannten Mockups (z.B. im rapid prototyping) erfolgen sollen, können bereits grundlegende Mängel erkannt und für die weiteren Phasen ausgeschlossen werden. Dazu werden verschiedene Methoden hilfreich eingesetzt. Diese haben noch nichts mit Oberflächendesign, sondern mit reinen Funktions- und Strukturbestimmungen zu tun. Sie sind aber für das Design von eminenter Bedeutung, da sie Strukturen für das Handeln festlegen. Mit Tests, die sich entlang des gesamten Prozesses ziehen (Optimalfall), kann ein gegenseitiges Verstehen von Herstellern und Nutzern gefördert werden. Das Verstehen wird durch Zeigen, Vormachen und den Umgang mit den Artefakten befördert. Herstellen und Umgehen können fallen im Usability-Engineering Prozess nicht mehr auseinander, was eine der Ursachen der massiven Probleme bei der Nutzung von Artefakten in der Vergangenheit war.[44]

Dieser iterative Prozess des Abgleichens von Vorstellungen der Entwickler mit denen der Nutzer kann als *kleiner*[45] *hermeneutischer Zirkel* verstanden werden, denn jeder Test, jede Iteration baut auf vorhandenem Wissen auf und verspricht einen Zuwachs an Wissen, das in die Entwicklung einfließen kann.

2.) Jedoch muss der konkrete Usability-Engineering Prozess und damit z.B. auch das Festlegen der Nutzungskontexte (als gestellte normative Forderung an das Design) in größeren Handlungszusammenhängen und vor einem größeren Deutungshorizont erfolgen, der diesen Prozess gewissermaßen einbettet. Dieser Verstehensprozess kann deshalb als *großer hermeneutischer Zirkel* verstanden

---

43 Vgl. Irrgang, B. 2004: *Konzepte des impliziten Wissens und die Technikwissenschaften*, in: Banse, G./ Ropohl; G.(Hrsg.): *Wissenskonzepte für die Ingenieurpraxis. Technikwissenschaften zwischen Erkennen und Gestalten*. VDI-Report 35; Düsseldorf.

44 Vgl. Irrgang, B. 2008: *Philosophie der Technik*; Einleitung, Darmstadt.

45 Einfügung der Autorin, die weiß, dass das Prinzip des hermeneutisches Zirkels ein offenes ist, hier diesen Zirkel des Verstehens aber von dem Verstehensprozess außerhalb eines bestimmten, eines konkreten Usability-Engineering Prozesses (im Folgenden), abgrenzen möchte.

werden. Diese *Einbettung* stellt eine große Aufgabe des Designs/ Designers von heute dar.

Das heißt im Sinne des Verstehens von Usability, das zu gestaltende gebrauchstaugliche Produkt – vor einem Welt-Horizont – neu zu denken (und damit über gut gestaltete Schaltknöpfe oder Benutzungsoberflächen hinaus zu denken). Das impliziert auch Fragen nach dem Wozu, nach der Notwendigkeit, nach dem Bedürfnis, nach dem Sinn des Produktes überhaupt:

> „Denn das Design bedeutet ja nicht allein das Entwerfen und die Herstellung von Gegenständen, vielmehr – und vielleicht zunehmend – gründet sich Design auf der Analyse der Bedingung der Möglichkeit von Gegenständen."[46]

Diese Fragen *muss* der Designer mit Blick auf das Große, *Ganze* (im Sinne eines *großen hermeneutischen Zirkels*) stellen, um die *Teile* verstehen und hinsichtlich der *Beförderung eines guten Lebens* entwickeln und gestalten zu können.

3.) Design im engen Bezug zu Technik und Technologie muss die erweiterten Dimensionen der Technik- und Technologiedeutung lt. Irrgang akzeptieren und in der Gestaltung berücksichtigen. Demzufolge müssen die Fragen der Usability, nach Effizienz und Effektivität, Nutzen und Nützlichkeit, um Fragen der Ökologie und Ethik[47] erweitert (und auch gestellt) werden. Technischen Artefakten, damit also designten, wird eine anthropologische, eine technische, eine ökologische und eine sozial-ethische Komponente und damit ein kultureller Charakter zugebilligt.[48]

Hier wäre auch ein Qualitätssprung im Vergleich zur Forderung von Gropius nach der Einheit von Kunst und Technik aus dem Jahr 1923 zu verzeichnen, die sehr wohl die sozio-technische und kultur-ästhetische Dimension des Designs erkannt hatte, aber sich noch wenig um Ökologie oder Umweltschutz gekümmert hat.

4.) Design in seiner neuen Einheit von Kunst und Technik muss sich auf das Gebrauchen und auf die Orte des Gebrauchens besinnen. Es muss das Design aus dem Museum in den Alltag, in unsere Lebenswelt, zurückholen:

> „Die Bedürfnisse der Nutzer realisieren sich in der uns umgebenden Lebenswelt; die Welt, in der wir leben, wirken, denken und schaffen."[49]

Irrgang schreibt dazu:

> „Eine hermeneutische und phänomenologische Deutung technisierter Praxis verknüpft Edmund Husserls Begriff der Lebensumwelt [...] mit Heideggers Konzept der Alltäglichkeit. [...] Technisches Alltagshandeln dient der Kontingenzbewältigung, der Bedürfnisbefriedigung, der Organisation des Überlebens und ist charakte-

---

46 S. Erlhoff zitiert nach Bürdek 1994, S. 96.
47 Vgl. den Beitrag von Manja Unger-Büttner in diesem Band.
48 Vgl. Irrgang, B. 2008.
49 S. Mayer, V. 2009: *Edmund Husserl*. München, S. 46.

risiert durch technisches Umgangswissen, durch Tradition, bisweilen durch Erfindungen und Innovationen, durch Gelingen, aber auch durch Misslingen."[50]

Je mehr technische Artefakte zu unserer alltäglichen Praxis gehören, desto mehr ist Technik mit unserem Alltag verknüpft. Das heißt auch, dass der Umgang mit Technik die alltägliche technische Praxis und somit unseren Alltag maßgeblich bestimmt.

Interaktive computerbasierte Produkte breiten sich überall aus (ubiquitous computing) und durchdringen unseren Alltag (pervasive computing). Usability bietet also eine sehr gute Chance, Design in unseren Alltag und unsere Lebenswelt(en) zurückzuholen. Technisches Alltagshandeln birgt somit hinreichende Möglichkeiten für einen gebrauchstauglichen Umgang und ästhetische Erfahrungen mit den Dingen. Denn:

„Das beste Design ist eines, welches einen Gemeinplatz hervorbringt."[51]

Design wird *ästhetischer Charakter*[52] unterstellt, und es kann in seinem bewussten und intuitiven *Bemühen zur Orientierung beitragen*[53]. In der Usability können sich im Alltag somit die Erfahrungen des technischen Handelns zur Kontingenzbewältigung, der Bedürfnisbefriedigung und der Organisation des Überlebens mit denen kulturästhetischer Rezeption verbinden:

„Technik und Kunst müssen sich (im Alltag)[54] berühren", erst dann trägt das öffentliche Leben „Zeichen einer gereiften Kultur."[55]

---

50 S. Irrgang 2010: *Philosophie der Technik*. Darmstadt, S. 8.
51 S. Richard Lethaby, zit. in Fischer/Hamilton 1990: *Theorien der Gestaltung*, S. 34; vgl. auch: Seel, M. 2003: *Ästhetik des Erscheinens*.München; Bohrer, K.-H. 1994: *Das absolute Präsens. Die Semantik ästhetischer Zeit*. Frankfurt/ M., S. 61. Auch das Hier und Jetzt ist nach Seel und Bohrer ein zentraler Aspekt des Alltags. „Besinnung auf Gegenwart" als „ein basales Moment aller ästhetischen Anschauung"; vgl. weiterhin dazu: Küpper, J./Menke, Ch. 2003: *Dimensionen ästhetischer Erfahrung*. Frankfurt/ M., S. 7-15, S. 11: Küpper und Menke stellen ebenfalls im Alltag die erweiterte Dimension ästhetischer Erfahrung fest: „Ästhetische Erfahrung kann es von allem möglichen geben; sie wird beschreibbar als eine spezifische Form des Umgangs mit Objekten, Situationen, Personen überhaupt. Damit ändert sich der Sinn des Erfahrungsbegriffs: Ästhetische Erfahrung erscheint als eine Weise, sich in der Welt zu orientieren."; vgl. auch: Dewey, John 1998: *Kunst als Erfahrung*. Frankfurt/ M., S. 51: Ähnlich äußert sich auch John Dewey, für den „jegliches praktisches Handeln ästhetischen Charakter trägt, vorausgesetzt, dass es integriert ist und sich aus eigenem Drängen heraus seiner Vollendung entgegenbewegt.".
52 Vgl. Papanek 2009 (1984 Erstauflage, London): *Design für die reale Welt*. Wien NewYork, S. 28: Design als „angewandte Kunst (...)enthält das Versprechen jener genussvollen Perzeption, die wir als ästhetische Erfahrung bezeichnen".
53 Vgl. ebd., S. 20: „Gestalten ist das bewusste und zugleich intuitive Bemühen um sinnvolle Ordnung."
54 Hinzufügung durch Autorin des Beitrages.
55 S. Fischer/Hamilton 1990, S. 21.

Schluss

Design muss in der möglichen *neuen* Einheit von Kunst und Technik, von Design und Informatik, Chancen, Visionen und Möglichkeiten zur bewussten, guten und sinnvollen Gestaltung unseres Daseins entdecken und erkennen. Design muss dazu seine Rolle in diesen *(großen und kleinen*[56]*)* Prozessen neu bestimmen. Es darf sich nicht zum Anhängsel von Marketingstrategien oder Leittechnologien machen. Es muss sich seiner kulturell-anthropologischen Rolle als Vorreiter, Vorhut, Spitze wieder bewusst werden. Denn (Design-)*Avantgarde* ist:

„ein immer wieder *großartiges* Wort, [...] – es kapitalisiert die Form des Kaps und die der Hut oder des Gedächtnisses: [...] Verantwortung des Hüters, Berufung oder Bestimmung der Erinnerung, die es auf sich nimmt, voranzugehen – vor allem wenn es sich im voraus darum handelt, zu hüten und vorwegzunehmen, um, wie der offizielle Text besagt, eine *Avantgardestellung* zu *wahren*; vor allem also, wenn es darum geht, sich selber als Vorhut zu erhalten, als Vorhut, die vorrückt, um zu wahren, was ihr zukommt und ihr aufgetragen ist, nämlich sich vorzuwagen, um zu bewahren, was ihr wiederum zukommt, die *Avantgardestellung.*"[57]

Neue philosophische Ansätze, besonders aus der Technikphilosophie, geben dem Design die notwendige methodische Verstehens-Basis. Die Technikphilosophie könnte damit Leitphilosophie des Designs werden. Sie könnte die von Bernhard E. Bürdek geforderte „disziplinäre Philosophie"[58] werden. Mit anderen Worten: der Designer erweist sich an der Schnittstelle zwischen technischer Konstruktion und lebensweltlichem Umgang als mehrfacher (Technik-)Hermeneut der gestalterischen Praxis.

Die Usability bietet vor diesem Hintergrund eine historische Möglichkeit für die neue Einheit von Kunst und Technik (Design und Informatik) zur Lebensgestaltung. Unter Einbeziehung aktueller technikhermeneutischer Perspektiven kann eine neue Basis des Verstehens, auf die sich alles Gestalten gründet, geschaffen werden. Design muss ein neues Selbstverständnis (Designethos) entwickeln und seine Rolle im Usability-Engineering Prozess neu definieren. Daraus müssen sich Anforderungen für die Designpraxis und die Lehre von Design ableiten.

---

56 Anspielung der Autorin auf die Forderung nach Neubestimmung des Designs innerhalb des Usability-Engineering-Prozesses (als kleiner Prozess) und auch außerhalb dieses, in großen Lebensgestaltungsprozessen, im Zusammenhang von Leben/ Welt/ Sein (als große Prozesse).

57 S. Derrida, Jacques: *Das andere Kap. Die aufgeschobene Demokratie. Zwei Essays.* Frankfurt a. M. 1992, in Neef 2009, S. 41.

58 S. Bürdek 1994, S. 343.

Literatur

Bohrer, K.-H. 1994: *Das absolute Präsens. Die Semantik ästhetischer Zeit*. Frankfurt/M.

Bürdek, Bernhard E. 1994: *Design. Geschichte, Theorie und Praxis der Produktgestaltung*. Köln.

Brau/Diefenbach/Hassenzahl/Burmester/Koller/Peissner/M&K Rose (Hrsg.) 2008: *Usability Professionals. Der User Experience auf der Spur*.

Dewey, John 1998: *Kunst als Erfahrung*. Frankfurt/M.

Derrida, Jacques 1992: *Das andere Kap. Die aufgeschobene Demokratie. Zwei Essays*. Frankfurt/M.

Fischer, V./Hamilton, A. (Hrsg.) 1990: *Theorien der Gestaltung*. Frankfurt/M.

Garrett, J. J. 2002: *The Elements of User Experience*. Indianapolis.

Goethe, J.W. v. 1816: *Kunst und Alterthum am Rhein und Mayn*. 1. Heft. Heidelberg.

Harries, K. 1998: *Unterwegs zur Heimat. in: Wolkenkuckucksheim, Cloud-Cuckoo-Land*, vozdushnyj zamok, Jg. 3, Heft 2, Juni 1998.

Heinsen, S.; Vogt, P. 2003: *Usability praktisch umsetzen*. München.

Igbaria, M./Schiffman, S. J./Wieckowski, T. J. 1994: The respective roles of perceived usefulness and perceived fun in the acceptance of microcomputer technology. Behaviour &. Information Technology, 13(6).

Irrgang, B. 2004: *Konzepte des impliziten Wissens und die Technikwissenschaften*, in: Banse, G./Ropohl; G.(Hrsg.): *Wissenskonzepte für die Ingenieurpraxis. Technikwissenschaften zwischen Erkennen und Gestalten*. VDI-Report 35; Düsseldorf.

Irrgang, B. 2008: *Philosophie der Technik*. Darmstadt.

Irrgang, B. 2010: *Grundriss der Technikphilosophie*. Würzburg.

Krug, S. 2005: *Don't make me think. A common sense approach to web usability*. Indianapolis.

Küpper, J.; Menke, Ch. 2003: *Dimensionen ästhetischer Erfahrung*. Frankfurt/M.

Kuniavsky, M. 2005: *Designing For User Experiences*; Vol. 135 archive Proceedings of the 2005 conference on Designing for User eXperience, San Francisco.

Mayer, V. 2009: *Edmund Husserl*. München.

Neef, S. 2009: *An Bord der Bauhaus. Zur Heimatlosigkeit der Moderne*. Bielefeld.

Norman, Donald A. 1989: *The Design of Everyday Things*. 1988, ursprünglich unter dem Titel *The Psychology of Everyday Things*, dt.: *Dinge des Alltags*.Frankfurt/M.

Papanek, V. 2009: *Design für die reale Welt*. 1. Aufl. 1984, London. Wien/New York.

Reeps, I. 2004: J*oy of Use – eine neue Qualität für interaktive Produkte*. Konstanz.

Sarodnick, F.; Brau, H. 2006: *Methoden der Usability Evaluation*. Bern.

Seel, Martin 2003: *Ästhetik des Erscheinens*. München.

Walker, John A. 1992: *Designgeschichte. Perspektiven einer wissenschaftlichen Disziplin*. München.

Internetquellen (zuletzt besucht am)

www.attrakdiff.de/Services/AttrakDiff-Basis/ (20.3.2010)
www.bauhaus-dessau.de/index.php?1923-1 (12.3.2010)
www.bauhaus-dessau.de/index.php?de_1926. (18.3.2010)
www.gi-ev.de/themen/hochschule.html (22.3.2010)
www.junkers.de/specials/bauhaus/ (05.3.2010)
http://www.nngroup.com/about/ (20.03.2010)

Design und Ethik.
Hermeneutische Ethik als Anleitung zu einer ethisch fundierten Designpraxis

Manja Unger-Büttner

In den 1990er Jahren kann man rückblickend eine Welle des Bewußtseins und Interesses für den Zusammenhang von Design und Ethik erkennen, in der versucht wurde, dieses Thema losgelöst von den komplexen Verzahnungen des ethischen Aspekts mit Gestaltungsprogrammen wie z. B. der Arts & Crafts- Bewegung oder des Bauhauses zu betrachten. Einige wichtige Beiträge aus dieser Zeit können eine Grundlage für die neuerliche Diskussion bieten, die mit einem „Brevier für Gestalter" namens ‚Form: Ethik'[1] seit 2006 eine neue Spitze erreicht zu haben scheint. Vor allem ob seiner bibliophilen Reize preisgekrönt, wirft dieses Buch einen „Blick auf das große Ganze" und klärt ethische Grundbegriffe, um eine „neue Wertedebatte im Design"[2] anzustoßen. In der vorliegenden Ausführung sollen daher keine Grundlagen oder Werte diskutiert oder ethisch vertretbare Gestaltungsgrundsätze präsentiert werden. Hier soll im ersten Teil bewußt gemacht werden, daß es zuvorderst der Fähigkeit bedarf, widersprechende Anforderungen oder Bedürfnisse auch im gestalterischen Alltag angemessen zuordnen und abwägen zu können. So wird die ethische Relevanz gestalterischer Entscheidungen am Beispiel des sogenannten ‚hypertrophierten Designs' skizziert, um dann anhand verschiedener Positionen zur Frage von Design und Ethik bereits anzudeuten, welche die Grundlagen eines praktikablen Umgangs mit dieser Frage im aktuellen beruflichen Alltag der Gestalter – und nicht in irgendeiner fernen Zukunft – sein können. Diese weisen schon auf die wichtigsten Merkmale und Anforderungen hermeneutischer Ethik hin, die im zweiten Teil kurz umrissen werden und so auch ihre Verbindungen zu grundlegenden Prozessen, Ansichten und Problemen im gestalterischen Alltag andeuten können. Diese im gesamten Text aufscheinenden Beziehungen und die Verwandtschaft von Design mit der schon etwas umfangreicher diskutierten Technikentwicklung und -gestaltung waren Ursprung der Idee, hermeneutische Ethik als Anleitung zu einer ethisch fundierten Praxis im Design publik machen zu wollen.

---

1 Eickhoff, Hajo/Teunen, Jan: *Form: Ethik. Ein Brevier für Gestalter*. München 2006.
2 Vgl. Erläuterungen der dieses Buch publizierenden Agentur Kochan & Partner: http://www.kochan.de/de/loesungen/design/typographie/form_ethik/index.php, Stand 10.1.2010.

Ethische Fragen im Gestaltungsprozeß?

Design betrifft nicht nur den Designerstuhl, den man im Museum bewundern kann. Design ist nicht nur die Designerjeans vom angesagten Mode-Label. Design kann man sich kaum entziehen, denn jeder Gegenstand, alle Medien, sogar Dienstleistungen[3] sind immer irgendwie gestaltet, sind „Resultat von Absichten geleiteten Tuns, mithin von etwas, das schierem Zufall entgegengesetzt ist."[4] Der Begriff Design dient heute bekanntlich selbst für „Brötchen, Haare oder Fingernägel."[5] Es gibt Designer, die hochspezialisiert kleinste Einzelheiten wie Scharniere, Stoffmuster oder Schriftarten entwerfen und Designer oder Teams von Gestaltern in komplexesten Projekten, die ganze Dienstleistungssysteme oder Unternehmen entwickeln.[6] Diese Vielfältigkeit seines Gegenstandes schließt eine restlose Begriffsklärung von Design nahezu aus, auch durch die unterschiedliche Verwendung in den verschiedenen Sprachen.[7] Andreas Dorschel erwähnt, es liege die Vermutung nahe, „das Ästhetische sei auch ein Trost darüber, daß nichts jemals einwandfrei funktioniert."[8] Hier wird die Verbindung von Ästhetik, Design und Technik sichtbar. Das ‚Wörterbuch Design' beschreibt sein namengebendes Thema als:

> „unausweichliche Komponente im Umgang mit den neuen Potenzialen und auch Ängsten und Problemen, die aus den heftigen technologischen Entwicklungen und Veränderungen sozioökonomischer und politischer Kontexte resultierten."[9]

Diese hatten ihre Anfänge in der Industrialisierung[10] und bis heute ist Design u. A. der gestalterische Teil und Anfang industrieller Produktion. Serien- oder Massenproduktion ist ein Weg, einer besseren Lebensqualität näherzukommen. Sie verbilligt Produkte, selbst Luxusgüter, so weit, daß auch größere Bevölkerungsschichten von kulturellen Errungenschaften profitieren können. Der Industriedesigner Otto Sudrow nennt dies eine Demokratisierung der Lebensmittel – zu deren Wert und damit der Lebensqualität der Menschen die Designer einen Beitrag leisten.[11]

---

3   Vgl. Erlhoff, Michael/Marshall, Tim (Hg.): *Wörterbuch Design. Begriffliche Perspektiven des Design* (im Folgenden abgekürzt: WB Design). Berlin 2008, S. 89.

4   Dorschel, Andreas: *Gestaltung – Zur Ästhetik des Brauchbaren.* Heidelberg, 2003, S. 64. Außerdem zitiert Dorschel hier Karl Kraus: „Gegen den Fluch des Gestaltenmüssens ist kein Kraut gewachsen."

5   WB Design, S. 87.

6   Vgl. ebd., S. 92.

7   Vgl. ebd., S. 87.

8   Dorschel 2003, S. 71.

9   WB Design, S. 89.

10 Vgl. Irrgang, Bernhard: *Technische Praxis. Gestaltungsperspektiven technischer Entwicklung,* Philosophie der Technik Bd. 2, Paderborn 2002, S. 72-87.

11 Vgl. Sudrow, Otto: *Industrial Design,* in: Stankowski, Anton/Duschek, Karl (Hg.): *Visuelle Kommunikation. Ein Designhandbuch.* Berlin 1989, S. 245.

„Design, ob grafisch, in Produktform oder in Prozessen, ist „ein gesellschaftlicher Verstärker, und diese Eigenschaft ist es, die die Verantwortlichkeit seines Schöpfers fordert."[12]

Wie umfangreich sich z. B. ein übertriebenes Ausreizen dieser Verstärker-Funktion des Designs auf die Nutzer auswirken kann, hat Lois F. Funk unter dem Begriff des hypertrophierten Designs dargelegt: Neuere Techniken wie CAD (Computer Aided Design), CNC (Computerized Numerical Control – elektronische Steuerung von Werkzeugmaschinen) usw. kommen dem Wunsch nach immer stärker variierenden Produktgestalten sehr entgegen. Ohne zeitintensives Maschinenumrüsten ermöglichen sie immer wieder neue Produktoberflächen, ein unkompliziertes Eingehen auf Kundenwünsche und die sogenannten Trends. Als Grund dafür wird eine „Invasion des Ästhetischen"[13] genannt, die ihren Ursprung in der Durchdringung der Massenproduktkultur mit Design habe und heute auf ihrem Höhepunkt sei. Folge dieses ‚Design-Hypes' seien Abstumpfungseffekte beim Nutzer, die immer mehr Aufwand erfordern, neuen Produkten Aufmerksamkeit zu sichern.[14] Der „Verschleiß des Aussehens" ist heute schneller als technischer Verschleiß. Lucius Burckhardt erwähnte dies bereits 1977.[15] Außerdem gilt der Konsument als schwer erziehbar, „gerade in dem Punkt der Neuerungssucht, auf dem die Wegwerfmentalität ja beruht."[16]

Die Möglichkeit immer schnellerer Gestaltwechsel beim Produkt verleitet Hersteller wiederum dazu, angeblichen „Kundenwünschen nach überhöhter Produktgestalt"[17] unreflektiert nachzukommen, was unausgereifte Produkte auf dem Markt zur Folge haben oder auch die Spirale der immer spektakuläreren Gestaltung weiter treiben kann. Diese einseitige äußerliche Überhöhung der Produktgestalt zum Absetzen der eigenen Produkte gegen Konkurrenz oder auch um sich z. B. als Gestalter ein auffälliges Image zu verschaffen, nennt Funk hypertrophiertes Design.

„Bei Gütern, die in ihrer Formausprägung hinsichtlich eines optimalen Funktionsnutzens nicht mehr zu verbessern sind (z. B. Tassen, Teller und Eßbesteck), muß ein solches Vorgehen zwangsläufig zu Hypertrophierung der Gestalt führen."[18]

Auch Funk sieht, wie der Philosoph Wolfgang Welsch, derartige Tendenzen in einem derzeit komplexen, allumfassenden Ästhetisierungsbestreben im Alltag

12   Moles, Abraham: *Das Grafik-Design konstruiert die Lesbarkeit der Welt*, in: Stankowski, Anton, Duschek, Karl: *Visuelle Kommunikation. Ein Designhandbuch*. Berlin 1989, S. 18.

13   Selle, Gert: *Geschichte des Design in Deutschland*. Frankfurt/Main 2007, S. 338.

14   Vgl. ebd.

15   Vgl. Burckhardt, Lucius: *Design = unsichtbar*. Ostfildern 1995, S. 60.

16   Irrgang, Bernhard: *Hermeneutische Ethik. Pragmatisch-ethische Orientierung in technologischen Gesellschaften*. Darmstadt 2007, S. 177 (Im Folgenden abgekürzt: HE).

17   Funk, Lois Ferdinand: *Hypertrophiertes Design und Konsumverhalten. Wirkungsanalyse des Phänomens nebst Ansätzen zu einer Neuorientierung*. Berlin 2000, S. 145.

18   Ebd., S. 147.

begründet.[19] Hypertrophie des Designs liege somit vor, wenn das Produktäußere durch „gestalterische Effekthascherei"[20] so stark verfremdet wird, daß dessen „semantische Funktion verkümmert, daß also die Bedeutung des Objektes nicht mehr erkennbar ist"[21] – wenn die ästhetische Funktion eines Produktes dessen Gebrauchsfunktion(en) übertönt. Da jeder Mensch manche Dinge zum Leben zu brauchen meint,[22] muß er einen gewissen Teil der ihm zur Verfügung stehenden Zeit und Energie zur Beschaffung, Benutzung und Entsorgung dieser Objekte aufwenden. Gemeint ist nicht nur die der Umwelt entnommene Energie, sondern auch physische wie psychische Energie von seiten des Benutzers selbst. Auch ohne nähere Beschäftigung mit den ernstzunehmenden Folgen schlecht benutzbarer oder unbrauchbarer Dinge auf die seelische Entwicklung des Menschen[23] ist einsehbar, daß solche Artefakte – so sie tatsächlich zur Erfüllung einer Gebrauchsfunktion und nicht ganz bewußt nur um des visuellen Reizes Willen erworben worden waren – Zeit ihrer Benutzung unnötig mehr Energie verbrauchen können (z. B. durch schwierigeres Verstehen bzw. komplizierte Handhabung) bzw. früher oder später ersetzt werden. So kann „aus einer sinnlos eingesetzten psychischen Energie auch ein nutzloser Verbrauch anderer Arten von Energien"[24] folgen. Die schnelle Begeisterung beispielsweise für die Idee eines Haartrockners in Gestalt einer Ente[25], kann also umfangreiche Auswirkungen haben. Die Ausführungen Funks in seinem Beitrag zur Verhaltensforschung sind wirklich beachtenswert, doch scheint der Begriff des hypertrophierten Designs wenig Eingang in Design-Diskussionen genommen zu haben. Gerade deshalb soll dieses Beispiel als eines von unzähligen dienen, die Konflikte im gestalterischen Alltag verdeutlichen können.[26]

---

19 Ebd., S. 17, zudem Welsch, Wolfgang: *Grenzgänge der Ästhetik.* Stuttgart 1996, S. 9-105.

20 Funk 2000, S 43.

21 Ebd.

22 Vgl. schon Csikszentmihalyi, Mihaly/Rochberg-Halton, Eugene: *Der Sinn der Dinge. Das Selbst und die Symbole des Wohnbereichs.* München 1989, S. 108: „Die elementarste Einsicht über uns Menschen, die Tatsache nämlich, dass wir wirklich Menschen *sind*, ist uns seit jeher durch die Benutzung von Gebrauchsgegenständen vermittelt worden. Zivilisierte Menschen bringen ihre Identität als Mensch durch das Tragen von Kleidern, Kochen ihrer Nahrung und die Nahrungsaufnahme mit Eßgeschirr, durch Wohnen in Häusern und Schlafen in Betten zum Ausdruck. Menschen, die sich für „zivilisiert" halten, unterscheiden sich von „primitiven" Menschen hauptsächlich in der Vielfalt und Komplexität der Gegenstände, mit denen sie interagieren."

23 Vgl. dazu Funk 2000, S. 66ff.

24 Ebd.

25 Vgl. ebd., S. 107 bzw. S. 207 (Abbildung): Ein Haartrockengerät namens „Crazy Duck".

26 Werchan z. B. demonstriert verschiedene Grundhaltungen zur Ethik im Design am Beispiel eines Auftragsangebotes des Militärs. Vgl. Werchan, Hans-Ulrich: *Ethisch leben trotz Design.* In: Burg Giebichenstein, Hochschule für Kunst und Design (Hg.): *Design & Ethik.* 15. Designwissenschaftliches Kolloquium. Halle/Saale 1994, S. 143 – 148 (im

Als eine Alternative zu derartig übertrieben individualisierten Entwürfen bietet sich übrigens der Gedanke eines allgemeingültigen Designs für alle an. Dieser würde wiederum den bestehenden Pluralismus zwischen einzelnen Menschen, Bevölkerungsgruppen und Kulturen nicht anerkennen.[27]

Ganz bewußt soll hier auf weitere Beispiele, z. B. aus den umfangreichen Diskussionen zu Ästhetik[28], Funktionalität[29] oder der sozialen und ökologischen Folge-Problematik von Design[30] verzichtet werden. Am Fall des hypertrophierten Designs zeigt sich bereits, daß die meisten Aufgabenstellungen im gestalterischen Alltag ein Konglomerat aus Fragen der Ästhetik, Funktionalität und vielem Verschiedenem mehr darstellen. Weitere Beispiele an dieser Stelle könnten auch zu Forderungen an das Design oder Gestaltungsratschlägen verleiten, die bereits umfangreich diskutiert werden.[31] Thema hier ist, eine Möglichkeit für Gestalter aufzuzeigen, Konfliktsituationen praxisrelevant ausformulieren, abwägen und interpretieren zu können.

Ethik – oder wie man dazu kommt, etwas als moralisch gut zu beurteilen

Es ist zu beachten, daß es bei Diskussionen über Ethik im Design in erster Linie um die Gestalter und darum geht, was sie in ihrem Beruf und als Menschen tun; weniger um die Ergebnisse ihres Tuns. Diese können aber das Verhalten der Nutzer beeinflussen. Maser nennt hier als Beispiele Pornografie oder Gewalt im Internet.[32] Eine von weiterer Verantwortung entbindende Einstellung zu ethischen Problemen im Design besagt, die Aufgabe des Designers sei es, einfach

---

Folgenden abgekürzt: *Design & Ethik*).

27　„Die Anonymität solcher Entwürfe führt zum Bedürfnis nach Individualisierung und Aneignung, das in eigenwilliger Umnutzung des Gegenstandes (> Non Intentional Design) Ausdruck finden oder durch Gebrauchsspuren (> Patina) überwunden werden kann. So erklärt sich auch, warum es immer wieder neue Entwürfe für ein einfaches Objekt wie ein Möbel geben wird." (WB Design, S. 47.)

28　Zu Ästhetisierungsprozessen und ethischen Implikationen der neueren Ästhetik vgl. Welsch, 1996.

29　Vgl. z. B. Dorschel 2003, S. 64 – 82.

30　Vgl. z. B. HE, S. 168 – 187.

31　Vgl. Eickhoff/Teunen, 2006; oder auch HE, S.176f: „Es kommt auf die Bedeutung dieser Waren an, auf die Intention, die durch das Design diesen Waren aufgeprägt wurde. Daher gilt Design als zynische Form der Werbung. In diesem Zusammenhang ist von einer Verantwortlichkeit des Designers auszugehen, denn das Design muss sozial und nützlich ausgerichtet sein. Es müßte sogar grünes Design geben. Jedenfalls hätte ein solches Design die kreativen Fähigkeiten des Konsumenten hervorzuheben. Dagegen zeugt die Realität von einer ideologischen Konstruktion der Konsumideologie als eines Lebensstils [...]."

32　Vgl. Maser, Siegfried: *Von der Moral der Gegenstände zur Inszenierung der Moral?* In: Sturm, Hermann (Hg.): *Geste & Gewissen im Design.* Köln 1997, S. 100.

„gutes Design" hervorzubringen, egal ob er mit Sinn und Zweck oder der Bedeutung des Produktes übereinstimmt. Alex Cameron vergleicht dies mit der
Aufgabe eines Übersetzers vor Gericht: er müsse regelrecht Distanz zu den Vorgängen um die Sache herum halten, um eine gute Übersetzung liefern zu können.[33] Der Gestalter als Autor und Urheber hat aber nach Hansjerg Maier-Aichen

> „[...] als ein entscheidender Faktor in der Entscheidungskette von Produktion und
> Produkt für den Menschen auch Verantwortung jenseits des ästhetischen Aspekts.
> Mit seiner Verantwortung, die bestimmenden Bewegungen in das Spiel von Produk-
> tionsentscheidungen im Unternehmen einzubringen, sagt er etwas aus über sein Ge-
> wissen und seine Haltung, was weit über die formalen Lösungen hinaus von Bedeu-
> tung ist."[34]

Auch ohne persönliches Augenmerk auf ethische Belange demonstrieren Gestalter also ihre moralische Einstellung in jedem Lösungsansatz zu ihren alltäglichen Aufgabenstellungen. Diese sind aber immer Teil einer überindividuellen
Dynamik der Erzeugung technischer Artefakte und sozialer wie prozessualer
Zusammenhänge.[35] Das erschwert eine Zuschreibung individueller Verantwortung ungemein[36], was aber nicht befreit vom Bewußtmachen der eigenen Position und Auswirkungen in diesem System. Horst Oehlke sieht eine engere und
eine weitere Verantwortung im Design: erstere ist „in den kommunikativ-ästhe-
tischen Funktionen von Designobjekten und ihren entsprechenden anhängigen

---

33 Vgl. Cameron, Alex: *Gutes oder schlechtes Design – eine Frage der Moral?* http://www.
    novo-magazin.de/44/novo4446.htm (Stand 27. 12. 2009).
34 Maier-Aichen, Hansjerg: *Gesten beruhigen das Gewissen.* In: Sturm 1997, S. 125f.; au-
    ßerdem: Remmers, Burkhard: *Von der Moral der Dinge zur Moral des Handelns – ethi-
    sche Dimensionen des Design in einer globalisierten Welt.* In: Verein Deutscher Indus-
    trie-Designer (VDID): *Fachtagung Design und Ethik*, 24. November 2006. Über den
    Verein erhältliches Skript: „Im Produktdesign wird entschieden, welche Materialien und
    Energien verbraucht, welche Emissionen freigesetzt, wie viele Arbeitsplätze unter wel-
    chen Bedingungen an welchen Orten geschaffen werden, welche Wertschöpfung für Un-
    ternehmen, Mitarbeiterschaft und Marktpartner damit verbunden ist, wie viele Stückzah-
    len umgesetzt werden, wie lange und wie gut ein Unternehmen damit verdient und in
    welchen Märkten der Welt Erfolge erzielt werden können. Der Designbegriff geht unter
    ethischen Aspekten jedoch über die Produktgestaltung hinaus – in einem ganzheitlichen
    Verständnis umfasst er auch die Architektur, die gesamten Geschäftsprozesse und die
    Kommunikation des Unternehmens."
35 Vgl. Glotzbach, Ulrich: *Technikstil und Gestalt. Zur Ethik gestaltenden Handelns.*
    Hamburg 2006, S. 177 sowie Oehlke, Horst: *Design im Konflikt zwischen Anspruch und
    Realität*, in: *Design & Ethik*, 1994, S. 114.
36 Siehe auch Oehlke 1994, S. 114.: „Infolge seiner arbeitsteiligen und damit durchaus auch
    gewollten, notwendigen und akzeptierten Spezifik des Gegenstandes seiner Tätigkeit und
    dem damit zusammenhängenden Erfordernis der Kooperation mit vielen anderen Diszi-
    plinen und Kompetenz- bzw. Entscheidungsebenen kann es [das Design, Anm. d. V.]
    sich drehen und wenden wie es will, es sitzt wie immer zwischen den Stühlen."

Prozessen"[37] zu sehen – und viele Designer vertreten diese „mit Anstand und Fug und Recht". Aber das genügt laut Oehlke nicht:

„Mit seiner professionellen Kompetenz ist das Design geradezu verpflichtet, teilzunehmen an der Gesamtverantwortung bei Entwicklungen, in Prozessen, die heute erkennbar vonstatten gehen."[38]

Anerkennung der beständig variierenden sozialen Aspekte und eine Teilnahme am ökologischen Disput sind hier freilich inbegriffen.

„Diese engere und weitere Verantwortung darf keine Spaltung zulassen. Nicht hier und heute Designer mit Anspruch auf öffentlichen Erfolg, dort aber und zu anderer Zeit Bürger, der sich am Ende von seinen eigenen Handlungen betroffen fühlen muß."[39]

Ethik hat Konjunktur.[40] Dieser Umstand kann als Zeichen verstanden werden, daß Vorstellungen über Werte und deren Umsetzung nicht mehr mit der gesellschaftlichen Realität übereinstimmen.[41] Viel Kritisches zu Entwicklungen im Design und in der Welt könnte man also aufführen oder zitieren.[42] Die persönlichen Positionierungen zum Thema Ethik „changieren bei gestandenen Designern wie bei Studenten zwischen den Extremen von Romantik bis Zynismus, von Aktionismus bis Verweigerung, von Apokalyptik bis Ästhetisierung."[43] Oehlke vergleicht dies mit Schizophrenie. Als Leitbilder für die Design-Profession sollten aber weder der bedingungslose Karrierist noch der prinzipielle Verweigerer dienen.[44] Nach Otl Aicher ist der Designer ein Moralist. „er lebt nicht leicht." Er sitzt zwischen allen Stühlen und:

„hat spannungen, differenzen und konflikte auszutragen, die sich aus den verschiedenen ansprüchen ergeben, die an ein produkt gestellt werden. am schluß

37 Ebd., S. 114.
38 Ebd., S. 115.
39 Ebd.
40 Vgl. Seel, Martin: *Ethisch-ästhetische Studien*. Frankfurt/Main 1996, S. 11: „Die gegenwärtige Konjunktur der Ethik ist eine Folge ihrer Krise. Konjunktur hat die Ethik heute vor allem dort, wo sie über ihre im modernen Denken eng gesteckten Grenzen blickt – im Bereich einer Ethik des guten Lebens und in dem der »angewandten« Ethik."
41 Vgl. Eickhoff/Teunen, 2006, S. 26.
42 Z. B. Aicher, Otl: *die welt als entwurf*. Berlin 1992, S. 18: „wir richten uns ein in der schönheit selbst, auch wenn wir bald im müll ersticken und die welt dabei ist, kaputtzugehen. [...] wir tragen, was schön macht, und die obersten dienstleistungen der dienstleistungsgesellschaft sind die der verschönerung, des stylings und designs. wir leben inzwischen in einer designgesellschaft des putzes." (Anm. d. V.: Ausschließliche Kleinschreibung im Original).
43 Oehlke 1994, S. 115.
44 Vgl. ebd., aber auch Suckow, Michael: *Von guten Zwecken und geheiligten Mitteln – Vermutungen über eine Ethik der Gegenständlichkeit*, in: *Design & Ethik*, 1994, S. 144: „Die Verweigerung ist die einzige Option direkt ethisch relevanten Handelns als Designer. Damit hat man aber gleichzeitig aufgehört, Designer zu sein."

muß er sich sogar fragen, was ein techniker am wenigsten fragt, ein kaufmann noch weniger, nämlich, wozu das produkt gut sein soll. wer hält das aus?"[45]

Die heutige Einbindung von Design in Industrie und Wirtschaft konfrontiert Gestalter aber immer mehr und besonders in den quantitativen Folgen mit praktischen Konsequenzen,[46] wie z. B. denen „ökologischen" Designs, das am Naturverbrauch letztlich gar nichts ändert. Diese Einbindung wiederum sollte nicht dazu verleiten, Fragen nach Ethik im Design z. B. durch andere, teils schon etablierte Bereichsethiken[47] beantworten zu wollen – obwohl manche Verbindung nicht zu vernachlässigen ist.[48]

Über ihre designerischen Freiräume haben und nutzen Gestalter die Möglichkeit, Projekte bspw. sozial oder ökologisch positiv zu beeinflussen, teilweise auch entgegen eventueller Ignoranz von Auftraggeberseite.[49] Gestalterische Provokation ist ein beliebtes Mittel, festgefahrenes Denken und gesellschaftliche Mißstände in öffentliche Debatten zu bringen.[50] Rainer Funkes „Gestalte nur, was Du selbst an Gestalt erleben kannst und willst!"[51] könnte als ein gestalterischer Imperativ über den Schreibtischen der Designer hängen. In der punktuell auffindbaren Literatur über eine Ethik für Gestalter sind manche Versuche zur Festschreibung berufspezifischer, moralisch begründeter Handlungshinweise unternommen worden. Der Verein deutscher Industrie-Designer (VDID) hat eigene Arbeitsgruppen zum Verfassen einer Ethik und eines Berufskodex für Designer gegründet.[52]

---

45 Aicher 1992, S. 78.
46 Vgl. Oehlke 1994, S. 113f.
47 Vgl. z.B. HE, S. 142: „Ansätze zur Wirtschaftsethik finden in Industrieländern zunehmend Eingang in die betriebliche Praxis, aber die Anwendung ethischer Reflexion zur unternehmerischen Technikgestaltung steckt vergleichsweise noch in den Kinderschuhen."
48 „Mit steigender Bedeutung des Design für den Unternehmenserfolg werden Designer immer mehr in die unternehmerischen Prozesse integriert. Designer laufen hierbei Gefahr, von den vermeintlichen Sachzwängen erdrückt zu werden, wenn sie kein klares ethisches Fundament verinnerlicht haben. Weil Designer von ihrem Berufsbild her untrennbar mit der Wirtschaft verbunden sind, berühren alle Überlegungen zu einer Designethik automatisch Fragen der Wirtschaftsethik. Eine Designethik muss daher mit einer umfassenden Wirtschaftsethik abgestimmt sein." (Böninger, Christoph: Wirtschaftsethik und Design, Vortrag VDID-Fachtagung Design und Ethik am 24. November 2006.)
49 Zur gestalterischen und ökonomischen Abhängigkeit der Designer von Auftraggebern/ Herstellern vgl. z. B. Funk 2000, S. 147f.
50 Vgl. Werchan 1994, S. 146, bzw. WB Design, S. 80.
51 Funke, Rainer: Die Rückkehr zum Narzismus. In: Design & Ethik 1994, S. 31.
52 Bereits bei Oehlke (1994, S. 114) ist davon die Rede und aktuell wird in einem neu zusammengetretenen, nun überregionalen Team intensiv gearbeitet. Im Ausland ist man da vermeintlich weiter. Das amerikanische Gegenstück zum VDID, die Industrial Designers Society of America (IDSA), schmückt ihren Internet-Auftritt mit einem Code of Ethics. Die Forderungen, kurz zusammengefaßt: keine ethisch verwerflichen Projekte annehmen, hohe Qualität anstreben, Interessenskonflikte vermeiden, fairer Umgang mit

Im Verein Deutscher Ingenieure wurde offenbar bereits erkannt, daß es schwer möglich ist, für ihren Bereich

> „eine Standesethik zu formulieren, die von allen Ingenieuren und der Gesellschaft getragen und die allen auch in Zukunft auftretenden Fragestellungen gerecht werden kann. Ethische Wertungen und Entscheidungen werden deshalb immer Einzelentscheidungen verantwortlich handelnder Personen oder Gruppen bleiben und müssen immer wieder neu erarbeitet werden."[53]

Eindeutige moralische Richtlinien oder Maßgaben an Designer könnten außerdem als Widerspruch gegen ihre entwerferische Eigenverantwortung mißverstanden werden, von der entbunden nur die vielzitierte selbstverschuldete Unmündigkeit gefördert würde.[54] Vielleicht sollte der Stolz der Designer auf ihre gestalterische Selbstverantwortlichkeit nicht im Bereich der Ethik abgebremst und das Servieren-Wollen fertiger Moral-Grundsätze für Gestalter oder ein voreiliger Verweis auf eine noch zu zeigende Notwendigkeit berufsspezifischer Expertise in Frage gestellt werden. Selbstverantwortung könnte gefördert werden, indem reflektierte persönliche Entscheidungsfindung in ethischen Belangen von Designern stärker beachtet würde, denn:

> „Ethik ist nicht teilbar. Bei allem, was der Mensch tut – ob er als Produzent oder Kunde, als Handwerker, Ökonom oder Gestalter handelt –, er bleibt Mensch."[55]

Entlang ihrer persönlichen moralischen Vorbildung schlagen Gestalter sich durch den Berufsalltag, dessen vielleicht auch gänzlich unbewußt, weil das Thema Ethik schon in der Designausbildung wenig Raum findet.[56] Eigene Erfahrungen und moralisches Gespür scheinen in manchen Entscheidungssituationen nicht zu genügen oder werden ignoriert, auch weil es zu mühsam, teils (auch zeitlich) unmöglich anmutet, z. B. Geldgeber oder Vorgesetzte von Alternativen zu überzeugen, Argumente oder Konsens zu finden. Häufig ist eine solche Erfahrung der Passivität aber auch Anfang des Fragens nach Ethik:

Kollegen, Angestellten und Studenten; Nachwuchsförderung. – Über die berufsspezifische Aussagekraft solcher Selbstzuschreibungen und deren Umsetzung ließe sich streiten. So mancher Workshop unter freiwillig zum Thema zusammengekommenen Gestaltern scheint ergiebiger und praxisnäher. Protokolle entsprechender Treffen im VDID liegen der Verf. vor und boten mehr und brauchbarere Denkanstöße als der ausformulierte amerikanische Ethik-Kodex (vgl. http://www.idsa.org/absolutenm/templates/?=57&z=0, Stand 28. 12. 2009).

53 VDE/VDI-Arbeitskreis Gesellschaft und Technik, Stuttgart: *Verantwortlichkeit von Ingenieuren als Ziel und Bildungsaufgabe*, http://wiv.vdi-bezirksverein.de/akgpop01.htm (Stand 28. 12. 2009).

54 Vgl. Zeitschrift form, Nr. 144, *„Designer in die Politik?"* (Stellungnahme Bernd Meurer) Basel 1993, S. 21.

55 Eickhoff/Teunen 2006, S. 10.

56 Vgl. z. B. HE, S. 142.

„Längst sind wir eingeführt in die Ordnung jener Subjekte, die um Anerkennung ringen, die Respekt verlangen, die auf der Suche nach Selbstschätzung sind, und die erfahren müssen, dass sie genau in dieser Absicht schon immer mit anderen verstrickt sind, wodurch jedes Verlangen komplex und risikobehaftet wird."[57]

Den Ansatzpunkt für moralische Stärkung und ethische Grundmotivation im Design sieht Horst Oehlke in der Ausbildung, denn hier werden die Weichen gestellt. Er erwähnt, daß Studierende ihre Eigenverantwortung und Selbstbestimmung vehement einfordern, was Lehrende aber nicht von ihrer „Last der Verantwortung für die Ausbildung von Verhaltensweisen" befreie.[58] Nicht nur weil momentan die Frage nach Ethik im Design verstärkt diskutiert wird, jede noch so kleine Designagentur eine sogenannte „Philosophie" formulieren zu müssen meint, ist jetzt ein guter Zeitpunkt, eine bessere Herausbildung sozialer Kompetenzen und ethischen Bewußtseins im Design zu fordern. Sondern die sich hierin zeigende Bereitschaft, ganz persönlich über ethische Belange nachzudenken, sich weiterzubilden, muß aktiv genutzt werden, nicht nur in der Ausbildung neuer Designer. Das öffentliche und offenbar auch private Interesse der Gestalter an Ethik[59] sollte allerdings nicht durch schnelles Etablieren spezifischen Expertentums abgebremst, sondern als Energie genutzt werden, auch jedem Designer in Ausbildung wie Berufsleben ethischen Kompetenzerwerb nahezulegen. Andernfalls fördert man wohl eher eine Verantwortungsabwälzung, wie Ulrich Glotzbach es treffend formulierte.[60]

Design und Hermeneutische Ethik im Paradigma der „Selbstverwirklichung und Kreativität in der Verantwortung für sich selbst"[61]

Entgegen mancher Tendenzen in der Design-Profession, ein Berufsethos festschreiben zu wollen, betont eine hermeneutische Ethik „die Wiederkehr des handelnden Individuums"[62] – ob im Konzern oder in der Ein-Mann-Agentur. Die

---

57 Wils, Jean-Pierre: *Nachsicht. Studien zu einer ethisch-hermeneutischen Basiskategorie.* Paderborn 2006, S. 186.
58 Oehlke1994, S. 115.
59 Die zahlreiche und wiederholte Teilnahme von beruflich stark eingespannten Designern bspw. an Workshops und Arbeitsgruppen des VDID ist beachtenswert (vgl. www.vdid. de).
60 Glotzbach 2006, S. 177: „Wenn das (Verantwortung, Anm. d. V.) vom Einzelnen als Zumutung verstanden wird, dann deshalb, weil zum einen die Verteilung von Entscheidung und Macht in hierarchisierten Sozialsystemen eine *Verantwortungsverteilung* oder *Verantwortungsverdünnung*, und zum anderen die Möglichkeit der Einholung wissenschaftlicher Expertise, mit dem wissenschaftseigenen Anspruch auf Feststellung von Faktizität, eine *Verantwortungsabwälzung* scheinbar erlaubt und so eine falsche Sicherheit möglichen Handelns in der technisierten Welt vorgaukelt."
61 HE, S. 74.
62 Ebd., S. 137.

Ausbildung einer moralischen Persönlichkeit geht über jeden Standesethos hinaus.[63] Betrachtet man Design als eine Disziplin, die die Überzeugungskraft von Objekten nutzt, um praktisches Handeln zu beeinflussen, muß man anerkennen, daß Design immer auch Ausdruck konkurrierender Vorstellungen über das (soziale) Leben ist.[64] Hermeneutische Ethik basiert auf einer realistischen Sicht auf solche divergierende Ansichten und einer Anerkennung des menschlichen Wunsches nach Freiheit, Selbstverwirklichung und Freude am eigenen Leben.[65] Eine Ermutigung zur persönlichen Kompetenzerhöhung in Belangen der Ethik soll also nicht dem allgemeinen Diskurs über Konflikte entgegenstehen, sondern in Zeiten der Individualisierung eine „Ethik des aufgeklärten Selbstbestimmungsrechtes im sozialen Kontext"[66] vermitteln. Wer das bereits erwähnte „Passivum" erkannt hat, daß wir alle schon aufgrund einer „geteilten Verletzlichkeit, einer gemeinsamen Körperlichkeit"[67] einem gemeinsamen Risiko ausgesetzt sind, wird jeglichem Lösungsverhalten und übertriebenem Versprechen moralischer Mündigkeit mit Skepsis begegnen. Wils zitiert hier Alasdair MacIntyre, um den „Schlüssel zur Unabhängigkeit" in der Ethik zu zeigen: „die Anerkennung der Abhängigkeit" von Vorgaben und den Anderen in jeglicher Ethik.[68] Ethik kann die Subjektivität aller Beteiligten und auch deren Endlichkeit nie hinter sich lassen. Hermeneutische Ethik als „Variante dieser Abhängigkeitsbehauptung"[69] ist immer im Zusammenhang mit Verstehen, persönlichen Haltungen und Überzeugungen zu betrachten.[70] Politisch gesehen kann man hermeneutische Ethik somit als Liberalismus unter den Leitbildern der Nachhaltigkeit und sozialen Verantwortlichkeit verstehen, ohne Dogmatismus, und als Produkt ethisch abgesicherten Abwägens. Selbstverwirklichung steht dabei gegen bürokratische Kollektivismen.[71] So formulierte bereits schon Otl Aicher:

> „die tätigkeit des designers besteht darin, ordnung in einem konfliktfeld heterogener faktoren zu schaffen, zu werten." [72]

Das Abwägen möglicher Folgen oder widersprechender Erfordernisse in Konflikten ist dabei noch keine Ethik, wie Irrgang sagt, aber „unverzichtbarer empirischer Bestandteil einer Verantwortungsethik."[73] Hermeneutische Ethik bietet

---

63   Vgl. ebd., S. 137f.
64   Vgl. Buchanan, Richard: *Declaration by Design: Rhetorik, Argument und Darstellung in der Designpraxis.* In: Joost, Gesche/Scheuermann, Arne (Hg.): *Design als Rhetorik. Grundlagen, Positionen, Fallstudien.* Berlin 2008, S. 54.
65   Vgl. HE, S. 66 – 75.
66   Ebd., S. 75.
67   Wils, 2006, S. 186.
68   Vgl. ebd., S. 187.
69   Ebd., S. 187.
70   „Verstehen ist die Voraussetzung für situationsangemessenes Handeln." (HE, S. 95)
71   Vgl. HE, S. 75.
72   Aicher, 1992, S. 67.
73   HE, S. 19.

„Interpretationsregeln zur Erhöhung der ethischen Kompetenz für sachgemäße Entscheidungen" und wird von Irrgang z. B. für berufsspezifische Konfliktfälle empfohlen.[74] Sie sollte trotzdem nicht auf Regelaufstellung reduziert werden. Die Kunst, diese Regeln anzuwenden und Ausnahmen zu prüfen, kann durch die Bewertung von Fallbeispielen eingeübt werden[75], wobei Leitlinien wie in jeder Ethik unumgehbar, bei der hermeneutischen Ethik aber anders ausgerichtet sind. In den meisten neuzeitlichen Ethiken z. B. wurde die Komplexität von Handlungen zugunsten größtmöglicher Widerspruchsfreiheit auf jeweils nur einen Aspekt reduziert. Bei Kant bestimmt die Regel die Handlung, im Konsequentialismus werden nur mehr die Handlungsfolgen berücksichtigt und so weiter. Heute ist die Bedeutung der Einbettung solcher Handlungen in die alltägliche Praxis allgemein bewußt, praktische Ethik viel diskutiert. Bei der wissenschaftlichen Beschäftigung mit Design und dessen alltäglichem Vollzug sollte daher vom Konzept des impliziten Umgangswissens[76] auf seiten des Gestalters ausgegangen werden. Manche wesentliche Entscheidungen der Designpraxis können doch immer noch nur „außerhalb des begrifflichen Denkens erfolgen", meint auch der Kunstgeschichtler und Philosoph Ulrich Heinen.[77] Der Designtheoretiker Peter Stephan betrachtet den gesamten spezifischen Denkstil und Wissenstypus des Designers als unsprachlich. Beide äußern sich im Entwurfsprozeß und dessen Produkten.[78] So wichtig z. B. Naturwissenschaften für technische Entwicklungen sind – diese Prozesse basieren immer auf einem bewußten wie unbewußten Abwägen von Werten:

> „Diese Werte fungieren bei der Designarbeit als wichtige Prämissen, die sich unmittelbar auswirken auf die essenziellen Eigenschaften des gestalteten Objekts, und nicht nur auf dessen oberflächliche Erscheinung."[79]

Darauf sollte in Diskussionen über Design Rücksicht genommen werden. Design ist in erster Linie Praxis und es ist für Gestalter mit moralischen Konflikten im beruflichen Alltag, hier und jetzt, sicher wenig förderlich, dargelegt zu bekommen, ihre Tätigkeit könne keine ethischen Probleme aufwerfen oder bekämpfen[80] und die sozialen Umstände, das Denken, die Welt an sich müsse zu-

---

74 Vgl. ebd., S. 9.
75 Vgl. ebd., S. 50f.
76 Vgl. u. a. Irrgang, Bernhard: *Philosophie der Technik*. Darmstadt 2008.
77 Heinen, Ulrich: *Bildrhetorik der Frühen Neuzeit – Gestaltungstheorie der Antike. Paradigmen zur Vermittlung von Theorie und Praxis im Design*. In: Joost / Scheuermann, 2008, S. 145.
78 Vgl. http://www.peterstephan.org/themen/designtheorie.html, 3. 1. 2010.
79 Vgl. Buchanan (1985), in: Joost / Scheuermann, 2008, S. 69.
80 Vgl. z. B. die Diskussion „*Designer in die Politik?*" in form 144, 1993, S. 20f.

vor verbessert werden.[81] Dies käme wohl der Glotzbachschen Verantwortungsverdünnung oder auch Verantwortungsabwälzung nahe.[82]

Ziel sollte außerdem eine „Durchdringung der Praxis mit Ethik, nicht die
Aufstellung einer ethischen Theorie"[83] sein, wie Bernhard Irrgang über hermeneutische Ethik sagt. Theorie und Praxis im Design verweisen aufeinander und
implizites Wissen im Rahmen der Alltags-Routine kann manches Theoretisieren
überflüssig machen. Moralische Konfliktsituationen aber bedürfen in jeder Profession theoretischer Hinterfragungen. Diese verstehen sich dann allerdings weniger in Form fester Begrifflichkeiten, sondern in der Frage nach der wirklichen
Ordnung des Sozialen.[84] So sucht hermeneutische Ethik „nach Orientierung auf
der Basis einer eher skeptischen Grundeinstellung."[85] Dabei versteht sie sich als
Opposition zur traditionellen Pflichtenethik[86] und hat weder Interessen, noch Interessenskonflikte zum Gegenstand, sondern „Ziele, Visionen, Leitbilder, die
das Wohl bzw. das Gemeinsame Gute und Wertvolle einer Gemeinschaft beför-
dern können."[87] Spätestens ab dem ersten Tag einer Ausbildung oder des Studi-
ums zum Gestalter wird, neben den individuellen Bedürfnissen nach berufli-
chem Erfolg u. Ä., nicht wenig über designerische Möglichkeiten gesprochen,
das Wohl der Gemeinschaft zu fördern.

Es geht also nicht um Ethik in Form von Regelbefolgung als neue Disziplin
oder zusätzliches Studienfach, sondern um Möglichkeiten der Aufdeckung von
Übeln, die in besonderen Fällen Abhilfe bedürfen.

> „Wichtig ist die Beseitigung der Ursachen für diese Übel, nicht die Diskussion von
> ethischen Prinzipien."[88]

Trotzdem dient die hermeneutische wie jede Ethik der Rechtfertigung von Verpflichtungen gegenüber Normen und Werten, also der Reflexion von Ethos und
Moral. Die „methodische Generalanweisung" in der hermeneutischen Ethik
steht im Zeichen des *Sowohl – als auch*, das eine Aufforderung zur Synoptik bedeutet. Diese Zusammenschau läuft darauf hinaus, alle verfügbaren Strategien
daraufhin auszuprobieren, welche Argumentationsschleife oder auch -spirale
sich schließen läßt.[89] Wesentliche und verpflichtende Grundlage einer fundierten
Entscheidungsfindung ist neben dem Erkennen eines Problems natürlich die um-

---

81 „Die gesellschaftliche Grundlage für neue Wege im Design muß bereitet werden, sozial
    verträgliches Design kann sich nur auf der Grundlage eines gesellschaftlichen Konsenses
    verbreiten." Richard, Birgit: *Braucht das Design eine neue Ethik?* http://web.uni-
    frankfurt.de/fb09/kunstpaed/indexweb/publikationen/designethik.htm, Stand 7. 1. 2010.
82 Vgl. Fußnote Nr. 60.
83 HE, S. 74.
84 Vgl. HE, S. 46f.
85 Ebd., S. 18.
86 Vgl. ebd. S. 74.
87 Ebd., S. 75.
88 Ebd., S. 47.
89 Vgl. ebd., S. 40, S. 55.

fassende Information darüber. Vor den ökologischen Nebenwirkungen z.B. der Wahl eines Rohstoffes zugunsten eines verfliegenden ästhetischen Effekts die Augen zu verschließen, kann auf das Gewissen drücken und eine sich umweltfreundlicher gebende Konkurrenz stärken. Wichtig erscheint die Empfehlung des Designers Hans-Ulrich Werchan, eigene ethische Leitprinzipien als eine Verdichtung gemachter Erfahrungen und aus Kenntnis der ganz persönlichen „psychischen Möglichkeiten, Labilitäten und Verdrängungsmechanismen" zu erstellen – je nach dem, bei welchen bisherigen Entscheidungen man ein gutes Gewissen haben konnte oder welche eher in die falsche Richtung führten.[90] Solche Grundsätze hätten eine „Schutzfunktion gegen moralische Bequemlichkeit und Selbstbetrug."[91] Leitbilder sind in einer hermeneutischen Ethik neben allgemeinen ethischen Prinzipien die Basis, aber nicht zwingender Anfangspunkt einer Interpretationsspirale oder -schleife im Sinne des *Sowohl – als auch*.[92] Die Argumentation basiert auf einem Pendeln zwischen Einzelfall und Normen, die dabei wechselseitig kritisiert werden können,[93] und auf immer weiter führendem Fragen, bis es zu einem Stillstand, einer teilweise gültigen Grenze kommt – solches Weiter- und Hinterfragen sollte dem Gestalter durch seine verschlungenen Wege zu ganz neuen Entwicklungen und Gestaltungsweisen bestens bekannt sein. Dieser Klärungsprozeß kann Verpflichtungen oder Verbotenes von weiter zu klärenden Fragen unterscheiden helfen. Ausgehend vom sittlichen Umgangswissen werden so Interpretationsmöglichkeiten einer sittlichen Verpflichtung für die ganz konkrete Situation gefunden.[94]

Jean-Pierre Wils hat die Hauptkennzeichen hermeneutischer Ethik unter dem Begriff der Nachsicht zusammengebracht: Nachdem ein ethischer Konflikt erkannt und formuliert worden ist, sollte eher Geduld walten, um nicht allzu schnell zu moralischen Urteilen kommen bzw. den Diskurs vorzeitig beenden zu wollen, nur um schnelle Ergebnisse zu haben. Nachsicht entsteht aus dem Wissen um die Komplexität des Gegenstands und die unterschiedlichen Wahrnehmungs- und Argumentationsweisen aller Beteiligten.[95] Der an dieser Stelle nicht zu verdrängende Zeitdruck in der Gestalter-Branche könnte vielleicht ein erstes Argument für die Einrichtung ethischen Expertentums für verzwickte, wirklich dringende gestalterische Problem- und Entscheidungssituationen sein – ganz abgesehen von einer eventuellen ethischen Relevanz dieses Drucks für darunter Leidende. Überhaupt steht ein Mehrwert ethischer Expertise fürs Design hier keineswegs in Frage, so könnte sie auch Diskussionen zu ethischen Prinzipien

---

90 Werchan 1994, S. 146.
91 Ebd.
92 Vgl. HE, S. 47. Die drei anderen Ebenen umfassen bereichsspezifische Handlungsregeln (Normen, Werte, Maximen), Anwendungsregeln (Realisierbarkeit!) und Handlungskriterien durch Etablierung ethisch relevanter empirischer Kriterien (ebd.).
93 Vgl. HE, S. 57.
94 Vgl. HE, S. 42.
95 Wils 2006, S. 191.

und Leitbildern analog z. B. denen der Menschenwürde und Patientenautonomie in der Medizinethik führen und für die Etablierung ethischer Kompetenzbildung wichtige Hilfestellungen geben.

Eine Überbetonung von Erfahrung und Fallgeschichten in der Ausbildung ethischer Fähigkeiten ist prinzipiell aber weniger nötig,[96] hermeneutische Ethik ist keine „Ethik der Vergangenheit".[97] Diese ist zwar zu berücksichtigen, doch Hauptthema ist die „Erhellung der Gegenwart aus der Perspektive der Zukunft."[98] Es werden doch meist die gänzlich neuen Konflikte am kontroversesten diskutiert.[99] Design wie Ethik sind weder statisch, noch fixierbar, sondern lebendig. Beide realisieren sich im Gebrauch und in den Diskussionen, die über sie geführt werden.[100] Im gestalterischen Alltag auftretende Konflikte, vor allem wenn sie völlig neu sind und nicht auf frühere Entscheidungen zurückgegriffen werden kann, benötigen theoretische wie praxisorientierte Überlegungen im Ausgleich. Hermeneutische Ethik bemüht sich um genau diesen, verbunden mit einem reflektierten Common Sense-Standpunkt.[101] Auch kann sie helfen, getroffene Entscheidungen adäquat zu prüfen und zu begründen. Dieses Interpretieren, Abwägen und Bewerten kann gelernt und muß geübt und ausgeübt werden. So kann hermeneutische Ethik es ermöglichen, „in komplexen, meist technisch induzierten Alltagssituationen pragmatisch brauchbar und sittlich verantwortbar zu handeln"[102] und jeder zum ethischen Experten werden.[103] Persönliche und überindividuelle Verpflichtungen sind im Sinne der hermeneutischen Ethik definierbar und mit ihnen die Aufgaben, Ziele und Ideale „für mich, meine Firma, mein Institut."[104]

Die moralischen Haltungen jedes Einzelnen sind das Ergebnis von Interpretationen, in denen ethisches Wissen mit moralischen Emotionen verbunden werden. So werden Handlungen verstanden und weitergeschrieben. In Metaphern wie diesen zeigt sich die von Wils betonte Textualität, die ein Netzwerk aus Überzeugungen, Haltungen und Handlungen bildet, in dem sich die moralische Identität jedes Einzelnen ausformuliert.[105] Die situative Verdichtung von Urteilen und Handeln ist die Anwendung, die natürlich ihrerseits ethischer Bewertung bedarf. Anwendungsfreundlichkeit (Wils) bzw. Realisierbarkeit (Irrgang) und Revisionsoffenheit sind maßgebliche Kriterien für die Qualität einer hermeneutischen Ethik. Jedes Sollen muß auch ein Können implizieren, dessen ist man sich

96   Vgl. HE, S. 138.
97   Ebd., S. 73.
98   Ebd.
99   Vgl. ebd., S. 138.
100 Eine ähnliche Behauptung speziell zu Design siehe WB Design, S. 7.
101 HE, S. 9.
102 Ebd., S. 77.
103 Vgl. ebd., S. 73.
104 Ebd.
105 Ebd., S. 189f.

hier stets bewußt. Auch über dieses Können zu entscheiden, ist der Gestalter selbst doch die am ehesten befähigte Instanz.

Es könnten noch weitere Bezugspunkte zwischen Design und hermeneutischer Ethik, ebenso nähere Erläuterungen zur Anwendung hermeneutischer Ethik im Gestalter-Alltag oder auch Argumente für die Bedeutung ethischer Reflexion im Design allgemein herausgearbeitet werden. Dies wird u. U. an anderer Stelle geschehen[106], Ziel hier aber war es, zu einer ersten Empfehlung der hermeneutischen Ethik als Orientierungshilfe für die Designpraxis zu gelangen. Abschließend kann nur noch einmal betont werden, daß Gestalter sich wie in der Diskussion über die Position des Designers in den Entwicklungen zur Usability[107] auch in der Frage der Ethik nicht ihre Entscheidungsfähigkeiten und Verantwortung in Abrede stellen lassen sollten. Eine bedeutende Aussage hierzu, bereits aus dem Jahr 1984, kann daher als Fazit dienen:

> „Jeder Designer hat das Recht, seine eigene Design-Theorie oder Design-Philoso-phie zu entwickeln, mag die nun ökonomisch greifen oder nicht. Wenn der Designer das Nachdenken über das Design andern überläßt, jenen, die von ihm fordern, er möge doch gefälligst das unproduktive Diskutieren und Theoretisieren lassen, wird der Designer ausschließlich den partikularen Interessen dieser Leute dienen."[108]

Literatur

Aicher, Otl: *die welt als entwurf*. Berlin 1992.

Böninger, Christoph: *Wirtschaftsethik und Design*, In: Verein Deutscher Industrie-Designer (VDID): *Fachtagung Design und Ethik am 24. November 2006*. Über den Verein er-hältliches Skript.

Buchanan, Richard: *Declaration by Design: Rhetorik, Argument und Darstellung in der De-signpraxis* (1985). in: Joost, Gesche/Scheuermann, Arne (Hg.): *Design als Rhetorik. Grundlagen, Positionen, Fallstudien*. Berlin 2008, S. 49 – 80.

Burckhardt, Lucius: *Design = unsichtbar*. Ostfildern 1995.

Cameron, Alex: *Gutes oder schlechtes Design – eine Frage der Moral?* http://www.novo-magazin.de/44/novo4446.htm

Csikszentmihalyi, Mihaly, Rochberg-Halton, Eugene: *Der Sinn der Dinge. Das Selbst und die Symbole des Wohnbereichs*. München 1989.

Dorschel, Andreas: *Gestaltung – Zur Ästhetik des Brauchbaren*. Heidelberg, 2003.

Eickhoff, Hajo/Teunen, Jan: Form: *Ethik. Ein Brevier für Gestalter*. München 2006.

Erlhoff, Michael/Marshall, Tim (Hg.): *Wörterbuch Design. Begriffliche Perspektiven des De-sign*. Berlin 2008.

Funk, Lois Ferdinand: *Hypertrophiertes Design und Konsumverhalten. Wirkungsanalyse des Phänomens nebst Ansätzen zu einer Neuorientierung*. Berlin 2000.

---

106 Siehe dazu www.designethik.de
107 Vgl. den Beitrag von Kerstin Palatini im vorliegenden Band.
108 Van den Boom, Holger: *Ein designtheoretischer Versuch*. Schriftenreihe der Hochschule für Bildende Künste Braunschweig, Band 4. Braunschweig 1984, S. 32.

Funke, Rainer: *Die Rückkehr zum Narzismus.* In: Burg Giebichenstein, Hochschule für Kunst und Design (Hg.): *Design & Ethik.* 15. Designwissenschaftliches Kolloquium. Halle/Saale 1994, S. 29 – 33.

Glotzbach, Ulrich: *Technikstil und Gestalt. Zur Ethik gestaltenden Handelns.* Hamburg 2006.

Heinen, Ulrich: *Bildrhetorik der Frühen Neuzeit – Gestaltungstheorie der Antike. Paradigmen zur Vermittlung von Theorie und Praxis im Design.* In: Joost, Gesche/Scheuermann, Arne (Hg.): *Design als Rhetorik. Grundlagen, Positionen, Fallstudien.* Berlin 2008, S. 143 – 190.

Irrgang, Bernhard: *Technische Praxis. Gestaltungsperspektiven technischer Entwicklung*, Philosophie der Technik Bd. 2, Paderborn 2002.

Ders.: *Hermeneutische Ethik. Pragmatisch-ethische Orientierung in technologischen Gesellschaften.* Darmstadt 2007.

Ders.: *Philosophie der Technik.* Darmstadt 2008.

Maier-Aichen, Hansjerg: *Gesten beruhigen das Gewissen.* In: Sturm, Hermann (Hg.): *Geste & Gewissen im Design.* Köln 1997, S. 124 – 131.

Maser, Siegfried: *Von der Moral der Gegenstände zur Inszenierung der Moral?* In: Sturm, Hermann (Hg.): *Geste & Gewissen im Design.* Köln 1997, S. 98 – 110.

Moles, Abraham: *Das Grafik-Design konstruiert die Lesbarkeit der Welt.* In: Stankowski, Anton, Duschek, Karl: *Visuelle Kommunikation. Ein Designhandbuch.* Berlin 1989.

Oehlke, Horst: *Design im Konflikt zwischen Anspruch und Realität.* In: Burg Giebichenstein, Hochschule für Kunst und Design (Hg.): *Design & Ethik.* 15. Designwissenschaftliches Kolloquium. Halle/Saale 1994, S. 111 – 116.

Remmers, Burkhard: *Von der Moral der Dinge zur Moral des Handelns – ethische Dimensionen des Design in einer globalisierten Welt.* In: Verein Deutscher Industrie-Designer (VDID): *Fachtagung Design und Ethik,* 24. November 2006. Über den Verein erhältliches Skript.

Richard, Birgit: *Braucht das Design eine neue Ethik?* http://www.web.uni-frankfurt.de/fb09/kunstpaed/indexweb/publikationen/designethik.htm

Seel, Martin: *Ethisch-ästhetische Studien.* Frankfurt/Main 1996.

Selle, Gert: *Geschichte des Design in Deutschland.* Frankfurt/Main 2007.

Suckow, Michael: *Von guten Zwecken und geheiligten Mitteln – Vermutungen über eine Ethik der Gegenständlichkeit.* In: Burg Giebichenstein, Hochschule für Kunst und Design (Hg.): *Design & Ethik.* 15. Designwissenschaftliches Kolloquium. Halle/Saale 1994, S. 137–140.

Sudrow, Otto: *Industrial Design.* In: Stankowski, Anton, Duschek, Karl: *Visuelle Kommunikation. Ein Designhandbuch.* Berlin 1989.

Van den Boom, Holger: *Ein designtheoretischer Versuch.* Schriftenreihe der Hochschule für Bildende Künste Braunschweig, Band 4. Braunschweig 1984.

Welsch, Wolfgang: *Grenzgänge der Ästhetik.* Stuttgart 1996.

Werchan, Hans-Ulrich: *Ethisch leben trotz Design.* In: Burg Giebichenstein, Hochschule für Kunst und Design (Hg.): *Design & Ethik.* 15. Designwissenschaftliches Kolloquium. Halle/Saale 1994, S. 143 – 148.

Wils, Jean-Pierre: *Nachsicht. Studien zu einer ethisch-hermeneutischen Basiskategorie.* Paderborn 2006.

VDE/VDI-Arbeitskreis Gesellschaft und Technik, Stuttgart: *Verantwortlichkeit von Ingenieuren als Ziel und Bildungsaufgabe.* http://wiv.vdi-bezirksverein.de/akgpop01.htm

Zeitschrift form, Nr. 144, „*Designer in die Politik?*", Basel 1993, S. 20.

Dresden Philosophy of Technology Studies
Dresdner Studien zur Philosophie der Technologie

Edited by/Herausgegeben von Bernhard Irrgang

www.peterlang.de

Zeitfracht Medien GmbH
Ferdinand-Jühlke-Straße 7
99095 Erfurt, Deutschland
produktsicherheit@kolibri360.de